Duden

W0267721

Einfach klasse in

Mathematik

Wissen • Üben • Testen

5. Klasse

2., neu bearbeitete und erweiterte Auflage

Dudenverlag
Mannheim • Zürich

Bildquellen:
DUDEN PAETEC, Berlin: S. 19
MEV Verlag, Augsburg: S. 110

Bibliografische Information der Deutschen Nationalbibliothek
Die Deutsche Nationalbibliothek verzeichnet diese Publikation in der Deutschen Nationalbibliografie; detaillierte bibliografische Daten sind im Internet über http://dnb.d-nb.de abrufbar.

Bibliographisches Institut GmbH
Dudenstraße 6, 68167 Mannheim

Redaktionelle Leitung Martin Bergmann
Redaktion Anika Donner, Dr. Wiebke Salzmann
Autoren Ingo Wittrock, Michael Bornemann

Herstellung Annette Scheerer
Layout Horst Bachmann
Illustration Carmen Strzelecki
Umschlaggestaltung WohlgemuthPartners, Bremen
Umschlagabbildung Plainpicture

Satz Katrin Kleinschrot, Stuttgart
Grafik pro.grafik, Ostfildern
Druck und Bindung Heenemann GmbH & Co. KG
Bessemerstraße 83–91, 12103 Berlin
Printed in Germany

ISBN 978-3-411-72172-6

Inhaltsverzeichnis

INHALT

1 Zahldarstellungen

1.1 Natürliche Zahlen auf dem Zahlenstrahl

Wenn man bei 0 beginnt und immer um 1 weiter zählt, erhält man die Zahlen 0, 1, 2, 3, …
Man sagt: „Menge ℕ der **natürlichen Zahlen**“ oder kurz „ℕ“.

Mengenschreibweise:
$\mathbb{N} = \{0, 1, 2, 3, \dots\}$

Beachte: Manchmal wird die Zahl 0 nicht zu den natürlichen Zahlen gezählt.

Die natürlichen Zahlen können der Größe nach geordnet werden. Diese **Ordnung** veranschaulicht man mithilfe des Zahlenstrahls.
Der **Zahlenstrahl** beginnt bei 0 und wird durch Markierungen in gleich lange Abstände eingeteilt.

Jede Markierung auf dem Zahlenstrahl stellt eine natürliche Zahl dar.

Jede natürliche Zahl besitzt einen **Nachfolger** und jede natürliche Zahl (außer 0) besitzt einen **Vorgänger**. Der Nachfolger ist um 1 größer als die Zahl, der Vorgänger um 1 kleiner.

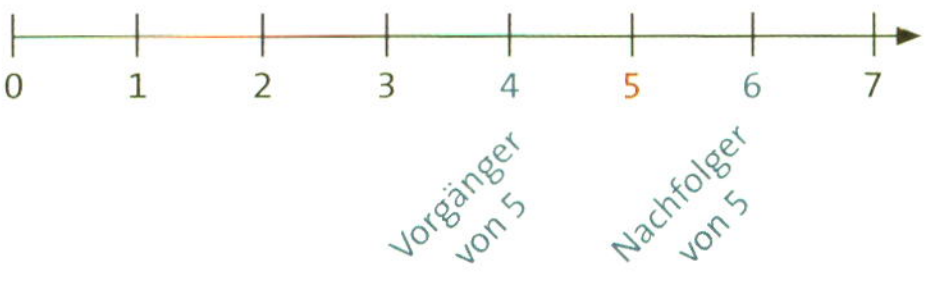

Von zwei Zahlen auf dem Zahlenstrahl ist immer die linke kleiner und die rechte größer.

15 ist **größer als** 12. Man schreibt 15 > 12.

13 ist **kleiner als** 17. Man schreibt 13 < 17.

Um große Zahlen darzustellen, kann man auch einen Teil des Zahlenstrahls betrachten, der nicht bei Null beginnt. Um möglichst viele Zahlen darzustellen, kann man die Abstände kleiner zeichnen.

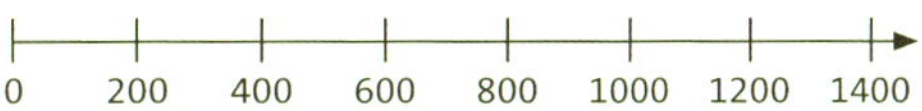

Die Abstände zwischen den Zahlen sind hier kürzer dargestellt (alle 200 Zahlen eine Markierung).

In **Säulendiagrammen** (senkrechte Anordnung) und **Balkendiagrammen** (waagerechte Anordnung) wird der Zahlenstrahl zur Darstellung von Zahlenwerten verwendet.
Die Abbildung rechts zeigt ein Säulendiagramm.

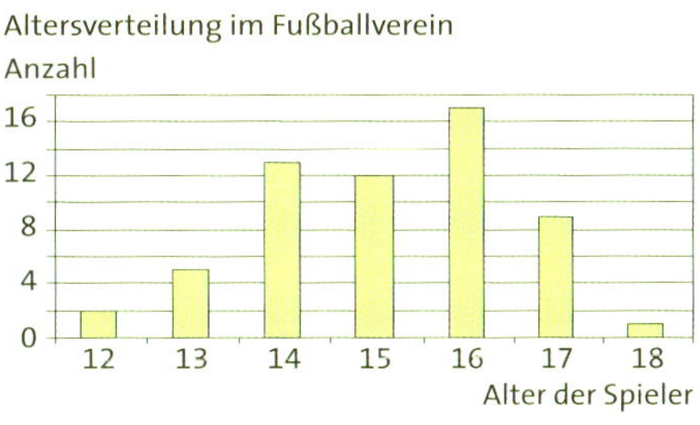

ÜBUNG 1 Trage die fehlenden Zahlen ein.

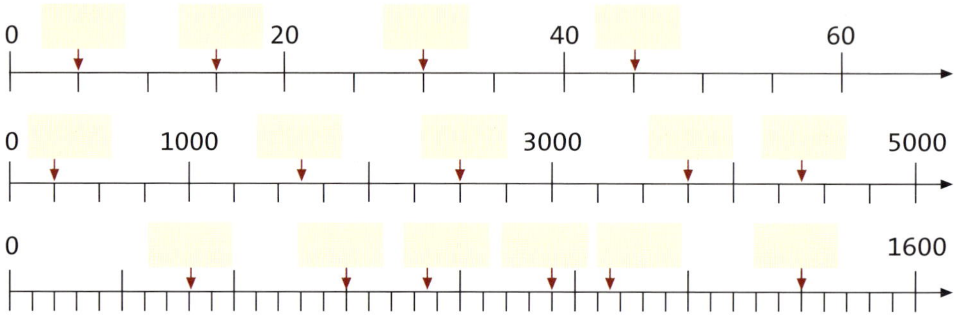

ÜBUNG 2 Kleiner, gleich oder größer? Setze <, = oder > ein.

a) 365 ☐ 356 b) 17 234 ☐ 171 234 c) 8799 ☐ 8900

d) 45 : 9 ☐ 23 – 17 e) 21 + 31 ☐ 26 · 2 f) 108 : 4 ☐ 4 · 7

ÜBUNG 3 Ordne die Zahlen der Größe nach und verwende dazu das Zeichen < („kleiner als“).

a) 4567; 3972; 2301; 2211; 992; 5600; 776

b) 288; 822; 828; 888; 228; 882; 282; 2222

c) 45 101; 5554; 54 010; 44 505; 55 404; 5111; 4545

ÜBUNG 4 Bestimme Vorgänger und Nachfolger.

Vorgänger						
Zahl	83	560	999	4001	12 399	223 341
Nachfolger						

ÜBUNG 5 Gib jeweils drei mögliche natürliche Zahlen an, die du für x einsetzen kannst. Schreibe in dein Übungsheft. Tipp: x dient hier als Platzhalter.

a) $x > 12$ b) $x < 5$ c) $234 < x < 238$ d) $94 > x > 89$

ÜBEN

WISSEN

Ausschnitte des Zahlenstrahls wählen

- Willst du vorgegebene Zahlen auf dem Zahlenstrahl darstellen, musst du unter den gegebenen Zahlen die **größte** und die **kleinste** heraussuchen. **Beide Zahlen müssen unbedingt auf das Blatt passen.**
- Wähle Ausschnitt und Verkleinerung des Zahlenstrahls also so, dass darauf die kleinste der Zahlen möglichst weit links erscheint und die größte der Zahlen möglichst weit rechts.
- Überlege vorher, welche Schrittlängen du für die Darstellung der Zahlen brauchst.

Beispiel: Willst du etwa die Zahlen 575, 850 und 400 einzeichnen, ist die größte Zahl 850, die kleinste 400. Ferner müssen 25er-Schritte darstellbar sein.
Du rechnest 850 – 400 = 450 und teilst 450 : 25 = 18.
Es ergeben sich 18 Einteilungen. Wählst du für einen 25er-Schritt nun 0,5 cm, so erhältst du eine Gesamtlänge von 9 cm, die gut auf eine Heftseite passt.

ÜBUNG 6 **Zeichne einen Ausschnitt des Zahlenstrahls mit folgenden Zahlen:**

a) 9; 12; 4; 22; 15; 30
b) 120; 60; 25; 105; 85
c) 5250; 6500; 4000; 5625; 4750
d) 540; 960; 320; 780; 200

ÜBUNG 7 **Lies aus dem Balkendiagramm die ungefähre Lebenserwartung der einzelnen Vogelarten ab.**

Lebenserwartung verschiedener Vögel in Jahren

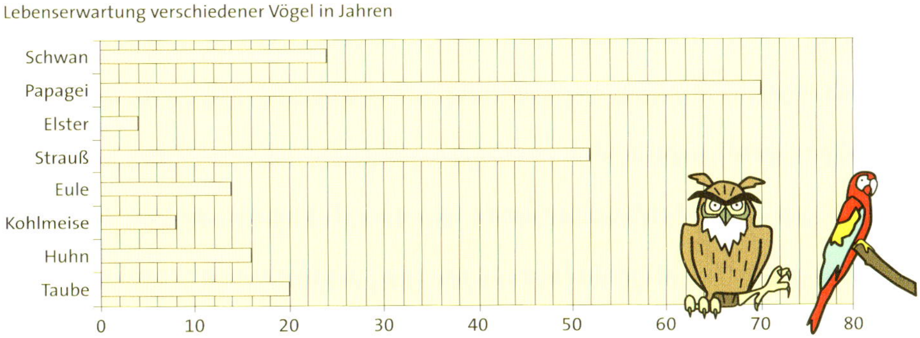

ÜBUNG 8 **Auf einem großen Parkplatz wurden die Pkw-Marken gezählt. Übertrage die Zahlenwerte aus der Tabelle in ein Säulendiagramm. Wähle selbst einen geeigneten Maßstab für den Zahlenstrahl.**

Marke	VW	Ford	Opel	Mercedes	Mazda	Toyota	Peugeot	Andere
Anzahl	126	94	112	86	48	60	32	102

ÜBEN

1.2 Große Zahlen

Wir sind gewohnt, mit dem **Zehnersystem** (↑ Kap. 1.4) zu rechnen. Um auch große Zahlen einfach benennen zu können, werden immer 1000 niedrigere Einheiten zu einer höheren Einheit mit einem neuen **Zahlwort** zusammengefasst.

1 Tausend = 1 000
1 Million = 1 000 000
1 Milliarde = 1 000 000 000
1 Billion = 1 000 000 000 000
1 Billiarde = 1 000 000 000 000 000

Stellenwertsystem für große Zahlen

Große Zahlen lassen sich übersichtlich in einem **Stellenwertsystem** (↑ Kap. 1.4) erfassen.

Billionen			Milliarden			Millionen			Tausend					
H	Z	E	H	Z	E	H	Z	E	H	Z	E	H	Z	E
		5	9	8	0	0	0	2	1	0	6	4	4	3

Dabei steht **E** für die Einer, **Z** für die Zehner und **H** für die Hunderter des jeweiligen Zahlwortes.

Die hier dargestellte Zahl heißt: fünf Billionen neunhundertachtzig Milliarden zwei Millionen einhundertsechstausendvierhundertdreiundvierzig.

Nicht benötigte Stellen werden mit Nullen aufgefüllt.

Große Zahlen kann man durch Zwischenräume in „Dreierpäckchen“ gliedern. Jeweils die Einer, Zehner und Hunderter eines Zahlwortes ergeben ein „Päckchen“. Dabei ist es wichtig, immer bei der letzten Ziffer (also ganz rechts) mit dem Abzählen zu beginnen.

970 344
8 365 700
23 456 789 098 765
9 876 543 210 012

Manchmal werden auch Punkte als Trennungszeichen verwendet.

9.876.543.210.012

Zehnerpotenzen

Zur einfacheren Lesbarkeit werden sehr große Zahlen auch oft als **Zehnerpotenzen** geschrieben. Dabei zählt man einfach die Anzahl der Nullen und schreibt sie als **Hochzahl** hinter die Zehn. (Lies „zehn hoch drei, zehn hoch sechs“ usw.)

1 Tausend = 1 000 = $\mathbf{10^3}$
1 Million = 1 000 000 = $\mathbf{10^6}$
1 Milliarde = 1 000 000 000 = $\mathbf{10^9}$
1 Billion = 1 000 000 000 000 = $\mathbf{10^{12}}$
1 Billiarde = 1 000 000 000 000 000 = $\mathbf{10^{15}}$
5 Millionen = $5 \cdot 1\,000\,000 = 5 \cdot \mathbf{10^6}$

ÜBUNG 9 **Lies die folgenden Zahlen und schreibe ihre Zahlwörter in dein Übungsheft.**

a) 1 302 405 116 b) 99 762 000 225 c) 770 001 234 955
d) 52 546 987 e) 5 001 000 336 000 f) 60 000 000 020 022

ÜBUNG 10 **Übertrage die Zahlen in das unten stehende Stellenwertsystem.**

a) achthundertsechsunddreißig Milliarden neunhundertvierundachtzig Millionen fünftausendzweiundvierzig
b) zwölf Billionen zweihundertdreiundfünfzig Millionen hundertsechstausendsiebzehn
c) fünfzehn Milliarden neunhundertsechsundsechzigtausendelf
d) vierhundertzweiundsiebzig Billionen eintausendzwölf
e) neunhundertsechzehn Millionen vierhundertsiebzigtausenddreihundertvier

	Billionen			Milliarden			Millionen			Tausend					
	H	Z	E	H	Z	E	H	Z	E	H	Z	E	H	Z	E
a)															
b)															
c)															
d)															
e)															

ÜBUNG 11 **Schreibe die Zahlen als Zehnerpotenz.**

a) 100 b) 1 000 000 c) 10 000 000 000
d) 100 000 000 000 e) 100 000 000 000 000 f) 10 000 000 000 000 000

ÜBUNG 12 **Legt man die Zahlenkarten in beliebiger Reihenfolge aneinander, so entsteht eine zehnstellige Zahl.**

35 68 47 05 11

a) Schreibe fünf verschiedene von diesen Zahlen auf und sortiere sie der Größe nach.
b) Wie heißt die größte und wie die kleinste Zahl, die du legen kannst?

ÜBUNG 13 **Vergleiche und setze <, = oder > ein.**

a) 123 478 999 ___ 123 487 991 b) 100 390 226 294 ___ 100 390 216 976
c) 10^{12} ___ 12 000 000 000 000 d) 10 000 000 ___ 10^7
e) 99 560 432 ___ 10^8 f) $3 \cdot 10^5$ ___ 300 017

ÜBEN

ÜBUNG 14 **Bestimme die benachbarten Zahlen.**

Vorgänger				
Zahl	5 999 999	10^7	23 001 999	110 011 001 100
Nachfolger				

ÜBUNG 15 **Schreibe als Zahl und in Worten.**

a) An der 8. Stelle steht eine 8, sonst besteht die Zahl nur aus Nullen.
b) An der 11. Stelle steht eine 2, an der 12. eine 5, sonst besteht die Zahl nur aus Nullen.
c) Eine 7-stellige Zahl, in der keine Ziffer außer der 3 vorkommt.
d) Eine 12-stellige Zahl, die vorne sechs mal die Ziffer 4 und am Ende sechs mal die Ziffer 9 enthält.
e) Die kleinstmögliche 8-stellige Zahl.
f) Die größtmögliche 10-stellige Zahl.
g) Die kleinstmögliche 9-stellige Zahl, die alle geraden Ziffern enthält.
h) Die größte ungerade 7-stellige Zahl.

ÜBUNG 16 **Gib den Stellenwert der Ziffer 7 in den nachfolgenden Zahlen an.**

a) 1 273 452
b) 754 001
c) 4 568 007 123
d) 8 007 002 003 001
e) 987 654 321
f) 3 446 589 917

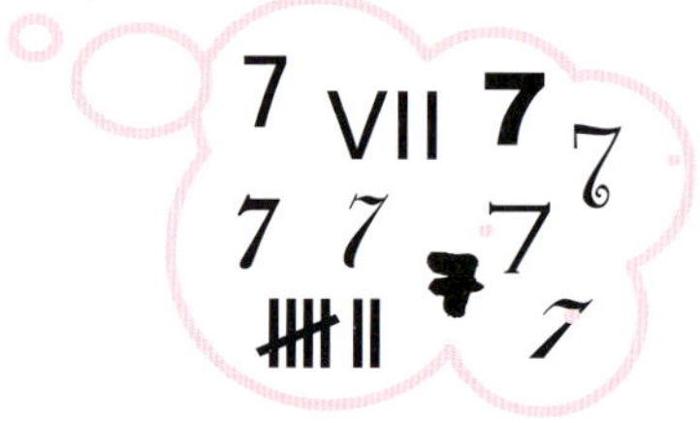

ÜBUNG 17 **Berechne in deinem Übungsheft.**

a) $7 \cdot 10^6$
b) $5 \cdot 10^5 + 3 \cdot 10^5$ (Schreibe das Ergebnis auch als Zehnerpotenz!)
c) $1000 \cdot 100 \cdot 10\,000$ (Schreibe das Ergebnis auch als Zehnerpotenz!)
d) $10^3 \cdot 10^3$ (Schreibe das Ergebnis auch als Zehnerpotenz!)
e) fünfhundert mal fünfhundert mal fünfhundert
f) $100 \cdot 100\,000 : 10^6$

ÜBUNG 18 **Berechne in deinem Übungsheft.**

a) Wie alt ist ein Mensch in Tagen, wenn er eine Million Sekunden alt ist?
b) Wie hoch ist ein Stapel aus einer Milliarde Münzen, wenn jede 2 mm dick ist?

1.3 Runden und Überschlagen

Rundungsregeln

Beim Runden bestimmt man einen **Näherungswert** für eine Zahl.

Zwei Ziffern sind von besonderer Bedeutung: die gewünschte **Rundungsstelle** und die nachfolgende Ziffer (rechts davon); die nachfolgende Ziffer gibt an, ob die gewünschte Rundungsstelle aufgerundet oder abgerundet wird:

- Erste Ziffer nach der Rundungsstelle ist 5, 6, 7, 8 oder 9, dann wird **aufgerundet**: Die Rundungsstelle wird um 1 erhöht, nachfolgende Ziffern werden zu null.
- Erste Ziffer nach der Rundungsstelle ist 0, 1, 2, 3 oder 4, dann wird **abgerundet**: Die Rundungsstelle bleibt unverändert, nachfolgende Ziffern werden zu null.

Zum Aufschreiben verwendet man das Zeichen ≈ (lies „ist ungefähr“)

Die Zahl 568 169 soll auf Zehntausender gerundet werden.

Tausend					
H	**Z**	E	H	Z	E
5	**6**	8	1	6	9

Die Zehntausenderstelle ist eine 6, die nachfolgende Ziffer ist eine 8, demzufolge musst du die Zehntausenderstelle aufrunden. Man erhöht sie auf 7, alle nachfolgenden Ziffern werden zu null. Die höheren Stellenwerte (in diesem Fall nur die Hunderttausenderstelle 5) bleiben erhalten. Du erhältst durch das Runden auf Zehntausender 568 169 ≈ 570 000.
Soll dieselbe Zahl auf Tausender gerundet werden, erhältst du:
568 169 ≈ 568 000.

Sonderfall: Die Ziffer 9 an der Rundungsstelle muss auf 10 aufgerundet werden. An der Rundungsstelle schreibt man dann eine Null und der nächsthöhere Stellenwert wird durch den Übertrag um 1 erhöht.
Steht hier wieder eine 9, muss der Vorgang nochmals wiederholt werden.

Runde 679 566 auf Tausender.
Die Tausenderstelle ist eine 9, die nachfolgende Ziffer ist eine 5. Die Tausender müssen daher aufgerundet werden. Man schreibt eine Null und erhält zudem einen Übertrag auf die nächsthöhere Stelle (7). Sie wird um 1 erhöht (auf 8). Die nachfolgenden Ziffern werden zu null. Das Runden auf Tausender ergibt 679 566 ≈ 680 000.

Überschlagsrechnung

Beim **Überschlagen** einer Rechnung bekommt man eine Größenvorstellung vom Ergebnis.

Rechne im Kopf mit stark gerundeten Werten!
Überschläge helfen, Fehler in Rechnungen zu finden.

Überschlage 976 534 · 5256.

Runde den ersten Faktor auf 1 000 000 und den zweiten Faktor auf 5000. Die Multiplikation liefert dann den Schätzwert 1 000 000 · 5000 = 5 000 000 000.

(exaktes Ergebnis: 5 132 662 704)

ÜBUNG 19 **Runde auf die angegebene Stelle.**

Runde auf	Hunderter	Tausender	Zehntausender	Hunderttausender
345 788				
1 283 729				
19 053 706				
35 799 955				
299 000				

ÜBUNG 20 **Ist es sinnvoll, hier zu runden? Wenn ja, gib einen geeigneten Rundungswert an.**

a) Zum Grand Prix kamen 27 549 Zuschauer an den Nürburgring.
b) Das Porto für die Wurfsendung beträgt 1436 €.
c) Der Flug nach Sydney dauerte genau 21 Stunden, 47 Minuten und 12 Sekunden.
d) Herr Ritter hat im letzten Jahr 57 992,52 € verdient.
e) Beim Marathon müssen die Läufer eine Strecke von 42,195 km zurücklegen.
f) Das Matterhorn ist 4477,54 m hoch.
g) Mein neuer Regalboden muss 1,18 m breit sein.

ÜBUNG 21 **Ergänze jeweils die fehlende Ziffer:**

a) 7 ☐ 874 ≈ 74 000
b) 8 ☐ 973 ≈ 83 000
c) 1 ☐ 2 683 ≈ 130 000
d) 7 ☐ 3 482 ≈ 763 000
e) ☐ 876 ≈ 9000
f) ☐ 479 ≈ 2000
g) 7 ☐ 312 ≈ 74 000
h) 5 ☐ 119 ≈ 55 000
i) 2 ☐ 777 ≈ 23 000

ÜBUNG 22 **Überschlage das Ergebnis.**

a) 6780 · 3122
b) 178 641 : 10 800
c) 80 204 : 109
d) 978 999 · 977
e) 7531 + 2067 – 5508
f) 33 245 – 12 987 + 25 196
g) Henry bekommt von seiner Mutter 20 €, um Knabberzeug für die Geburtstagsparty einzukaufen. Henry lädt Folgendes in seinen Einkaufswagen: sechs Tüten Chips für 2,49 €, fünf Tüten Salzstangen zu 89 ct und zwei Tafeln Schokolade zu 1,09 €. Reicht das Geld?

ÜBEN

ÜBUNG 23 **Die Tabelle zeigt die Einwohnerzahlen einiger Bundesländer.**

Baden-Württemberg	10 661 000	Hessen	6 092 000
Bayern	12 387 000	Mecklenburg-Vorpommern	1 745 000
Berlin	3 392 000	Niedersachsen	7 980 000
Brandenburg	2 582 000	Nordrhein-Westfalen	18 076 000
Bremen	662 000	Sachsen	4 349 000

a) Woran erkennt man, dass alle Einwohnerzahlen gerundet wurden und auf welche Stelle wurde gerundet?
b) Warum ist es in diesem Fall wenig sinnvoll, exakte Werte zu veröffentlichen?
c) Überschlage die Gesamteinwohnerzahl der zehn Länder, indem du zunächst die einzelnen Einwohnerzahlen auf Millionen rundest.
d) Runde die Einwohnerzahlen auf Hunderttausender und ordne die Länder nach ihrer Einwohnerzahl.

ÜBUNG 24 **Nenne die kleinste und die größte Zahl, die beim Runden ...**

a) auf Tausender 100 000 ergibt.
b) auf Hunderter 6800 ergibt.
c) auf Zehntausender 7 560 000 ergibt.
d) auf Zehner 950 ergibt.

ÜBUNG 25 **Ein 7,29 m langer Lkw kann 24 860 kg Sand transportieren. Aus einer Sandgrube müssen 986 233 kg Sand zu einer Autobahnbaustelle transportiert werden. Der Weg dorthin dauert 17 Minuten. Für eine Tonne Sand muss der Auftraggeber 5,21 € bezahlen.**

a) Wie viele Lkw-Fahrten werden für den Abtransport ungefähr benötigt?
b) Überschlage, wie lang etwa eine Autoschlange wäre, wenn man alle benötigten Lkw hintereinander aufreihen könnte.
c) Wie lange würde es ungefähr dauern, den Sand abzutransportieren, wenn man nur einen Lkw zur Verfügung hätte?

d) Wie viel muss der Auftraggeber für den Sand etwa bezahlen?

ÜBUNG 26 **Runde ...**

a) auf m: 1 m 53 cm.

b) auf km: 2 km 80 m.

c) auf g: 78 g 123 mg.

d) auf kg: 61 kg 79 g.

e) auf h: 7 h 43 min.

1.4 Zehnersystem und Zweiersystem

Zehnersystem

Zahlen werden normalerweise im **Zehnersystem (Dezimalsystem)** geschrieben.
Die **zehn Ziffern** von 0 bis 9 stehen zur Verfügung. Der **Wert** einer Ziffer innerhalb einer Zahl hängt von der **Stelle** ab, an der sie steht. Man spricht vom **Stellenwert**.
Bei 1 beginnend, erhält man die jeweils nächsthöhere Stufe im **Zehnersystem** immer durch Multiplikation mit **10**.
Die Zahlen 1, 10, 100, 1000, 10 000, 100 000 usw. nennt man daher **Stufenzahlen**.

In der Zahl 59 000 hat die Ziffer 5 einen anderen Wert als in der Zahl 15.
Die Stellenwerttafel für die Zahl 568 169 sieht folgendermaßen aus:

Tausend					
H	Z	E	H	Z	E
5	6	8	1	6	9

Ausgeschrieben bedeutet dies:
$\mathbf{5} \cdot 100\,000 + \mathbf{6} \cdot 10\,000 + \mathbf{8} \cdot 1000 +$
$\mathbf{1} \cdot 100 + \mathbf{6} \cdot 10 + \mathbf{9} \cdot 1$
Dabei steht E für die Einer, Z für die Zehner und H für die Hunderter (vgl. Kapitel 1.2).

Zweiersystem

Computer verwenden zum Rechnen das **Zweiersystem (Dualsystem)**.
Hier stehen lediglich die **zwei Ziffern** 0 und 1 zur Verfügung. Der **Wert** einer Ziffer innerhalb einer Zahl hängt wieder von der **Stelle** ab, an der sie steht. Man spricht auch hier vom **Stellenwert**.
Die **Stufenzahlen** im **Zweiersystem** sind 1, 2, 4, 8, 16, 32, 64, 128, 256 usw., sie entstehen durch wiederholte Multiplikation mit **2**.
Zur Unterscheidung schreibt man einen kleinen **Index** an die Zahl.

Die Stellenwerttafel für die Zahl $(1001111)_2$ im Zweiersystem sieht folgendermaßen aus:

64er	32er	16er	8er	4er	2er	1er
1	**0**	**0**	**1**	**1**	**1**	**1**

Ausgeschrieben bedeutet dies:
$\mathbf{1} \cdot 64 + \mathbf{0} \cdot 32 + \mathbf{0} \cdot 16 + \mathbf{1} \cdot 8 + \mathbf{1} \cdot 4 +$
$+ \mathbf{1} \cdot 2 + \mathbf{1} \cdot 1$
Bei der Übertragung der Dualzahl ins Zehnersystem berechnet man diese Summe und erhält: $(1001111)_2 = (79)_{10}$
↑ Index

Umrechnungsmethode

Um eine Zahl vom Zehnersystem ins Zweiersystem zu übertragen, dividiert man sie mehrfach hintereinander durch 2 und notiert die verbleibenden Reste. Ordnet man diese Reste (von unten nach oben gelesen) von links nach rechts nebeneinander an, so erhält man die entsprechende Zahl im Zweiersystem.

$(37)_{10}$ wird in eine Dualzahl umgerechnet:

$$
\begin{aligned}
37 &= 2 \cdot 18 + 1 \\
18 &= 2 \cdot 9 + 0 \\
9 &= 2 \cdot 4 + 1 \\
4 &= 2 \cdot 2 + 0 \\
2 &= 2 \cdot 1 + 0 \\
1 &= 2 \cdot 0 + 1
\end{aligned}
$$

↑ Leserichtung

$(37)_{10} = (100101)_2$

WISSEN

ÜBUNG 27 Rechnen im Zweiersystem. Schreibe in dein Übungsheft.

a) Gib die ersten $(10)_{10}$ Zahlen im Zweiersystem an.
b) Verdopple diese Zahlen im Zehnersystem und rechne sie ebenfalls um. Was fällt dir auf?

ÜBUNG 28 Übertrage die angegebenen Zahlen aus dem Zweiersystem ins Zehnersystem. Nimm dazu die Stellenwerttafel des Zweiersystems. Beachte, dass die letzte Ziffer unter der 1 stehen muss, die vorletzte unter der 2 usw.

Zahl im Zweiersystem	Stellenwerttafel des Zweiersystems								Umrechnung ins Zehnersystem
	128	64	32	16	8	4	2	1	
$(101)_2$						1	0	1	$1 \cdot 1 + 0 \cdot 2 + 1 \cdot 4 = (5)_{10}$
$(1111)_2$									
$(11101)_2$									
$(100011)_2$									
$(101101)_2$									
$(1101010)_2$									
$(1000011)_2$									
$(11100111)_2$									
$(10100101)_2$									

ÜBUNG 29 Bestimme die benachbarten Zahlen im Zweiersystem.

Vorgänger					
Zahl	$(1011)_2$	$(110100)_2$	$(1000111)_2$	$(100111)_2$	$(101110)_2$
Nachfolger					

ÜBUNG 30 Übertrage vom Zehnersystem ins Zweiersystem.

a) $(12)_{10}$ = ______ $_2$ b) $(45)_{10}$ = ______ $_2$
c) $(79)_{10}$ = ______ $_2$ d) $(112)_{10}$ = ______ $_2$
e) $(199)_{10}$ = ______ $_2$ f) $(333)_{10}$ = ______ $_2$

ÜBEN

WISSEN

Römische Zahlzeichen

Römische Zahlen bilden, im Gegensatz zum Zehner- und zum Zweiersystem, kein Stellenwertsystem. Alle Ziffern haben unabhängig von ihrer Stelle einen festen Wert.

M	D	C	L	X	V	I
1000	500	100	50	10	5	1

Nebeneinander stehende Ziffern werden addiert, wenn zwei gleichwertige nebeneinander stehen oder die kleinere Ziffer rechts von der größeren steht.

XI = X + I = 11
XII = X + II = 12
CX = C + X = 110
CXX = C + XX = 120

Steht allerdings eine kleinere Ziffer links von einer größeren, so wird die kleinere von der größeren subtrahiert.

IX = X − I = 9
XC = C − X = 90
CM = M − C = 900

Statt **vier** gleicher Ziffern, schreibt man die nächstgrößere Ziffer und setzt die kleinere Ziffer **einmal** davor.

I = 1; II = 2; III = 3; IV = 4
X = 10; XX = 20; XXX = 30; XL = 40
C = 100; CC = 200; CCC = 300; CD = 400;

Vor einer Ziffer stehen nie zwei kleinere Zahlen.

Man schreibt nicht IIX, sondern VIII.

ÜBUNG 31 **Stelle die nachfolgenden Zahlen als römische Zahlen dar.**

a) 45 =
b) 79 =
c) 119 =
d) 248 =
e) 971 =
f) 1004 =
g) 3456 =
h) 46 =

ÜBUNG 32 **Übersetze die römischen Zahlen ins Dezimalsystem.**

a) XXV =
b) XIV =
c) XXXIX =
d) XLVIII =
e) XLIX =
f) XCIX =
g) MCMLX =
h) MMCMXLIII =

Klassenarbeit 1

45 Minuten

AUFGABE 1 **Ergänze die fehlenden Zahlenwerte an den vier Ausschnitten des Zahlenstrahls.**

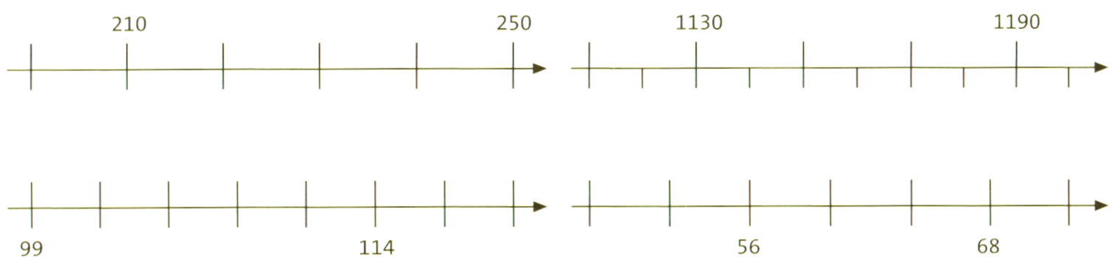

AUFGABE 2 **Vervollständige die Tabelle durch Umrechnung der Zahlen.**

Zehnersystem	698				1347	
Zweiersystem		$(110011)_2$		$(111010)_2$		
Römische Zahlzeichen			DXIV			CDXLVII

AUFGABE 3 **Löse die folgende Aufgabe in mehreren Schritten.**

a) **Schreibe die im Text vorkommenden Zahlwörter in Ziffern.**
b) **Überschlage die Umsatzsteigerung durch Runden auf Milliarden.**
c) **Schreibe den Text so um, wie er wirklich in der Zeitung stehen könnte, also mit sinnvoll gerundeten Zahlen.**

Eine Zeitung meldet: „... So konnte der Autokonzern in diesem Jahr dreiundvierzig Millionen einhundertfünfundsechszigtausenddreiundsiebzig Fahrzeuge verkaufen. Von diesen gingen einunddreißig Millionen siebenhundertdreitausend in den Export. Damit stieg der Umsatz von zweiundsiebzig Milliarden vierhundertfünf Millionen Euro im letzten Jahr auf jetzt achtundneunzig Milliarden neunhundertdreißig Millionen Euro. Dies ergibt einen Gewinn von fünfhundertdreiundzwanzig Millionen fünfzigtausend Euro.“

AUFGABE 4 **Auf welche Stelle wurde gerundet? Wo gibt es mehrere Antworten? Welche Zahlen wurden falsch gerundet? Korrigiere die aufgetretenen Fehler!**

ACHTUNG FEHLER

a) 497 344 ≈ 497 000
b) 130 267 543 ≈ 130 000 000
c) 59 853 ≈ 59 800
d) 648 200 534 ≈ 648 000 000
e) 756 484 ≈ 756 490
f) 229 995 ≈ 230 000

TESTEN

Klassenarbeit 2

60 Minuten

AUFGABE 5 **Wandle die folgenden Zahlen aus dem Zweiersystem in das Zehnersystem um. Schreibe in dein Übungsheft.**

a) $(101)_2$ b) $(11011)_2$ c) $(100111001)_2$

AUFGABE 6 **Wie heißen der Vorgänger und der Nachfolger der beiden Zahlen? Trage sie in die Tabelle ein.**

Vorgänger		
Zahl	6 665 999	10 901 000
Nachfolger		

AUFGABE 7 **Schreibe in Ziffern.**

a) dreißig Millionen dreitausendunddrei
b) vierhundertdreiundsiebzig Milliarden dreihundert Millionen siebenhundertsechsundfünfzigtausendsechshundertachtundvierzig

AUFGABE 8 **Wie werden die folgenden Zahlen im Zweiersystem dargestellt?**

a) 7 b) 11 c) 312

AUFGABE 9 **Obelix hat viele Hinkelsteine hergestellt und möchte sie an die Römer verkaufen. Hinkelstein Nummer 1 kostet 122 Sesterzen. Vervollständige für Obelix die Katalogseiten für die Römer.**

Stein	Preis
1	122
9	153
12	510

Stein	Preis
	CXXII
LXXIII	MXIX
CV	DCXXVI

TESTEN

AUFGABE 10 Tiere können unterschiedlich alt werden. Zeichne ein Säulendiagramm für die folgenden Tierarten:

Tierart		Jahre
Krokodil	→	40
Flusskrebs	→	30
Vogelspinne	→	15

AUFGABE 11 Vergleiche, indem du die rechte und linke Seite zuerst berechnest. Setze anschließend für „größer", „kleiner" oder „gleich" das richtige Zeichen ein.

a) $72 + 33 + 28$ $\quad$ $257 - 124$

b) MMCXXXV $\quad$ MMCDXCIV

c) $(10101)_2$ $\quad$ $(10110)_2$

AUFGABE 12 Finde jeweils den Vorgänger und den Nachfolger.

Vorgänger			
Zahl	$(1)_2$	$(100)_2$	$(1111)_2$
Nachfolger			

AUFGABE 13 Unser Sonnensystem besteht aus der Sonne und acht Planeten.

a) Wonach sind die Planeten in der folgenden Tabelle geordnet?

b) Runde alle Durchmesser auf Tausender. Erstelle eine Tabelle in deinem Übungsheft und ordne die Planeten nach ihrem gerundeten Durchmesser.

Planet	Durchmesser in km
Merkur	4876
Venus	12 103
Erde	12 756
Mars	6800
Jupiter	142 800
Saturn	120 660
Uranus	51 118
Neptun	49 528

2 Rechnen mit natürlichen Zahlen

2.1 Addieren und Subtrahieren

Addieren ist das Zusammenzählen von Zahlen. Der zugehörige Rechenausdruck heißt **Summe**.

43	+	37	=	80
1. Summand	plus	2. Summand	gleich	Wert der Summe

In Rechenrätseln und Textaufgaben wird Addieren meist umschrieben durch *Hinzufügen, Dazugeben, Vermehren, Verlängern, Zusammenfassen, mehr als* usw.

Beispiel: Füge zum Ergebnis 10 hinzu.

■ Die **Summanden dürfen vertauscht** werden, der Wert der Summe ändert sich dadurch nicht (**Kommutativgesetz**).

a + b = b + a
7 + 2 = 9 und 2 + 7 = 9

■ Die Reihenfolge der Rechenschritte darf geändert werden, der Wert der Summe ändert sich dadurch nicht (**Assoziativgesetz**).

(a + b) + c = a + (b + c)
(5 + 4) + 6 = 5 + (4 + 6)
9 + 6 = 5 + 10

Durch Anwenden der Rechengesetze kannst du **Rechenvorteile** ausnutzen:

■ Mit vertauschten Summanden wird die Rechnung manchmal einfacher.

Du darfst vertauschen:
7 + 8 **+ 3** = 18 und **7 + 3** + 8 = 18

■ Eine Veränderung der Reihenfolge der Rechenschritte kann die Rechnung ebenfalls vereinfachen.

Du darfst die Reihenfolge ändern:
8 + (**22** + 19) = (**8** + **22**) + 19

Subtrahieren ist das Abziehen von Zahlen. Der zugehörige Rechenausdruck heißt **Differenz**.

80	–	37	=	43
Minuend	minus	Subtrahend	gleich	Wert der Differenz

In Textaufgaben wird Subtrahieren meist umschrieben durch *Wegnehmen, Vermindern, Abziehen, Verringern, weniger als* usw.

Beispiel: Ziehe vom Ergebnis 5 ab.

Merke: Der Minuend steht immer vorne!

Die **Subtraktion** ist die Umkehrung der Addition.
a + b = c ist gleichbedeutend mit c – b = a. Dies kann man zur Durchführung einer **Probe** nutzen.

7 + 3 = 10 ist gleichbedeutend mit 10 – 3 = 7.
43 + 37 = 80 ist gleichbedeutend mit 80 – 37 = 43.

Minuend und Subtrahend sowie die Rechenschritte in einer Differenz dürfen **nicht einfach vertauscht** werden.

7 – 3 = 4, aber 3 – 7 ist nicht 4.
(9 – 3) – 2 = 6 – 2 = 4, aber
9 – (3 – 2) = 9 – 1 = 8

ÜBUNG 1 Berechne die Ergebnisse im Kopf und nutze die Rechenvorteile aus.

a) 97 + 24 + 13
b) 43 + 12 + 38
c) 73 + 96 + 104
d) 55 + 13 + 25
e) 97 + 88 + 22 + 53
f) 106 + 61 + 64 + 19

ÜBUNG 2 Ergänze die fehlenden Tabellenwerte.

1. Summand	2. Summand	Wert der Summe
	530	1000
2801	4320	
465	985	
	350	840
12 066	10 034	

ÜBUNG 3 Ergänze die fehlenden Tabellenwerte.

Minuend	Subtrahend	Wert der Differenz
	22	448
2801	1230	
320	120	
	350	840
12 066	10 034	

WISSEN

Schriftlich addieren

1. Schreibe die Summanden so untereinander, dass die entsprechenden Stellen (Einer, Zehner usw.) jeweils **genau untereinander** stehen.
2. Addiere die Einer, danach die Zehner usw.
   Ist die Summe einer Spalte größer als 9, erhältst du jeweils einen **Übertrag** auf die nächsthöhere Stelle.

	4254	Einer:	9 + 7 + 4 = 20	notiere 0, übertrage 2.
+	8167	Zehner:	2 + 1 + 6 + 5 = 14	notiere 4, übertrage 1.
+	19	Hunderter:	1 + 1 + 2 = 4	notiere 4.
Übertrag	1 1 2	Tausender:	8 + 4 = 12	notiere 2, übertrage 1.
Ergebnis	12440	Zehntausender: 1		notiere 1.

ÜBEN

ÜBUNG 4 Übertrage die Additionsaufgaben so in dein Heft, dass die entsprechenden Stellen untereinander stehen. Berechne schriftlich.

a) 307 + 412 b) 411 + 711 c) 4562 + 14 901 + 5390 + 291 + 9087
d) 112 + 22 e) 756 + 47 + 93 + 434 f) 56 888 + 1 017 755 + 3546 + 84 011

ÜBUNG 5 Jede Zahl der Mauer ist die Summe der beiden unter ihr stehenden Zahlen. Berechne die fehlenden Zahlen.

a)

1000000			
478912			
	111888		
		5555	

b)

500000			
352024			
	34501	113475	
	10007		

WISSEN

Schriftlich subtrahieren

1. Schreibe alle Subtrahenden so unter den Minuenden, dass die entsprechenden Stellen jeweils **genau untereinander** stehen.
2. Addiere alle Einer der Subtrahenden und ziehe die Summe von der Einerstelle des Minuenden ab.
3. Addiere alle Zehner der Subtrahenden und ziehe die Summe von der Zehnerstelle des Minuenden ab usw.
   Ist die entsprechende Stelle des Minuenden zu klein, musst du sie um 10 (bzw. 20, 30 usw.) erhöhen und einen **Übertrag** in der nächsthöheren Spalte notieren und mitberechnen.

	8633	Einer:	3 – (6 + 9) =	3 – 15; geht nicht,
–	329			also 23 –15 = 8; übertrage 2.
–	1446	Zehner:	3 – (2 + 4 + 2) =	3 – 8; geht nicht,
Übertrag	112			also 13 – 8 = 5; übertrage 1.
Ergebnis	6859	Hunderter:	6 – (1 + 4 + 3) =	6 – 8; geht nicht,
				also 16 – 8 = 8; übertrage 1.
		Tausender:	8 – (1 + 1) =	8 – 2 = 6

ÜBUNG 6 Übertrage die Subtraktionsaufgaben so in dein Heft, dass die entsprechenden Stellen untereinander stehen. Berechne schriftlich.

a) 217 – 22 b) 3121 – 1349
c) 6271 – 5389 d) 935 – 475 – 82 – 6
e) 27 902 – 4090 – 13 243 f) 86 444 – 37 710 – 101 – 4678

ÜBUNG 7 **Übertrage den Text der Aufgabe zunächst in einen Rechenausdruck. Überschlage zuerst das Ergebnis und berechne es anschließend.**

a) Subtrahiere von 600 000 die Summe der Zahlen 72 009 und 311 777.
b) Vergrößere die Differenz aus 8954 und 6294 um 3459.
c) Subtrahiere die Differenz der Zahlen 7654 und 449 von deren Summe.

ÜBUNG 8 **Addiere alle Zahlen von 0 bis 10. Schreibe die Summe zuerst auf und überlege dir, wie du geschickt Rechenvorteile nutzen kannst.**

ÜBUNG 9 **Berechne die leeren Felder. Verfolge dabei möglichst viele Wege.**

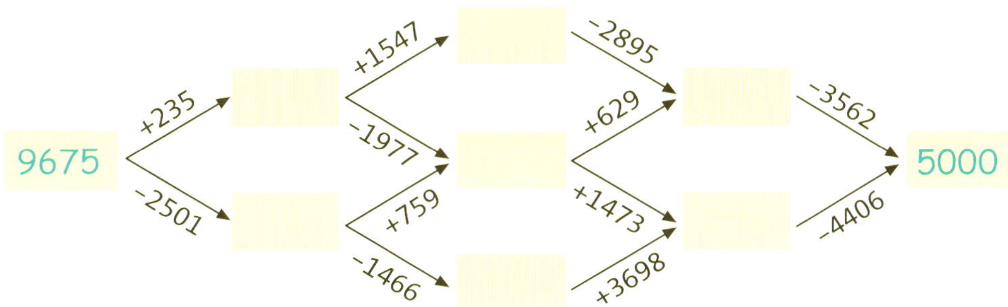

ÜBUNG 10 **Bearbeite die Textaufgabe in deinem Übungsheft.**

Ein Obsthändler bekommt zu Beginn der Woche 600 kg Bananen geliefert. Am Montag verkauft er im Laden 75 kg und am Dienstag 57 kg. Am Mittwoch kann er auf dem Markt 245 kg absetzen. Am nächsten Tag kauft er noch 120 kg Bananen hinzu. An den nächsten zwei Tagen können nochmals 86 kg und 63 kg Bananen verkauft werden. Als der Händler am Samstag Nachmittag sein Geschäft schließt, ist er mit dem Tagesverkauf sehr zufrieden. Nur 82 kg müssen im Kühlhaus eingelagert werden. Wie viel Kilogramm Bananen konnte der Händler am Samstag noch absetzen?

2.2 Multiplizieren und Dividieren

Die **Multiplikation** ist eine verkürzte Form der Addition gleicher Summanden. Der Rechenausdruck heißt **Produkt**.

3	·	4	=	12
1. Faktor	mal	2. Faktor	gleich	Wert des Produkts

In Textaufgaben wird die Multiplikation auch häufig umschrieben, z. B. durch *das x-Fache, x-mal so viel, Vielfaches, Verdoppeln, Verdreifachen* usw.
Hier wird dreimal der Summand 4 addiert:
$4 + 4 + 4 = 3 \cdot 4 = 12$

Die **Faktoren dürfen vertauscht** werden (**Kommutativgesetz**).
Die Reihenfolge der Rechenschritte darf geändert werden (**Assoziativgesetz**).
Distributivgesetz: Eine Summe (oder Differenz) kann mit einem Faktor multipliziert werden, indem man die einzelnen Zahlen mit dem Faktor multipliziert und die entstandenen Produkte addiert (oder subtrahiert).

$\mathbf{a \cdot b = b \cdot a}$
$7 \cdot 3 = 21$ und $3 \cdot 7 = 21$
$\mathbf{(a \cdot b) \cdot c = a \cdot (b \cdot c)}$
$(3 \cdot 4) \cdot 2 = 3 \cdot (4 \cdot 2)$
$\mathbf{(a + b) \cdot c = a \cdot c + b \cdot c}$
$(7 + 2) \cdot 3 = 7 \cdot 3 + 2 \cdot 3 = 27$

Das Distributivgesetz nutzt du unbewusst z. B. beim schriftlichen Multiplizieren aus (↑ S. 25).

Ist ein Faktor **0**, so ist das Ergebnis 0.
Die Multiplikation mit **1** verändert den Wert nicht.

$8 \cdot 0 = 0$; $1258 \cdot 0 \cdot 78 \cdot 23 = 0$
$8 \cdot 1 = 8$; $7 \cdot 6 \cdot 1 = 7 \cdot 6$

Die **Division** ist die Umkehrung der Multiplikation. Der Rechenausdruck heißt **Quotient**.

12	:	4	=	3
Dividend	durch	Divisor	gleich	Wert des Quotienten

In Textaufgaben wird die Division häufig umschrieben, z. B. durch *der x-te Teil, geteilt durch, Teilen, Halbieren, Dritteln* usw.

Beispiel: Halbiere die Zahl 8.

Eine Division kann man als **Probe** für eine Multiplikationsaufgabe heranziehen.
Dividend und Divisor sowie die Rechenschritte in einem Quotienten dürfen **nicht einfach vertauscht** werden.
Distributivgesetz: Eine Summe (oder Differenz) kann durch einen Divisor geteilt werden, indem man die einzelnen Zahlen durch den Divisor teilt und die Quotienten addiert (oder subtrahiert).

$3 \cdot 4 = 12$ ist gleichbedeutend mit $12 : 4 = 3$.

$30 : 6 = 5$, aber $6 : 30$ ist nicht 5.
$(8 : 4) : 2 = 2 : 2 = 1$, aber
$8 : (4 : 2) = 8 : 2 = 4$
$\mathbf{(a + b) : c = a : c + b : c}$
$(8 + 20) : 2 = 8 : 2 + 20 : 2 = 14$

Durch **0** darf nicht geteilt werden!
Eine Zahl dividiert durch **1** ergibt immer die Zahl selbst.
Teilt man eine Zahl durch sich selbst, so ist das Ergebnis **1**.

~~8 : 0~~ ist verboten!
3 765 281 : 1 = 3 765 281

3 765 281 : 3 765 281 = 1

ÜBUNG 11 Schreibe so einfach wie möglich und berechne jeweils den Wert.

Beispiel: $8 + 8 + 3 = 2 \cdot 8 + 3 = 16 + 3 = 19$

a) $7 + 7 + 7 + 7 + 7$ b) $20 + 20 + 20$ c) $20 + 10 + 20 + 10 + 20$

ÜBUNG 12 Berechne und führe anschließend eine Probe durch.

a) $20 \cdot 3$ b) $12 \cdot 6$ c) $117 \cdot 2$ d) $117 \cdot 20$ e) $1258 \cdot 0 \cdot 20$ f) $212 \cdot 3 \cdot 2$

ÜBUNG 13 Jede Zahl ist das Produkt der beiden links von ihr angeordneten Zahlen. Fülle die Lücken aus.

6	12		
2			
4			
3			

WISSEN

Rechnen mit Potenzen

Produkte mit mehreren gleichen Faktoren heißen **Potenzen.**

Basis (Grundzahl) → 2^5 ← Exponent (Hochzahl)

$2 \cdot 2 \cdot 2 \cdot 2 \cdot 2 \cdot 2 = 2^6$ (lies: „2 hoch 6“)

$11 \cdot 11 \cdot 11 \cdot 11 = 11^4$ (lies: „11 hoch 4“)

7^3 bedeutet:
3 ist der Exponent zur Basis 7.

Mit Zehnerpotenzen multiplizieren

Beim Rechnen können Endnullen zunächst weggelassen werden. Multipliziere nur die Zahlenwerte und hänge die gestrichenen Nullen an das Ergebnis wieder an.

Bei der Multiplikation:

$500 \cdot 62\,000 = 5 \cdot 62 \cdot \underbrace{(100 \cdot 1000)}_{\text{5 Endnullen}} =$

$310 \cdot 100\,000 = 31\,\underbrace{000\,000}_{\text{5 Endnullen}}$

ÜBUNG 14 Rechne die folgenden Aufgaben in deinem Übungsheft.

a) Potenzen mit dem Exponenten 2, also z. B. 3^2, nennt man Quadratzahlen. Man sagt auch „9 ist das Quadrat von 3“. Schreibe alle Quadratzahlen der Zahlen von 1 bis 15 auf.

b) Schreibe als Produkt und berechne: 2^5, 3^3, 4^4.

c) Schreibe als Produkt von Potenzen und berechne: $6 \cdot 6 \cdot 5 \cdot 6 \cdot 7 \cdot 7 \cdot 5 \cdot 5 \cdot 7$.

ÜBUNG 15 Multipliziere. Beachte alle Tipps und Rechenregeln!

a) $60 \cdot 70\,000$ b) $7153 \cdot 6$ c) $7003 \cdot 8623$ d) $3 \cdot 2487 \cdot 100$

e) $90\,000 \cdot 120\,000$ f) $18 \cdot 9603$ g) $3444 \cdot 9529$ h) $1000 \cdot 5661 \cdot 4$

ÜBEN

ÜBUNG 16 **Rechne in deinem Übungsheft.**

a) Ein Schuljahr hat etwa 39 Schulwochen. Wie viele Minuten Unterricht pro Schuljahr hast du?
b) Ein Pkw verbraucht für 100 Kilometer durchschnittlich 8 Liter Benzin. Wie viel Benzin benötigt man für eine 1700 Kilometer lange Fahrt?
c) Der Lieferwagen eines Getränkehändlers kann 65 Getränkekisten transportieren. Wie viele Kisten wurden ausgeliefert, wenn das Fahrzeug an einem Tag 13-mal voll beladen das Getränkelager verlassen hat?
d) Eine Verpackungsmaschine verpackt jeweils 6 Eier in einen Eierkarton. Täglich schafft diese Maschine 4500 solcher Kartons. Wie viele Eier werden in einem Monat mit 30 Tagen verpackt?

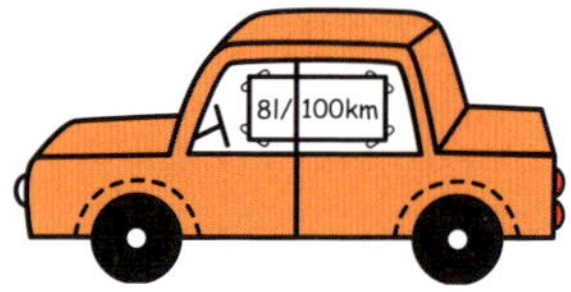

WISSEN

Schriftlich multiplizieren, wenn der zweite Faktor einstellig ist
Multipliziere den 2. Faktor nacheinander mit jeder Stelle des 1. Faktors:
1. Multipliziere ihn mit der Einerstelle, notiere die Einer des Ergebnisses und merke dir den Übertrag.
2. Multipliziere den 2. Faktor mit der Zehnerstelle, addiere den Übertrag, notiere die Einer des Ergebnisses und merke dir den neuen Übertrag.
3. Verfahre so mit allen Ziffern des 1. Faktors.

Es werden immer nur die Einer eines Rechenschrittes notiert, die höheren Stellen werden *übertragen* und im nächsten Rechenschritt zum Produkt *addiert*. Nur der Übertrag des letzten Rechenschrittes (im Beispiel die **7**) erscheint ebenfalls im Ergebnis.

85 · 9		
765	Einer:	5 · 9 = 45; notiere ganz rechts 5, übertrage 4
	Zehner:	4 + (8 · 9) = **7**6; notiere 6, übertrage **7**
	(Hunderter:	**7** + (0 · 9) = 7; notiere **7**)

ÜBUNG 17 **Multipliziere schriftlich. Berechne in deinem Übungsheft und trage dann die Ergebnisse ein.**

a) 20 · 3 =	b) 30 · 3 =	c) 22 · 3 =
d) 21 · 3 =	e) 24 · 3 =	f) 20 · 4 =
g) 18 · 3 =	h) 56 · 8 =	i) 24 · 6 =
j) 78 · 9 =	k) 27 · 5 =	l) 89 · 7 =
m) 13 · 9 =	n) 969 · 7 =	o) 25 · 4 =

WISSEN

Schriftlich multiplizieren, wenn der zweite Faktor mehrstellig ist

Multipliziere nacheinander jede Ziffer des 2. Faktors mit jeder Ziffer des 1. Faktors:

1. Beginne mit der höchsten Stelle des 2. Faktors und setze für die übrigen Stellen Nullen. Verfahre so wie auf der vorigen Seite unter Schritt 1 bis 3 beschrieben.
2. Fahre mit der nächsten Ziffer des 2. Faktors fort usw.
3. Addiere alle Teilergebnisse (↑ Kap. 2.1).

265 · 74	Zehner 7:	7 · 5 = 35; notiere 5, übertrage 3
18550		3 + (7 · 6) = 45; notiere 5, übertrage 4
+ 1060		4 + (7 · 2) = 18; notiere 18
19610	Einer 4:	4 · 5 = 20; notiere 0, übertrage 2
		2 + (4 · 6) = 26, notiere 6, übertrage 2
		2 + (4 · 2) = 10, notiere 10

Beachte: Das Ergebnis des jeweils letzten Rechenschrittes (hier 18 und 10) wird vollständig im Zwischenergebnis notiert.
Unbemerkt hast du das **Distributivgesetz** angewendet:
$265 \cdot 74 = 265 \cdot 70 + 265 \cdot 4 = 18\,550 + 1\,060$

Schreibe die Faktoren immer so nebeneinander, dass derjenige Faktor rechts steht, der weniger Ziffern oder mehr Nullen oder mehr gleiche Ziffern hat.

Beispiel: 987 · 5 ist einfacher zu rechnen als 5 · 987, da man mit einer Zeile auskommt. 1234 · 2001 ist einfacher zu rechnen als 2001 · 1234, da für die Nullen Leerzeilen entstehen.

ÜBUNG 18 Multipliziere schriftlich. Nutze alle Rechengesetze und Rechenvorteile aus.

a) 225 · 3 b) 6 · 17 c) 8 · 13 d) 404 · 29 e) 2005 · 325 f) 7070 · 326

WISSEN

Durch Zehnerpotenzen dividieren

Streicht man bei Dividend und Divisor gleich viele Endnullen, bleibt das Ergebnis gleich.

$72\,000 : 8000 = 72 : 8 = 9$

Lasse die Endnullen **des Dividenden** zunächst weg. Dividiere nur die Zahlenwerte und **hänge die Nullen an das Ergebnis** wieder an.

3 Endnullen

$72\,000 : 8 = (72 : 8) \cdot 1000 = 9000$

ÜBUNG 19 Rechne im Kopf. Denke dabei an die besondere Behandlung der Endnullen.

a) 49 000 : 7 b) 56 000 : 8000 c) 8100 : 90 d) 12 100 : 11 e) 420 000 : 600

ÜBUNG 20 Löse das Kreuzzahlenrätsel.

Waagerecht:
1) 576 : 24
2) 666 : 74
3) 3584 : 7
4) 920 : 23
5) 42 350 : 11

Senkrecht:
1) 1988 : 7
2) 8730 : 6
3) 9495 : 15
4) 1170 : 65

1	2	4	2	
	3			
		4		
5				

WISSEN

Schriftlich dividieren
Vielfache des Divisors werden schrittweise vom Dividenden subtrahiert. Dabei kann ein **Rest** entstehen, der als Anteil am Ende des Ergebnisses addiert oder als Rest notiert wird. Beim schriftlichen Dividieren muss man sehr sorgsam mit auftretenden Nullen umgehen.

```
      4015 : 13 = 308 + (11 : 13)
–     39↓
        11
–        0↓
       115
–      104
Rest:   11
```

- 13 geht 3 mal in 40; 13 · 3 = 39; rechne 40 – 39 = 1, hole die 1 herunter
- 13 geht 0 mal in 11; 13 · 0 = 0; rechne 11 – 0 = 11, hole die 5 herunter
- 13 geht 8 mal in 115; 13 · 8 = 104; rechne 115 – 104 = 11

Andere Schreibweise für das Ergebnis mit Rest:
4015 : 13 = **308 Rest 11**

ÜBUNG 21 Dividiere schriftlich. Achte sorgsam auf die richtige Behandlung der Nullen! Ab Aufgabe e) entstehen Reste.

a) 509 040 : 101
b) 81 162 : 27
c) 45 000 : 25
d) 140 280 : 14
e) 3920 : 19
f) 9877 : 20
g) 10 545 : 23
h) 26 799 : 36

ÜBUNG 22 Übertrage den Text zunächst in einen Rechenausdruck und berechne anschließend das Ergebnis.

a) Multipliziere das Dreifache von 15 mit der Hälfte von 866.
b) Multipliziere den Quotienten aus 60 und 12 mit 80.
c) Dividiere das Produkt aus 35 und 18 durch 45.

ÜBUNG 23 Rechne schriftlich in deinem Übungsheft.

a) Eine Tippgemeinschaft spielt gemeinsam Lotto und gewinnt 79 200 €. Wie viel Geld erhält jeder, wenn die Gemeinschaft 6 (11, 15) Mitglieder hat?
b) Jans Vater fährt täglich mit dem Fahrrad zur Arbeit (und zurück). Er nutzt das Fahrrad sonst nicht. In einem Monat mit 23 Arbeitstagen zeigt sein Kilometerzähler 598 Kilometer an. Wie weit ist der Arbeitsplatz entfernt?

2.3 Terme und Gleichungen

Terme

Ein **Term** besteht aus sinnvoll zusammengefügten Zahlen, Potenzen und Rechenzeichen (+, –, ·, :) und wird mithilfe von Klammern gegliedert.

7 + 3 ist ein Term.
27 : 20 ist ein Term.
(27 : 5) + 18 ist ein Term.
6 – x ist ein Term.

„Vorfahrtsregeln" in Termen

- **Klammern** werden zuerst berechnet. Bei geschachtelten Klammern wird die **innere zuerst** berechnet.
- **Potenzrechnung** wird vor Punkt- und Strichrechnung ausgeführt. **Punktrechnungen** (· und :) werden vor **Strichrechnungen** (+ und –) ausgeführt.
- Strich- und Punktrechnungen sind untereinander jeweils gleichrangig.
- Fehlen Klammern, wird **von links nach rechts** gerechnet.

$35 - (13 + 17) = 35 - 30 = 5$
$9 - [7 - (2 + 3)] = 9 - [7 - 5] = 9 - 2 = 7$

$2 \cdot 5^3 = 2 \cdot 125 = 250$

$35 + 2 \cdot 10 = 35 + 20 = 55$
$63 : 7 - 2 \cdot 4 = 9 - 8 = 1$

$35 - 13 + 17 = 22 + 17 = 39$

Für die Darstellung der richtigen Reihenfolge der Rechnungen eines Terms verwendet man **Rechenbäume.**

(79 – 7 · (2 + 3)) : 4
+
5
·
35
–
44
:
11

Ausklammern und Ausmultiplizieren

Wird eine Summe oder Differenz mit einer Zahl multipliziert, so gilt das **Distributivgesetz** (↑ Kap. 2.2).

Wird eine Summe oder Differenz durch eine Zahl dividiert, so gilt ebenfalls das **Distributivgesetz** (↑ Kap. 2.2).

Die Anwendung dieses Gesetzes wird auch **Ausmultiplizieren** genannt.
In umgekehrter Richtung spricht man von **Ausklammern**.

Anwendung beim Kopfrechnen:
$205 \cdot 25 = (200 + 5) \cdot 25$
$= 200 \cdot 25 + 5 \cdot 25$
$= 5000 + 125 = 5125$
$2940 : 3 = (3000 - 60) : 3$
$= 3000 : 3 - 60 : 3$
$= 1000 - 20 = 980$

Ausmultiplizieren:
$(10 - 3) \cdot 7 = 10 \cdot 7 - 3 \cdot 7 = 70 - 21 = 49$
Ausklammern:
$7 \cdot 6 + 7 \cdot 7 = 7 \cdot (6 + 7) = 7 \cdot 13 = 91$

Gleichungen

Sind zwei Terme durch ein Gleichheitszeichen verbunden, bilden sie eine **Gleichung**. Die **Unbekannte** (oder **Variable**) wird durch einen Buchstaben (häufig x) bezeichnet.

$5 + 7 = 12$ ist eine Gleichung.
Mit der Gleichung $x + 9 = 22$ wird ein Zahlenrätsel umschrieben. Es lautet: *Zu welcher Zahl muss man 9 addieren, um 22 zu erhalten?*

Setzt man für die Variable eine Zahl ein, entsteht eine wahre oder eine falsche **Aussage**.

$7 + 9 = 22$ ist eine *falsche Aussage.*
$13 + 9 = 22$ ist eine *wahre Aussage.*
$162 : 18 = 9$ ist eine *wahre Aussage.*

Die Menge aller Zahlen, die man in die Gleichung einsetzen darf, heißt **Grundmenge G**.

Meist ist die Grundmenge eine Menge wie die Menge der natürlichen Zahlen $\mathbb{N}$.

Die Zahlen aus der Grundmenge, die die Gleichung beim Einsetzen zu einer wahren Aussage machen, heißen **Lösungen**. Manchmal werden die Lösungen zur **Lösungsmenge L** zusammengefasst.

Für welche der Zahlen 8, 12 , 14, 28 gilt $168 + x = 180$?
Die Zahlen 8, 12, 14 und 28 bilden hier die *Grundmenge* $G = \{8, 12, 14, 28\}$.
Es gilt $168 + 12 = 180$. Also ist die *Lösung* $x = 12$; $L = \{12\}$.

Lösen durch Umkehrung und gezieltes Probieren

Bei einfachen Gleichungen kann man die Lösung durch **Überlegen** finden.

Die **Umkehrung** einer Rechnung (ähnlich einer Probe) hilft immer weiter:
$x - a = b$ also $x = b + a$
oder $a - x = b$ also $x = a - b$.

Besonders vorsichtig musst du bei Subtraktionen und Divisionen sein! Auf der nächsten Seite findest du deshalb alle Umkehrungen auf einen Blick!

$x + 9 = 22$ bedeutet, dass man zur Zahl x die 9 addieren muss, um 22 zu erhalten. Dies ist gleichbedeutend mit der Überlegung, dass die Zahl x um 9 kleiner als 22 sein muss. Man rechnet:
$x = 22 - 9 = 13$; also ist $x = 13$

Beispiele für Umkehrungen:
$x - 14 = 16$; also ist $x = 16 + 14 = 30$
$6 \cdot x = 30$; also ist $x = 30 : 6 = 5$
$x : 7 = 9$; also ist $x = 9 \cdot 7 = 63$
$3 - x = 1$; also ist $x = 3 - 1 = 2$
$15 : x = 3$; also ist $x = 15 : 3 = 5$

Lösen durch **gezieltes Probieren:**
Setze die Zahlen aus der Grundmenge nacheinander für die Variable ein.

Gezieltes Probieren ist auch dann sinnvoll, wenn du die Lösung schon ungefähr weißt.

Für welche der Zahlen 9, 18, 27 gilt $162 : x = 9$? Probiere durch Einsetzen:
$x = 9$; $162 : 9 = 18 \neq 9$
$x = 18$; $162 : 18 = 9$
$x = 27$; $162 : 27 = 6 \neq 9$
Also ist $x = 18$ die gesuchte Lösung.

ÜBUNG 24 Gliedere die Terme mithilfe eines Rechenbaums und berechne ihren Wert. Arbeite in deinem Übungsheft und beachte die Rechenregeln!

a) $(15 + 3) : 6$	b) $12 - (7 + 2)$	c) $74 - [8 \cdot (5 + 3)]$	d) $(15 + 6) : (18 - 11)$
e) $12 + 8 : 4 - 5$	f) $15 \cdot 2 + 20 : 5$	g) $24 + 2 \cdot (9 - 6)$	h) $(24 - 2 \cdot 4) : 8$

WISSEN +

Mit Umkehrungen schneller zum Ziel

Wenn du die folgenden Umkehrungen kennst, kannst du Gleichungen leichter lösen.

Gleichung	Umkehrung	Gleichung	Umkehrung
x + a = b, also	**x = b − a**	**x : a = b, also**	**x = b · a**
z. B. x + 7 = 9, also	x = 9 − 7	z. B. x : 3 = 7, also	x = 7 · 3
x − a = b, also	**x = b + a**	**a : x = b, also**	**x = a : b**
z. B. x − 4 = 3, also	x = 3 + 4	z. B. 16 : x = 2, also	x = 16 : 2
a · x = b, also	**x = b : a**	**a − x = b, also**	**x = a − b**
z. B. 3 · x = 12, also	x = 12 : 3	z. B. 25 − x = 13, also	x = 25 − 13

ÜBUNG 25 Berechne x durch Umkehrung.

a) $15 + x = 67$ b) $x - 12 = 144$ c) $8 \cdot x = 72$ d) $x : 15 = 6$

ÜBUNG 26 Nutze das Distributivgesetz für die schnelle Berechnung im Kopf.

a) $5 \cdot (11 + 8)$	b) $(10 - 1) \cdot 25$	c) $6 \cdot 17 + 6 \cdot 3$
d) $(48 + 36) : 12$	e) $91 : 13 - 78 : 13$	f) $26 \cdot 11 - 11$

ÜBUNG 27 Übertrage den Text der Aufgabe zunächst in einen Term. Überschlage dann das Ergebnis, um es anschließend exakt zu berechnen.

a) Addiere 34 zum Produkt aus 12 und 9.
b) Dividiere die Summe aus 35 und 25 durch ihre Differenz.
c) Subtrahiere 195 vom Produkt der größten und der kleinsten dreistelligen Zahl.
d) Multipliziere den Quotienten aus dem Divisor 24 und dem Dividenden 120 mit der Differenz aus dem Minuenden 45 und dem Subtrahenden 29.
e) Vermindere die dritte Potenz von 5 um die Summe aus 19 und der Quadratzahl von 6.

ÜBUNG 28 Berechne die folgenden Terme und finde alle diejenigen heraus, die man nicht berechnen kann. Denke an die Besonderheiten bezüglich der Null (↑ Kap. 2.2)!

a) $0 : (4834 - 2376)$	b) $666 \cdot (36 : 6 - 6)$	c) $(45 - 23) : (56 - 7 \cdot 8)$
d) $[24 - 8 \cdot (12 - 9)] : 120$	e) $[(35 - 4 \cdot 7 - 7) : 59] \cdot 75$	f) $19 + 56 : (29 + 16 - 5 \cdot 9)$

ÜBUNG 29 **Löse die Gleichungen, sofern möglich.**

a) $x \cdot 45\,612 = 45\,612$ b) $(321 - x) \cdot 987 = 0$ c) $7900 - 7900 \cdot x = 0$
d) $2376 : x = 2376$ e) $x : (14 - 2 \cdot 5) = 0$ f) $x : (14 - 2 \cdot 7) = 0$

ÜBUNG 30 **Übertrage den Text der Aufgabe in eine Gleichung. Versuche anschließend, diese Gleichung durch gezieltes Probieren zu lösen.**

a) Welche Zahl ergibt sich, wenn du 29 um 7 vergrößerst?
b) Multipliziere eine unbekannte Zahl mit 6. Addierst du jetzt 35, so erhältst du 53.
c) Teilt man 49 durch eine unbekannte Zahl und addiert anschließend 14, so erhält man 21.
d) Vermindere eine Unbekannte um 3. Verdoppelst du anschließend das Ergebnis, so erhältst du 12.

WISSEN

Mit Umkehrungsketten zur Lösung
Zum Lösen schwieriger Gleichungen kannst du Umkehrungsketten verwenden: Erstelle zu der Gleichung eine Pfeilkette, die du für die Berechnung der Lösung in umgekehrter Richtung durchläufst.

$x \cdot 5 - 12 = 8$

$x \xrightarrow{\cdot 5} ? \xrightarrow{-12} 8$

$x \xleftarrow{:5} 20 \xleftarrow{+12} 8$

$8 + 12 = 20$; $20 : 5 = 4$; also $x = 4$.

$120 : x + 19 = 23$

$120 \xrightarrow{:x} ? \xrightarrow{+19} 23$

$120 \xleftarrow{\cdot x} 4 \xleftarrow{-19} 23$

$23 - 19 = 4$; $4 \cdot x = 120$; $x = 120 : 4$; also $x = 30$.

ÜBUNG 31 **Ermittle die Lösungen der Gleichungen mithilfe von Umkehrungsketten.**

a) $x : 8 + 16 = 25$ b) $50 \cdot x - 48 = 152$ c) $x \cdot 16 - 12 = 68$
d) $76 : x + 91 = 110$ e) $x - 27 + 45 = 52$ f) $x \cdot 6 + 24 = 60$

ÜBUNG 32 **Wandle den Rätseltext in eine Gleichung um und löse sie.**

a) Tom löst seine Briefmarkensammlung auf und verteilt sie gleichmäßig an seine 6 Freunde. Zusammen mit seinen bereits gesammelten 95 Briefmarken besitzt Markus anschließend 114 Marken. Wie viele Briefmarken hatte Tom in seiner Sammlung?
b) Martina hat 74-mal denselben Geldbetrag in ihre Spardose geworfen. Nachdem sie 16 € für eine neue CD entnommen hat, befinden sich noch 206 € in der Spardose. Wie hoch war der Geldbetrag, den Martina zuvor jedes Mal eingeworfen hat?

Klassenarbeit 1

45 Minuten

AUFGABE 1 Berechne die fehlenden Stellen in der Zahlenmauer. Jede Zahl ergibt sich dabei aus den beiden darunter stehenden Zahlen und der angegebenen Rechenoperation.

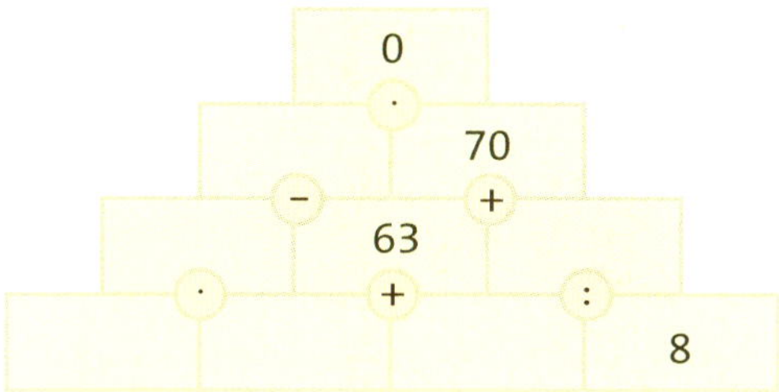

AUFGABE 2 Berechne (schriftlich) unter Beachtung der Rechenregeln. Achte auf mögliche Rechenvorteile!

a) $34 + 493 : 17$
b) $17 \cdot 29 + 17 \cdot 71$
c) $123 \cdot 12^3 - 4144 : 56$
d) $[(25 + 91) \cdot 7] : (504 - 476)$

AUFGABE 3 Gib zu den Rechenbäumen den passenden Term an und berechne ihn. Beschreibe den zweiten Term in Worten (wie in der Aufgabenstellung von Aufgabe 4).

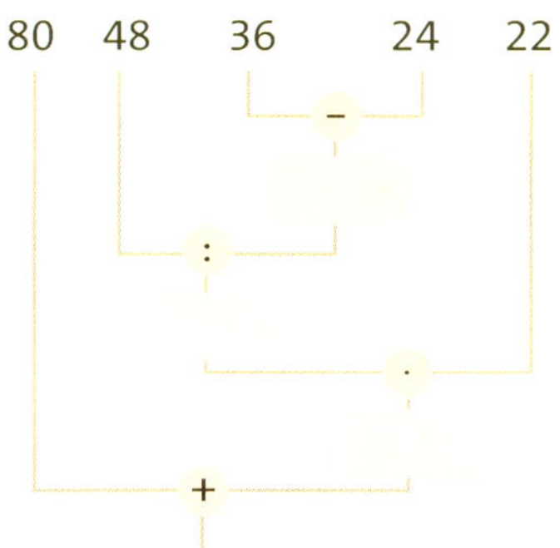

AUFGABE 4 Übertrage den Text in eine Gleichung und löse sie.

a) Das Dreifache einer Zahl vermindert um 18 ist ebenso groß wie die Summe aus 25 und 59.
b) Addiert man 89 zu der Hälfte einer unbekannten Zahl, so erhält man 128.
c) Der Quotient aus einer unbekannten Zahl und 42 ist ebenso groß wie die um 64 verminderte Quadratzahl (↑ Übung 14) von 20.

TESTEN

Klassenarbeit 2

60 Minuten

AUFGABE 5 **Schreibe stellengerecht untereinander und berechne schriftlich.**

a) 463 + 284 + 42 + 573 + 1012
b) 23 + 12 513 + 1001 + 5 + 473 009
c) 5670 + 5055 + 10 576 002 + 273 555
d) 17 + 283 + 10 362 + 8
e) 453 + 72 + 100 781 + 29
f) 5 + 23 + 8 560 328 + 117

AUFGABE 6 **Übertrage die Subtraktionsaufgaben in dein Heft und berechne schriftlich. Achte darauf, dass du die Stellen spaltenweise richtig untereinander schreibst.**

a) 9670 – 4324
b) 4921 – 2312
c) 52 810 – 32 606
d) 645 – 219 – 205
e) 38 005 – 6742 – 8897
f) 573 380 – 34 509 – 1765 – 298

AUFGABE 7 **Ein Installateur repariert in der Ferienwohnung der Familie Wiese einen verstopften Abfluss. Die Anfahrtskosten werden mit 64 € berechnet, jede Arbeitsstunde kostet 39 €.**

a) Wie viel muss Familie Wiese bezahlen, wenn der Installateur für die Reparatur zwei Stunden benötigt?
b) Der Installateur präsentiert eine Rechnung über 220 €. Wie lange hat er für die Reparatur gebraucht?

AUFGABE 8 **Fülle die Tabelle aus. Führe eventuell notwendige Nebenrechnungen in deinem Übungsheft durch.**

Potenz	Basis	Exponent	Gleichung
4^3	4	3	$4 \cdot 4 \cdot 4 = 64$
8^3			
			$10 \cdot 10 \cdot 10 \cdot 10 \cdot 10 \cdot 10 \cdot 10 =$
	2	9	
5^4			
	3		$3 \cdot 3 \cdot 3 \cdot 3 \cdot 3 =$

TESTEN

AUFGABE 9 Fülle das „Kreuzzahl-Rätsel“ aus.

	a)	b)					c)
f)	3	1	1	d)/g)			
h)		4	e)		i)		
		j)					
	k)						

Senkrecht:

a) Summe aus 234 und 145.
b) Addiere 10 und 4.
c) Differenz aus 630 und 255.
d) 8 Hunderter, 0 Zehner, 6 Einer.
e) Addiere zu 5 die 5, dann noch mal die 5, wieder die 5 und ein letztes Mal die 5.

Waagerecht:

f) Summe aus 300 und 11.
g) Differenz aus 520 und 187.
h) Addiere zur Differenz von 142 und 72 die Zahl 4.
i) Berechne den Wert der Differenz, wenn der Minuend 950 und der Subtrahend 933 ist.
j) Addiere zwei Hunderter.
k) Von welcher Zahl muss man 5000 subtrahieren, um 10 600 zu erhalten?

AUFGABE 10 Ein Gemüsehändler bekam am Montag 460 kg Äpfel geliefert. Er verkauft am Dienstag in seinem Geschäft 84 kg und 12 kg an ein Restaurant, am Mittwoch verkauft er 72 kg, am Donnerstag 68 kg und am Freitag 92 kg. Als der Händler am Samstag vom Markt zurückkommt, berichtet er: „Heute lief das Geschäft gut, ich habe nur noch 12 kg Äpfel übrig.“
Wie viel Kilogramm Äpfel hat er auf dem Markt verkauft?

AUFGABE 11 Finde die passenden Zahlen und trage sie in die Lücken ein.

a) $\quad\quad - 18 = 64$

b) $5 \cdot (10 - 3) \cdot \quad\quad = 140$

c) $48 - 5 \cdot (7 - \quad\quad) = 28$

d) $(117 - \quad\quad) \cdot 2 = 178$

e) $12 \cdot (5 - 3) + 17 = 10 \cdot \quad\quad + 1$

f) $5 \cdot (\quad\quad - 8) - 25 = 0$

Klassenarbeit 3

60 Minuten

AUFGABE 12 Ergänze die fehlenden Zahlen in der Tabelle.

1. Summand	2. Summand	Wert der Summe
47	83	
209		412
	555	756
88	123	
1039		1882

AUFGABE 13 Wie heißen die fehlenden Zahlen? Trage sie in die Tabelle ein.

Minuend	Subtrahend	Wert der Differenz
83	20	
401		199
	892	108
2718	711	
4876		3236

AUFGABE 14 Übersetze den Rechenbaum in einen Term und berechne diesen.

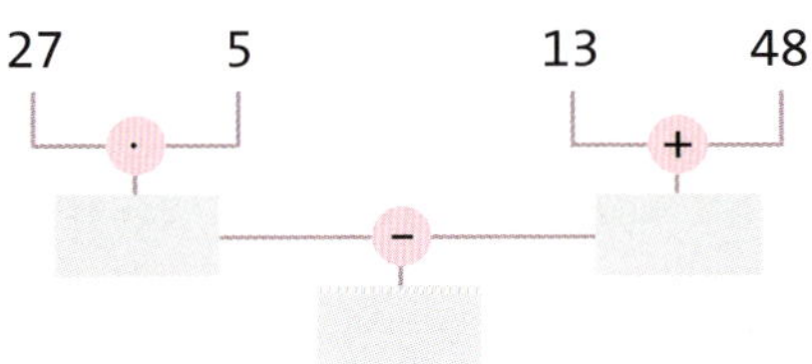

AUFGABE 15 Dividiere schriftlich. Bestimme gegebenenfalls jeweils den Rest.

a) 412 : 2   b) 912 : 24   c) 5152 : 112   d) 3289 : 151

AUFGABE 16 Benutze das Distributivgesetz, um den Term im Kopf zu berechnen.

a) 38 · 22   b) 4 · 19 + 4 · 6   c) (100 – 2) · 30
d) (80 – 24) : 8   e) 96 : 12 - 36 : 12   f) 14 · 15 – 6 · 15

AUFGABE 17 Fülle die Kästchen für die schriftliche Multiplikation richtig aus.

		4	·	5	1	1
	2	6	2	0		
					4	
				5	2	

AUFGABE 18 Berechne den Wert des Terms. Gib den Term auch in Wortform an. Schreibe in dein Übungsheft.

a) $63 : 7 + 123$ b) $(19 - 7) \cdot (7 + 5)$ c) $(101 - 48) - 7 \cdot 5$

AUFGABE 19 Ermittle die Lösung der Gleichungen mithilfe von Umkehrungsketten.

a) $4 \cdot x + 17 = 65$ b) $89 \cdot x - 320 = 1015$ c) $x : 5 + 16 \cdot 4 = 114$

AUFGABE 20 Berechne die folgenden Klammerausdrücke.

a) $54 + (62 - 38)$
b) $(96 - 17) - (36 + 17)$
c) $398 - [218 - (184 - 93 + 11)] + 51$

AUFGABE 21 Zeichne zum Term $[53 - (18 + 5)] - (18 - 9)$ einen Rechenbaum in dein Übungsheft und berechne diesen.

AUFGABE 22 Kannst du die verschlüsselte Gleichung aus einem alten mathematischen Knobelbuch übersetzen? Bestimme die Ziffern und notiere eine mögliche Gleichung in deinem Übungsheft.

Für das Entschlüsseln der Gleichung gelten folgende Regeln:
(1) Jedes Zeichen steht für eine ganz bestimmte Ziffer im Zehnersystem.
(2) Gleiche Symbole stehen für gleiche Ziffern, verschiedene Symbole für verschiedene Ziffern.

3

Rechnen mit Größen

3.1 Rechnen mit Währungen

Zur Angabe eines Geldbetrags gehören immer eine **Maßzahl** und eine **Währungseinheit**.	**Maßzahl** **Währungseinheit** ↓ ↓ 53 € 69 ct
Die Einheiten der in Deutschland gültigen **Währung** sind **Euro** (€) und **Cent** (ct).	1 € = 100 ct 345 ct = 3 € 45 ct (gemischte Schreibweise)
Gemischte Geldbeträge, die beide Einheiten enthalten, werden meist in **Kommaschreibweise** angegeben. Das Komma trennt die Einheiten Euro und Cent voneinander.	2 € 45 ct = 2,45 € 102 € 37 ct = 102,37 € 3 € 45 ct = 3,45 € 89 ct = 0,89 €
Für die schriftliche **Addition** oder **Subtraktion** von mehreren Geldbeträgen schreibt man diese stellengerecht untereinander. Komma steht unter Komma. Rechne zunächst ohne Komma und füge es im Ergebnis wieder vor den beiden letzten Stellen ein!	125,78 € + 84,98 € + 895,05 € 1 2 1 1 2 1105,81 €
Es gibt zwei Möglichkeiten, einen gemischten Geldbetrag mit einer natürlichen Zahl zu **multiplizieren** oder durch eine natürliche Zahl zu **dividieren**:	Kaufe 5 Päckchen Erdnüsse zu je 1 € 23 ct. Wie viel Geld brauchst du?
1. Rechne den **Betrag in ct** um und rechne damit. Das Ergebnis wird entweder in gemischter Schreibweise oder in Kommaschreibweise angegeben.	1. Möglichkeit 1 € 23 ct = 100 ct + 23 ct = 123 ct **5 · 123 ct = 615 ct** 615 ct = 6 € 15 ct = 6,15 €
2. Rechne **nacheinander mit jeder Einheit** und addiere die Ergebnisse. Das Ergebnis wird entweder in gemischter Schreibweise oder in Kommaschreibweise angegeben.	2. Möglichkeit **5 · 1 € + 5 · 23 ct** = 5 € + 115 ct = 5 € + 1 € + 15 ct = 6 € + 15 ct = 6 € 15 ct = 6,15 €

ÜBUNG 1 Übertrage die Preisangaben in Euro und Cent in dein Übungsheft.

Schreibe in Cent:	7 €	12,40 €	34,04 €	57 € 8 ct	169 € 17 ct
Schreibe in Euro:	165 ct	45 € 17 ct	5 € 5 ct	7 ct	1934 ct

ÜBUNG 2 Ordne die folgenden Geldbeträge der Größe nach.

0,75 € 123 ct 23 € 10 ct 10,23 € 1230 ct 10 € 3 ct

ÜBUNG 3 Bearbeite in deinem Übungsheft.

a) Welchen Geldbetrag erhält man, wenn man von allen gültigen Euro-Münzen je eine Münze bekommt?
b) Welchen Betrag muss man zu dem Ergebnis aus a) hinzufügen, um 10 € zu erhalten?
c) Gib zehn verschiedene Möglichkeiten an, um 6,52 € passend zu bezahlen.

ÜBUNG 4 Addiere bzw. subtrahiere die Geldbeträge und gib das Ergebnis in Euro an.

a) 3,45 € + 32,24 €
b) 7,60 € + 122 ct
c) 23,81 € + 40,31 € + 6,44 €
d) 139,40 € + 55 € + 799 ct
e) 6 € 67 ct + 5,01 € + 9 € 22 ct
f) 45,12 € – 12,67 € – 25,99 €
g) 470 € – 225,85 € – 207,77 €
h) 8903,42 € – 3412 € – 29,77 € – 199 €

ÜBUNG 5 **Gerda möchte sich ein Fahrrad kaufen. Es kostet 326 €. Sie hat 197,23 € gespart. Von ihrem Opa bekommt sie 50 € geschenkt. Auch die Patentante gibt ihr 20 €. Leider schuldet Gerda ihrem Bruder noch 31,29 €.**

a) Welcher Betrag fehlt Gerda, um das Rad kaufen zu können?
b) Gerda bekommt jede Woche 3 € Taschengeld. Wie lange muss sie sparen, bis sie sich das Fahrrad leisten kann?

WISSEN

Ausländische Währungen
Weltweit gibt es viele unterschiedliche Währungen, z. B. Amerikanische Dollar ($), Britische Pfund (£), Japanische Yen (Yen) oder Dänische Kronen (dkr). Um von einer Währung in eine andere umzurechnen, benötigt man Umrechnungstabellen. Diese *Sortenkurse,* die sich ständig ändern, bekommt man bei Banken und im Internet.
Beispiel: 1 $ = 0,77 € 1 € = 1,30 $ 1 £ = 1,39 € 1 € = 0,72 £

ÜBUNG 6 **Familie Löhr kommt von einem USA-Urlaub zurück. Der Flug hat 1230 € gekostet, das Hotel in Amerika berechnete 1600 $ und für den Leihwagen mussten 750 $ bezahlt werden. Zudem hatten sie 1200 $ eingetauscht. Wie viel Euro hat der gesamte Urlaub gekostet? (Verwende den Umrechnungskurs aus dem obigen Kasten.)**

ÜBEN

3.2 Rechnen mit Gewichtsangaben

Zu jeder Gewichtsangabe gehören eine **Maßzahl** und eine **Gewichtseinheit** (bzw. **Masseneinheit**).

Maßzahl **Gewichtseinheit**
↓ ↓
69 kg
23 t

Folgende Gewichtseinheiten kennst du:

1 Milligramm = 1 mg 1 Gramm = 1 g
1 Kilogramm = 1 kg 1 Tonne = 1 t

Ein Salzkorn wiegt etwa 1 Milligramm, ein Marienkäfer bringt es schon auf 1 Gramm. Ein Liter Wasser wiegt 1 Kilogramm, ein Kleinwagen etwa 1 Tonne.

Um von einer Gewichtseinheit in die nächstgrößere oder nächstkleinere Einheit umzurechnen, benutzt man die Umrechnungszahl **1000**:

:1000 :1000 :1000
1 t ⇄ 1 kg ⇄ 1 g ⇄ 1 mg
·1000 ·1000 ·1000

Beim Umrechnen in die *nächstkleinere Gewichtseinheit* wird die *Maßzahl mit **1000** multipliziert*:
1 t = 1000 kg; 1 kg = 1000 g; 1 g = 1000 mg

Beim Umrechnen in die *nächstgrößere Gewichtseinheit* wird die *Maßzahl durch **1000** dividiert*:
7 000 000 mg = 7000 g = 7 kg

Werden Gewichte in **Kommaschreibweise** angegeben, bezieht sich die **Einheit** auf die Stellen vor dem Komma.

1,4 **kg** = **1 kg** 400 g = 1400 g
12,5 **g** = **12 g** 500 mg
0,5 **t** = **0 t** 500 kg

- Um in die **nächstgrößere** Einheit umzurechnen, verschiebe das Komma um 3 Stellen **nach links**.
- Um in die **nächstkleinere** Einheit umzurechnen, verschiebe das Komma um 3 Stellen **nach rechts**.

345,5 kg = 0,3455 t
12543,2 mg = 12,5432 g = 0,0125432 kg

0,0578 g = 57,8 mg
0,688 kg = 688,0 g

Willst du mehrere Gewichtsangaben **addieren** oder **subtrahieren**, müssen alle in derselben Einheit angegeben sein. Sonst musst du vorher umrechnen! Man kann auch in kleineren Einheiten rechnen, um die Kommaschreibweise zu umgehen.

Addiere: 0,2 t + 23,6 kg + 8400 g:
0,2 t + 23,6 kg + 8400 g
200 kg + 23,6 kg + 8,4 kg = 232 kg
oder:
200 000 g + 23 600 g + 8400 g = 232 000 g
= 232 kg

Für die **schriftliche Addition** oder **Subtraktion** von mehreren Gewichten schreibt man diese stellengerecht untereinander. **Komma muss unter Komma** stehen! Addiere oder subtrahiere zunächst und notiere das Komma im Ergebnis unter den Kommas der Rechnung!

```
           73,80 kg
            4,32 kg
Übertrag:   1
           78,12
```

ÜBUNG 7 Rechne in die angegebene Einheit um.

a) 65 000 kg = ______ t
b) 17 g = ______ mg
c) 178 000 g = ______ kg
d) 135 t = ______ kg
e) 45 kg = ______ mg
f) 1 111 000 kg = ______ t
g) 11 t = ______ g
h) 235 000 mg = ______ g
i) 73 kg = ______ mg
j) 8 t = ______ mg

ÜBUNG 8 Trage in die Einheitentabelle ein und notiere dann in Kommaschreibweise.

t		kg			g			mg			
Z	E	H	Z	E	H	Z	E	H	Z	E	Kommaschreibweise
1	2	0	5	0							12 t 50 kg = 12,05 t
											45 kg 12 g =
											1 t 3250 g =
											24 g 7 mg =
											3 kg 4 g 35 mg =
											6 t 24 kg 320 g =
											15 kg 256 mg =

ÜBUNG 9 Wandle durch Kommaverschiebung in die angegebene Einheit um.

a) 567,1 kg = ______ t
b) 2,347 g = ______ mg
c) 51,9 t = ______ kg
d) 965,7 mg = ______ g
e) 1,3 t = ______ g
f) 365,78 g = ______ kg

ÜBUNG 10 Berechne das Gesamtgewicht. Verwende eine gemeinsame Einheit.

a) 23 t + 456 kg
b) 0,05 t + 2,5 kg + 348 g
c) 0,678 kg + 780,9 g + 14 398 mg
d) 0,65 kg + 97 860 mg
e) 0,078 t + 12 567 g
f) 0,3 g + 1 kg + 7 mg
g) 0,005 t – 3 000 000 mg
h) 76 kg – 760 g – 940 000 mg
i) 0,7 t – 3 kg
j) 23 g – 23 mg
k) 22 t + 17 kg – 30 mg
l) 14 mg + 13 mg + 1 kg

ÜBEN

WISSEN

Multiplizieren und Dividieren von Gewichten
Es gibt zwei Möglichkeiten, eine Gewichtsangabe in Kommaschreibweise mit einer natürlichen Zahl zu **multiplizieren** oder durch eine natürliche Zahl zu **dividieren.**

- **Entweder** du rechnest das Gewicht in eine Einheit ohne Komma um und rechnest damit. Das Ergebnis wird wieder in Kommaschreibweise angegeben.

  7 · 3,5 kg = **7 · 3500 g** = 24 500 g = 24,5 kg

- **Oder** du rechnest für jede Einheit getrennt und addierst die Ergebnisse. Das Ergebnis wird in Kommaschreibweise angegeben.

  7 · 3,5 kg **= 7 · 3 kg + 7 · 500 g** = 21 kg + 3500 g =
  21 kg + 3 kg + 500 g = 24 kg + 500 g = 24,5 kg

ÜBUNG 11 **Multipliziere.**

a) 5 · 6,1 kg = ____ kg
b) 2 · 3,4 g = ____ g
c) 7 · 1,95 t = ____ t
d) 8 · 0,9 g = ____ g
e) 15 · 5,7 g = ____ g
f) 25 · 1,3 t = ____ t
g) 4 · 190,62 g = ____ g
h) 365 · 7,8 kg = ____ kg

ÜBUNG 12 **Dividiere.**

a) 2,1 kg : 3 = ____ kg
b) 3,5 g : 5 = ____ g
c) 1,8 t : 6 = ____ t
d) 0,75 g : 15 = ____ g
e) 4,2 g : 7 = ____ g
f) 12,1 t : 11 = ____ t
g) 187,5 g : 25 = ____ g
h) 35,25 kg : 3 = ____ kg

ÜBUNG 13 **Bearbeite die folgenden Aufgaben in deinem Übungsheft.**

a) Herr Unger geht einkaufen. Beim Metzger kauft er 760 g Schweinefleisch. Im Supermarkt besorgt er 3 Dosen Ananas mit je 560,8 g; ein Stück Käse zu 282 g sowie 2,78 kg Kartoffeln. Beim Bäcker kauft er noch ein 1,5 kg schweres Brot. Wie schwer ist jetzt sein Einkaufskorb, wenn dieser ohne Inhalt 580 g wiegt?

b) Ein Sack Zement wiegt 50 kg (= 1 Zentner). Wie viele Säcke Zement kann ein Lastwagen transportieren, dessen zulässiges Gesamtgewicht (inklusive Ladung) 18 t beträgt, wenn er leer 5800 kg wiegt?

ÜBEN

3.3 Rechnen mit Zeitangaben

Zu jeder **Zeitangabe** gehören eine **Maßzahl** und eine **Zeiteinheit**.

Maßzahl **Zeiteinheit**
↓ ↓
3 d
24 h

Du kennst folgende Zeiteinheiten:

Jahr	Stunde (h)	Monat
Minute (min)	Woche	Sekunde (s)
Tag (d)		

Der Umlauf der Erde um die Sonne dauert 1 Jahr. An einem Tag dreht sich die Erde einmal um sich selbst.

Die einzelnen Zeiteinheiten kann man ineinander umrechnen. Es gelten allerdings **unterschiedliche Umrechnungszahlen**:

1 d → :24 → 1 h → :60 → 1 min → :60 → 1 s
1 s → ·60 → 1 min → ·60 → 1 h → ·24 → 1 d

1 d = 24 h   1 h = 60 min   1 min = 60 s
1 h = 60 · 60 s = 3600 s
1 d = 24 · 60 · 60 s = 86 400 s

Umrechnungen in größere Zeiteinheiten sind nicht eindeutig und nur im jeweiligen Sachzusammenhang verständlich.

1 Woche hat 7 Tage.
1 Monat hat 28, 29, 30 oder 31 Tage.
1 Jahr hat 365 oder 366 Tage (Schaltjahr).

Man unterscheidet zwischen **Zeitpunkt** (eine bestimmte Uhrzeit) und **Zeitspanne** (die Zeit zwischen zwei Zeitpunkten).

Zeitpunkt: Es ist 8.50 Uhr.
Zeitspanne: Ein Fußballspiel dauert 90 Minuten.

Willst du mehrere Zeitspannen **addieren** oder **subtrahieren**, müssen alle in derselben Einheit angegeben sein. Sonst musst du vorher umrechnen!

4 h – 15 min + 180 s
= 240 min – 15 min + 3 min
= 228 min = 3 h 48 min

Um einen **Zeitpunkt** zu berechnen,
- addiere oder subtrahiere zunächst die vollen Stunden und
- anschließend die restlichen Minuten.

Das Fußballspiel beginnt um 8.50 Uhr und dauert 90 Minuten. Wann ist es zu Ende?
90 min = 1 h 30 min
8.50 Uhr + 1 h: 9.50 Uhr
9.50 Uhr + 30 min: 10.00 Uhr + 20 min
Das Fußballspiel endet um 10.20 Uhr.

Um eine **Zeitspanne** zu berechnen,
- ergänze zuerst bis zur nächsten Stunde;
- addiere die vollen Stunden;
- addiere die restlichen Minuten.

Wie lange dauert der Film? Er beginnt um 19.50 Uhr und endet um 21.55 Uhr.
10 min + 1 h + 55 min = 2 h 5 min
Der Film dauert 2 h 5 min.

ÜBUNG 14 Rechne in die angegebene Einheit um.

a) 14 h = ______ min
b) 50 min = ______ s
c) 240 s = ______ min
d) 7 d = ______ h
e) 2880 min = ______ d
f) 21 600 s = ______ h
g) 3 d = ______ min
h) 62 min = ______ s

WISSEN

Komma- oder Bruchschreibweise

- Für Zeitangaben wird zuweilen auch die Kommaschreibweise verwendet. Das Komma trennt hier jedoch **nicht** die verschiedenen Einheiten voneinander!
- Manchmal werden Zeiten auch in Bruchteilen von Stunden oder Minuten oder einer anderen Zeiteinheit angegeben.

2,5 h sind 2 Stunden und 30 Minuten (und **nicht** 2 Stunden 50 Minuten)
7,5 min = 7 min 30 s
1 h 15 min = 1,25 h (und **nicht** 1,15 h)

$\frac{1}{2}$ h = 30 min (eine halbe Stunde)

$1\frac{1}{2}$ h = 1 h + $\frac{1}{2}$ h = 1 h 30 min

ÜBUNG 15 Oben und unten stehen jeweils dieselben Zeitangaben, allerdings in unterschiedlichen Reihenfolgen. Suche zu jeder Zeitangabe oben die entsprechende Zeitangabe unten und verbinde beide durch eine Linie miteinander. Verwende verschiedene Farben.

4 h 15 min | 1 h 2 min | 167 s | 5,5 h | 3 d 18 h | 45 000 s | 61,5 min | 49 h | 2 h 14 min 30 s

12,5 h | 134,5 min | 5 h 30 min | 1 h 90 s | 255 min | 2 d 60 min | 5400 min | 2 min 47 s | 3720 s

ÜBUNG 16 Addiere bzw. subtrahiere die Zeitangaben und gib das Ergebnis in einer sinnvollen Einheit an.

a) 3 h + 7,5 h + 22 h
b) 20 h + 1 d 18 h + 6,5 d – 30 h
c) 2 h 45 min + 5 h + 12 h 15 min – 8 h 30 min
d) 2 d 15 h 13 min – 36 h 12 min + 3 d 30 min
e) 4 d 11 h – 19 h – 6 h + 1 d 9 h
f) 2 Wochen + 5 d + 12 h + 360 min

ÜBUNG 17 **Die Schüler der Klasse 5 d wurden befragt, wann sie am Wochenende abends ins Bett gehen und wann sie morgens aufstehen. Wie lange haben die einzelnen Schüler im Bett gelegen? Gib in Stunden und Minuten an.**

Uhrzeit beim Schlafengehen	Uhrzeit beim Aufstehen	Zeitspanne im Bett
20.35 Uhr	7.45 Uhr	
21.42 Uhr	9.05 Uhr	
19.55 Uhr	7.34 Uhr	
21.22 Uhr	8.50 Uhr	
22.10 Uhr	9.27 Uhr	

ÜBUNG 18 **Bearbeite die folgenden Aufgaben in deinem Übungsheft.**

a) Omas alte Standuhr geht täglich 2 Sekunden nach. Wie lange dauert es, bis sie wieder die richtige Zeit anzeigt, wenn die Zeitangabe nicht korrigiert wird?
b) Das Herz eines Kindes schlägt etwa 80-mal pro Minute. Wie oft schlägt es pro Stunde (pro Tag / pro Woche)?
c) Jens hat auf einem Videoband mit 240 min Spieldauer einen Film mit 2 h, 12 min und 45 s Länge aufgenommen. Wie viele Sendungen seiner Lieblingsserie von jeweils 32 Minuten kann Jens auf diesem Band noch aufnehmen? Was verbleibt als Rest?
d) An der Abendrealschule beginnt der Unterricht um 16.50 Uhr. Eine Unterrichtsstunde dauert 45 Minuten. Zwischen den Stunden ist jeweils eine Pause von 5 Minuten. Zwischen der 3. und der 4. Stunde gibt es sogar eine Pause von 20 Minuten. Berechne, wann die 4. Stunde beginnt und wann die 5. Stunde endet.

ÜBUNG 19 **Bearbeite schriftlich in deinem Übungsheft.**

a) Bei einer Wüstenrallye erreichte der schnellste Fahrer eine Siegzeit von 1 h, 15 min und 56 s (1:15:56). Vier nachfolgende Fahrer kamen mit folgenden Zeiten ins Ziel: 1:17:43, 1:22:57, 1:26:04 sowie 1:27:31. Ermittle jeweils die Zeitdifferenz zur Siegzeit.

b) Die Transsibirische Eisenbahn fährt auf der fast 10 000 km langen Strecke von Moskau nach Wladiwostok. Die Bahn fährt am Sonntag um 17.35 Uhr Ortszeit in Wladiwostok ab und erreicht Moskau am darauffolgenden Samstag um 16.44 Uhr Ortszeit. Dabei durchfährt der Zug 7 Zeitzonen, d. h., in Wladiwostok gehen die Uhren gegenüber den Uhren in Moskau um 7 Stunden vor. Wie lang ist der Zug unterwegs? Gib die Zeit in Tagen, Stunden und Minuten an.

ÜBEN

Klassenarbeit 1

60 Minuten

AUFGABE 1 **Rechne in die in Klammern stehende Einheit um.**

a) 7 kg (mg)
b) 4500 ct (€)
c) 10 800 s (h)
d) 0,5 kg 12 g (g)
e) 200 € 2 ct (€)
f) 2 d 60 h (d)
g) 124,4 kg (t)
h) 12,13 € (ct)
i) 3,5 d (min)

AUFGABE 2 **Schreibe in Kommaschreibweise.**

a) 6 t 122 kg
b) 7 € 13 ct
c) 3 d 12 h
d) 45 g 2 mg
e) 96 € 2 ct
f) 45 min 30 s

AUFGABE 3 **Wähle eine kleinere Einheit, sodass kein Komma mehr nötig ist.**

a) 23,5 kg
b) 23,5 €
c) 23,5 d
d) 52,06 g
e) 1234,02 €
f) 6,25 min

AUFGABE 4 **Berechne.**

a) 45 min + 2 h 23 min – 360 s
b) 12,98 € – 3 € 70 ct + 4,12 €
c) 23 t + 4567 kg – 5 t 327 kg
d) 250 mg + 0,345 g – 0,0005 kg
e) 6,7 t – 34 kg – 12 000 g
f) 2 d 12 h + 12 h 49 min + 57 min

AUFGABE 5 **Bearbeite die Textaufgaben in deinem Übungsheft.**

a) Herr Schneider kauft im Getränkemarkt ein. Er kauft drei Kästen Mineralwasser mit 12 Flaschen zu je 4,55 € pro Kasten und einen Kasten Saft für 5,98 € mit 6 Flaschen. Für jede Flasche werden 15 ct Pfand berechnet, zudem muss ein Kastenpfand von 1,50 € bezahlt werden. Dafür gibt Herr Schneider aber auch einen kompletten Kasten mit leeren Mineralwasserflaschen und 10 Einzelflaschen zurück. Wie viel Wechselgeld erhält Herr Schneider, wenn er mit einem 100-Euro-Schein bezahlt?

b) Herr Schneider teilt das Wechselgeld unter seine drei Enkel Elea, Rico und Bastian auf, die gerade zu Besuch sind. Wie viel bekommt jeder?

c) Elea und Rico legen ihre Anteile zusammen, da sie auf einen Hund sparen. Wenn sie schon 125 € 56 ct hatten, wie viel haben sie jetzt?

Klassenarbeit 2

60 Minuten

AUFGABE 6 **Fülle die Einheitentabelle für Längenangaben aus. Notiere in der jeweils angegebenen Einheit.**

km		m			dm	cm	mm		
Z	E	H	Z	E					
	7	0	0	2				7 km 2 m = 7,002 km	(km)
								2 m 7 cm =	(m)
		3	0	0	4				(km)
								= 782 mm	
						4	7		(dm)

AUFGABE 7 **Schreibe in der in Klammern stehenden Einheit.**

a) 7 m (cm)
b) 12 kg (g)
c) 30 mg (g)
d) 7,21 € (ct)
e) 17,5 m (km)
f) 1234 ct (€)
g) 42 t (kg)
h) 1,2 km (m)

AUFGABE 8 **Wandle in die kleinste vorkommende Einheit um und berechne dann.**

a) 12 km + 175 m
b) 4 m 25 cm + 37 m 8 dm
c) 2 t + 17 kg + 522 g

AUFGABE 9 **Schneckentagebuch! Welche Strecke legt die Schnecke in einer Woche zurück? Addiere zunächst in der Einheit Zentimeter, rechne zuletzt in Meter um.**

Montag	Dienstag	Mittwoch	Donnerstag	Freitag	Samstag	Sonntag
394 cm	140 dm	2000 mm	400 cm	6,1 m	33 cm	Ruhe

AUFGABE 10 **Hier siehst du einen Auszug aus dem Fahrplan zweier Züge.**

		IC 543	E 3035
Aachen	ab	5.59 Uhr	11.13 Uhr
Köln	an	6.45 Uhr	12.09 Uhr

a) Berechne die Fahrzeiten beider Züge.
b) Ein Eilzug, der für die Strecke genauso lange wie der E 3035 braucht, fährt bereits um 10.59 Uhr in Aachen ab. Wann kommt er in Köln an?

TESTEN

AUFGABE 11 **Addiere bzw. subtrahiere die Geldbeträge und gib das Ergebnis in Euro an.**

a) 12,45 € + 2,04 €
b) 0,45 € + 104 ct
c) 7 € 19 ct + 234 ct + 12,01 €
d) 234,67 € – 82 € – 82 ct

AUFGABE 12 **Auf einer Informationstafel auf dem Bahnsteig sollen die Abfahrts- und Ankunftszeiten sowie die Fahrtdauer angegeben werden. Trage die fehlenden Angaben ein.**

Abfahrt	Fahrtdauer	Ankunft
17.30 Uhr	2 h 15 min	
23.46 Uhr		0.53 Uhr
	5 h 27 min	9.06 Uhr
21.45 Uhr	3 h 55 min	
22.10 Uhr		13.20 Uhr

AUFGABE 13 **Löse die beiden folgenden Aufgaben zur Unterscheidung von Zeitpunkten und Zeitspannen.**

a) Am 22. Dezember geht in Mannheim die Sonne um 8.35 Uhr auf und um 16.27 Uhr unter. Wie lange dauert dieser „kürzeste Tag des Jahres“?
b) Am 12. April 1961 startete um 9.07 Uhr (Moskauer Zeit) der Kosmonaut Juri Gagarin zum ersten bemannten Weltraumflug und landete wohlbehalten 108 Minuten später. Gib den Zeitpunkt seiner Landung an.

AUFGABE 14 **Tibor hat seine Hausaufgaben gemacht. Seine Freundin Jana soll sie kontrollieren.**

	Aufgabe	Richtig?	Korrektur
a)	1200 g : 30 = 400 g	nein	1200 g : 30 = 40 g
b)	3 t – 30 kg = 3790 kg		
c)	50 m + 237 cm = 523,7 dm		
d)	7 · 234 m = 1,638 km		
e)	23,52 € – 53 ct = 23,01		

TESTEN

4 Geometrische Grundbegriffe

4.1 Abstände und Beziehungen zwischen Geraden

Zwei Geraden
- schneiden sich in **einem Punkt** (1)
- oder sind **parallel** zueinander (2).

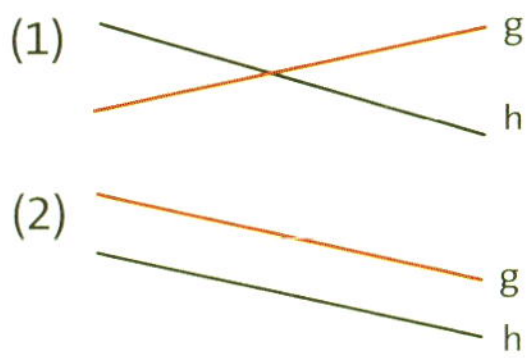

Schneiden sich zwei Geraden in einem rechten Winkel, so nennt man sie zueinander **senkrecht** oder **orthogonal**. Man schreibt $g \perp h$ und verdeutlicht dies in der Zeichnung durch das Symbol ⊾.

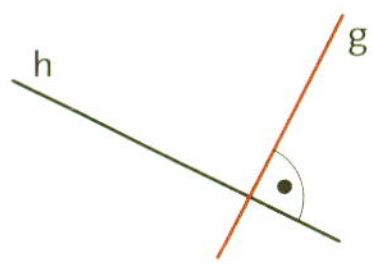

Parallele Gerade h (durch den Punkt P) zu einer gegebenen Geraden g **zeichnen**:
- Lege das Geodreieck so an g, dass g entlang einer der Parallellinien verläuft;
- zeichne die Parallele (durch P) entlang der Grundseite des Geodreiecks.

Man schreibt $g \| h$.

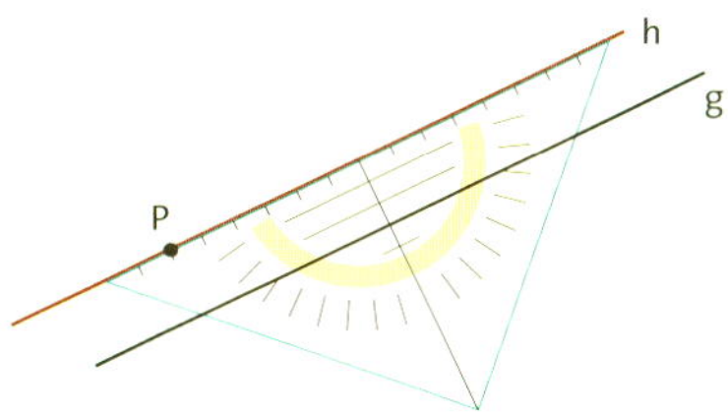

Senkrechte Gerade h (durch den Punkt P) zu einer gegebenen Geraden g **zeichnen**:
- Lege das Geodreieck so an g, dass g entlang der Mittellinie des Geodreiecks verläuft;
- zeichne die Senkrechte (durch P) entlang der Grundseite des Geodreiecks.

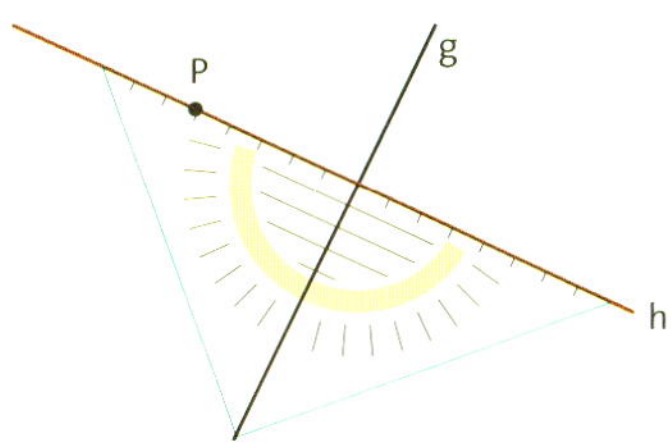

Die senkrechte Verbindung zwischen zwei Geraden oder zwischen einer Geraden und einem Punkt heißt **Abstand** (**Lot**). Der Abstand d ist die kürzeste Verbindung zwischen zwei Geraden bzw. zwischen einem Punkt und einer Geraden.

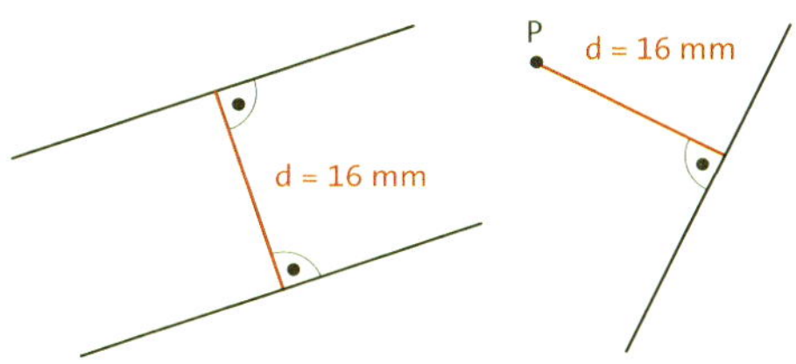

ÜBUNG 1 **Zeichne durch jeden der Punkte A bis D eine Parallele zur Geraden g.**

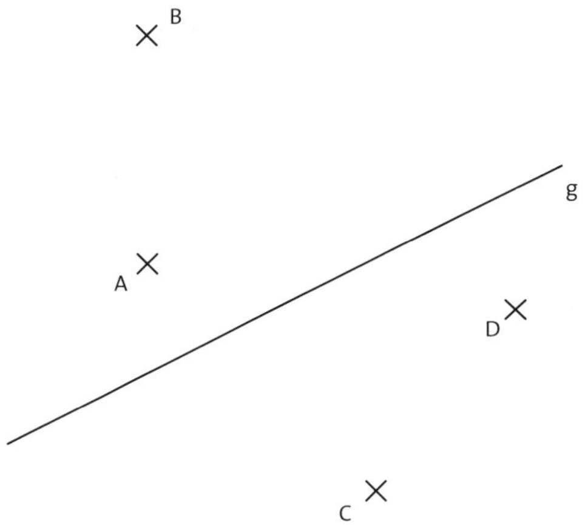

ÜBUNG 2 **Zeichne durch jeden der Punkte A bis D eine Senkrechte zur Geraden g.**

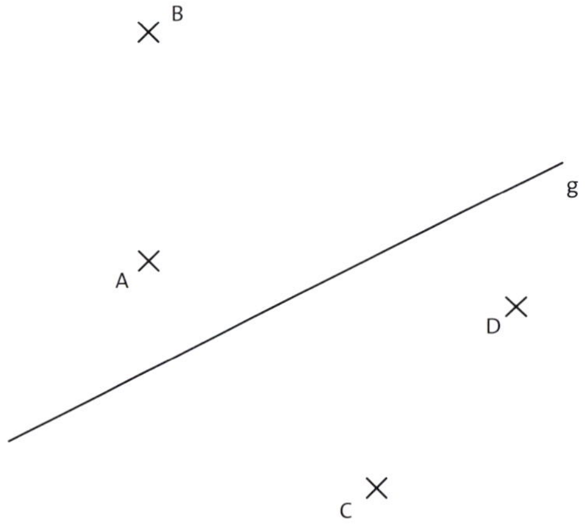

ÜBUNG 3 **Bearbeite die folgende Aufgabe schrittweise.**

a) Zeichne 5 Parallelen im Abstand von 8 mm.
b) Zeichne eine beliebige Gerade g und eine dazu parallele Gerade h im Abstand von 7 cm.
c) Zeichne zwei Geraden, die die Parallelen aus a) und b) senkrecht schneiden.
d) Zeichne drei Punkte A, B und C in nicht zu geringem Abstand voneinander und verbinde sie zu einem Dreieck. Miss den Abstand der Eckpunkte zu den gegenüberliegenden Geraden.

WISSEN +

Wenn das Geodreieck zu klein ist ...
Besonders bei großen Abständen reichen die Parallellinien des Geodreiecks zum Zeichnen und Überprüfen von Parallelen nicht aus.
Du brauchst eine Hilfslinie!

Zeichnen einer Hilfslinie:
1. Zeichne eine senkrechte Hilfslinie h an die Gerade g;
2. eine zu dieser Hilfslinie senkrecht verlaufende Gerade i ist parallel zur Ausgangsgeraden g.

1.

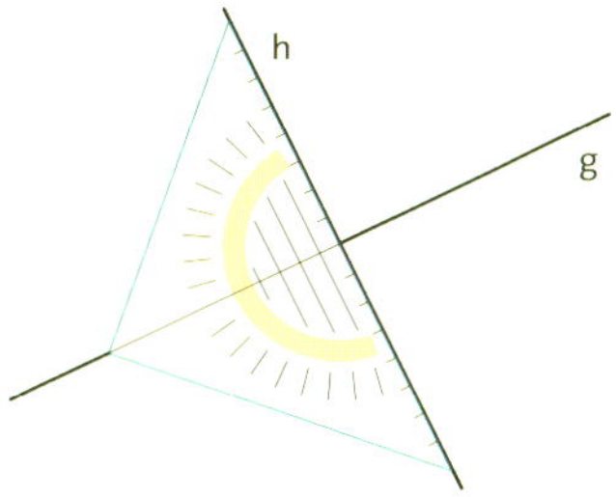

2.

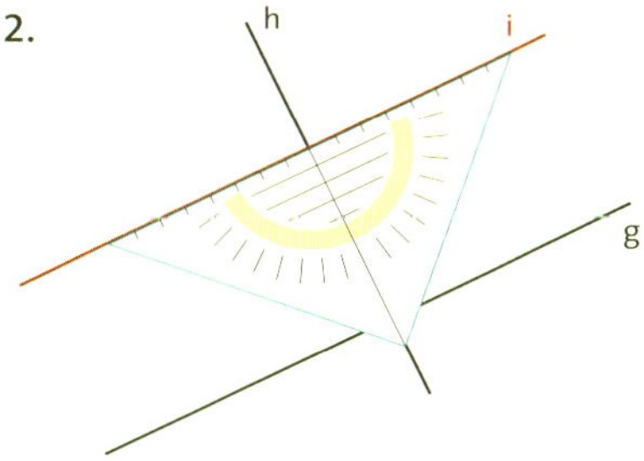

ÜBUNG 4 **Betrachte die unten abgebildeten geometrischen Figuren und ...**

a) gib an, welche Seiten zueinander parallel und welche zueinander senkrecht sind. Bezeichne die Seiten dabei mithilfe ihrer Endpunkte (z. B. Seite WX). Beziehe auch die vier Diagonalen AC, BD, MO und NP mit ein.
b) bestimme jeweils den Abstand der zueinander parallelen Seiten.
c) bestimme den Abstand des Punktes Y von den Seiten AB und BC des Quadrates.
d) bestimme den Abstand des Punktes Z von den Seiten OP und PM des Parallelogramms.
e) bestimme den Abstand des Punktes S von der Seite RQ des Trapezes.

Quadrat

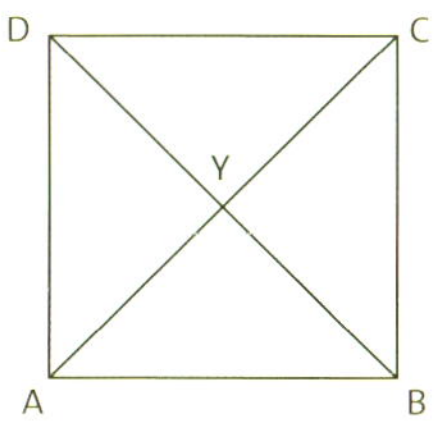

Achteck

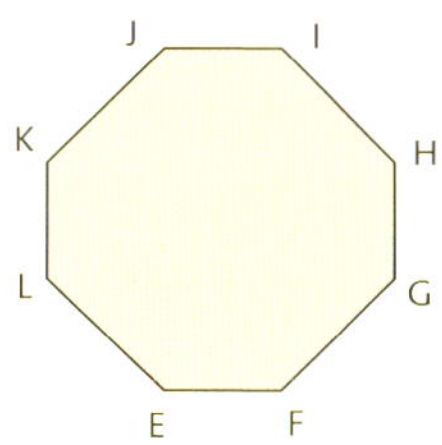

Parallelogramm

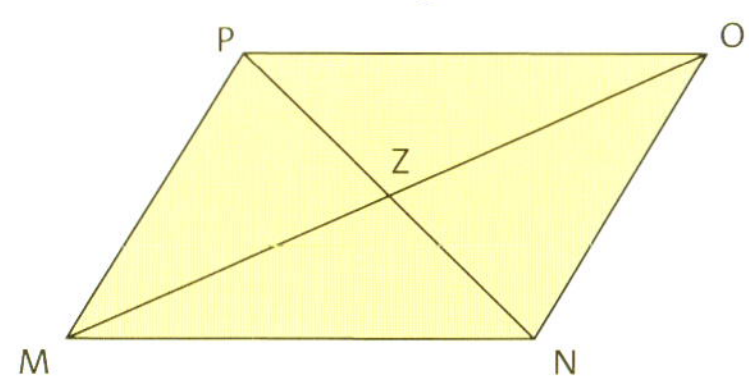

Trapez

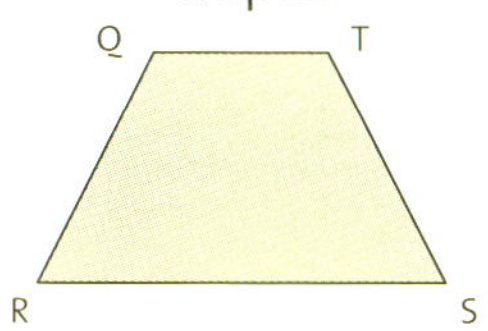

Rechteck

4.2 Zeichnen im Koordinatensystem

Zur Beschreibung der genauen Lage eines Punktes verwendet man ein **Koordinatensystem.**

- Es besteht aus zwei zueinander senkrechten Zahlenstrahlen mit einem gemeinsamen **Nullpunkt**, dem Koordinatenursprung oder kurz **Ursprung.**
- Die beiden Zahlenstrahlen heißen **x-Achse** (auch Rechtsachse) und **y-Achse** (auch Hochachse).

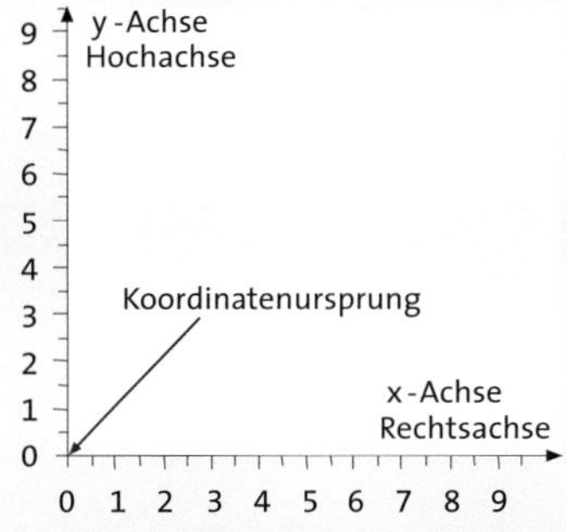

Die Lage eines Punktes P im Koordinatensystem wird durch ein Zahlenpaar (x|y) eindeutig beschrieben.

Man nennt diese Zahlen x-Koordinate und y-Koordinate des Punktes P.

- Die **x-Koordinate** gibt die Lage in der waagerechten x-Richtung (nach rechts) an;
- die **y-Koordinate** gibt die Lage in der senkrechten y-Richtung (nach oben) an.

Um den Punkt P (3|2) einzuzeichnen, gehe auf der x-Achse vom Koordinatenursprung aus 3 Einheiten nach rechts und anschließend 2 Einheiten nach oben.

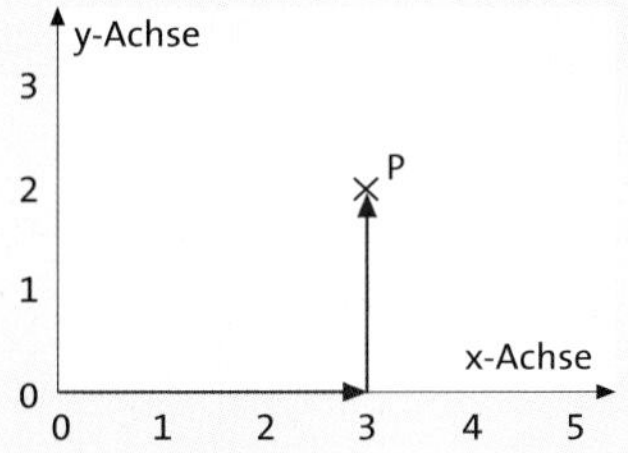

Umgekehrt kann man von einem Punkt im Koordinatensystem die Koordinaten leicht ablesen. Geht man

- vom Punkt aus senkrecht zur x-Achse, kann man die x-Koordinate ablesen;
- vom Punkt aus senkrecht zur y-Achse, kann man die y-Koordinate ablesen.

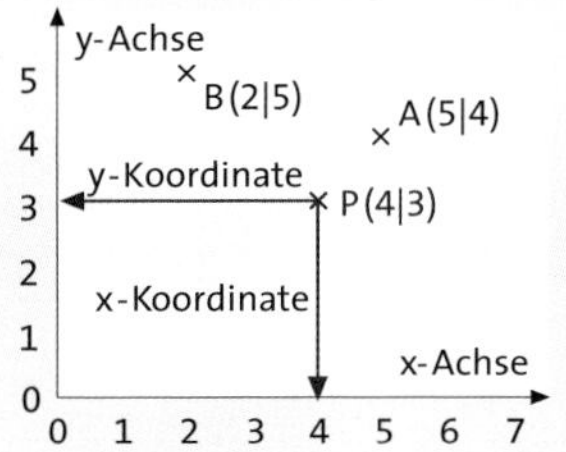

Will man die Lage einer Geraden im Koordinatensystem beschreiben, reicht es, die Koordinaten von zwei Punkten der Geraden anzugeben.
Durch zwei Punkte A und B geht nämlich genau eine Gerade g.

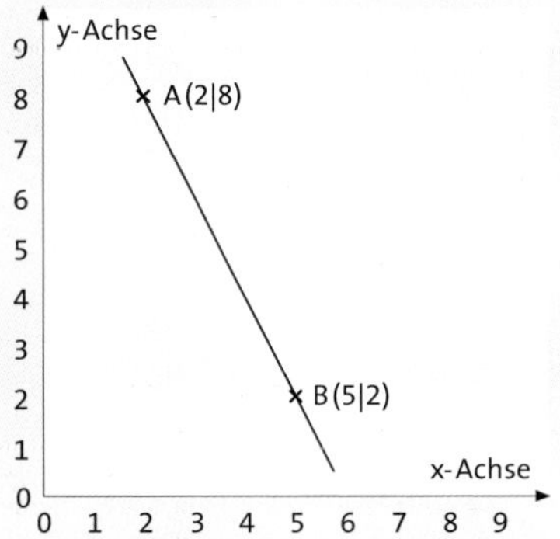

ÜBUNG 5 Gib die Koordinaten der Punkte A bis L aus der Zeichnung an. Zeichne, falls notwendig, Hilfslinien in das Koordinatensystem ein.

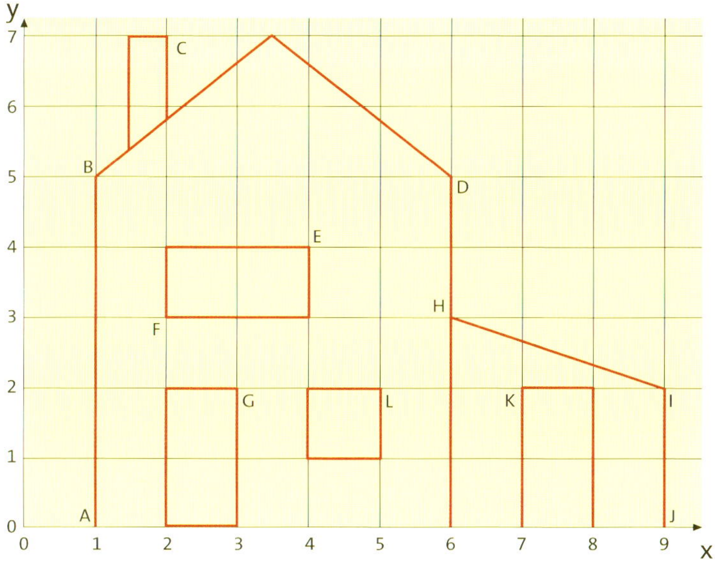

ÜBUNG 6 Zeichne die angegebenen Punkte in das unten stehende Koordinatensystem und verbinde sie in der angegebenen Reihenfolge:

(6|4); (6|2); (4|2); (4|7); (9|12); (16|12); (21|7); (26|7); (26|2); (22|2); (22|4); (18|4); (18|2); (10|2); (10|4); (6|4); setze ab und beginne neu bei (6|7); (9|11); (16|11); (20|7); (14|7); (14|11); (13|11); (13|7); (6|7).

ÜBEN

ÜBUNG 7 **Zeichne ein Koordinatensystem, in dem x- und y-Achse die Zahlen von 0 bis 10 umfassen.**

a) Wo liegen alle Punkte, deren x-Koordinate 4 ist? Zeichne diese Punkte in das Koordinatensystem und verbinde sie miteinander.
b) Wo liegen alle Punkte, deren y-Koordinate 3 ist? Zeichne diese Punkte in das Koordinatensystem und verbinde sie miteinander.
c) Wo liegen alle Punkte, bei denen x- und y-Koordinate gleich sind? Zeichne diese Punkte in das Koordinatensystem und verbinde sie miteinander.

ÜBUNG 8 **Zeichne ein Koordinatensystem, in dem x- und y-Achse die Zahlen von 0 bis 13 umfassen. Zeichne die Punkte A (2|1), B (8|10) und C (3|9) ein.**

a) Zeichne eine Gerade durch die Punkte A und B. Untersuche, ob die Punkte P (6|5) und Q (4|4) ebenfalls auf dieser Geraden liegen.
b) Zeichne eine Gerade durch C, die senkrecht zur Geraden AB verläuft. Gib die Koordinaten des Schnittpunktes S der beiden Geraden an.
c) Zeichne eine Gerade durch C, die parallel zur Geraden AB verläuft. Nenne die Koordinaten zweier weiterer Punkte, die ebenfalls auf dieser Geraden liegen.

ÜBUNG 9 **Zeichne jeweils eine Gerade durch A und B. Gib dann die fehlenden Koordinaten an, sodass alle anderen Punkte auch auf der entsprechenden Geraden liegen.**

a) A (0|0); B (2|1); C (4| ___); D (___ |4); E (___ |7); F (20| ___)

b) A (1|16); B (7|4); C (3| ___); D (___ |2); E (___ |12)

c) A (15|8); B (8|1); C (13| ___); D (___ |5); E (7| ___); F (___ |17)

ÜBUNG 10 **Zeichne die Punkte P (0|7), Q (3|9), R (11|1) und S (14|3) in das Koordinatensystem.**

a) Zeichne die Geraden durch die Punkte PR, QS, PS und QR.
b) Wie liegen die Geraden PR und QS sowie PS und QR zueinander?
c) Welche Koordinaten hat der Schnittpunkt S' von PS und QR?

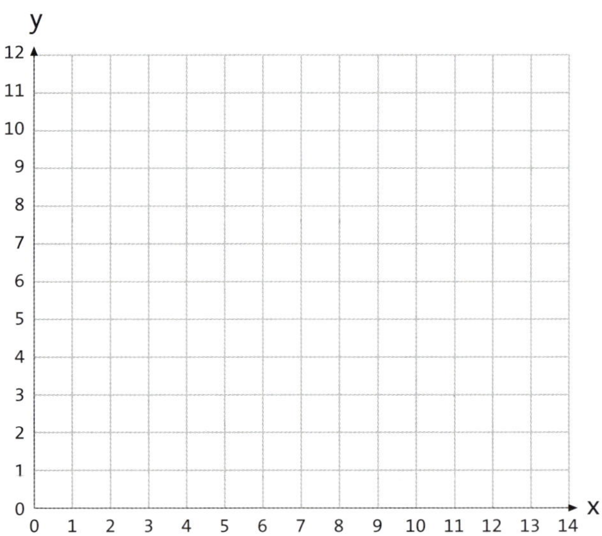

ÜBEN

4.3 Schrägbilder und Netze

Für die anschauliche räumliche Darstellung von Körpern verwendet man **Schrägbilder**. Die drei Dimensionen eines Körpers heißen **Länge**, **Breite** (**Tiefe**) und **Höhe**.

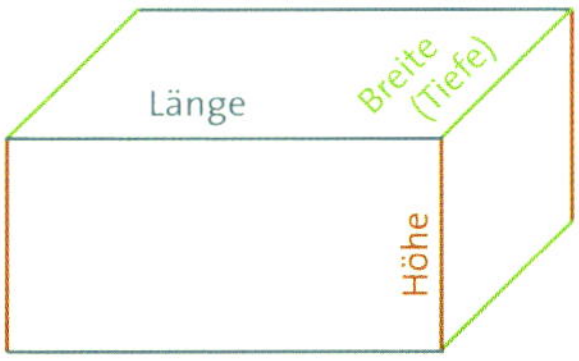

Schrägbild eines Körpers zeichnen (Kavalierprojektion):
1. Zeichne die Vorderfläche in ihrer wahren Größe (oder einem geeigneten Maßstab).
2. Zeichne an jeder Ecke eine 45°-Linie an (benutze die **Kästchendiagonale** auf deinem Papier als Hilfe).
3. Trage an diesen Linien die nach hinten verlaufenden Kanten des Körpers in **halber Länge** ab.
4. Zeichne die Rückfläche des Körpers.
Verdeckte Kanten werden im Schrägbild gestrichelt gezeichnet.
Alle Linien, die im Original parallel zueinander verlaufen, verlaufen auch im Schrägbild parallel zueinander!

Achtung: Hier werden die schräg nach hinten verlaufenden Linien in **halber Länge** (also 1 cm entspricht 5 mm) abgetragen. Bei einer anderen Methode wird **1** cm durch eine Kästchendiagonale dargestellt. Innerhalb einer Aufgabe muss man durchgängig dieselbe Methode verwenden!

Zeichne einen Quader mit 4 cm Länge, 3 cm Breite und 2 cm Höhe.

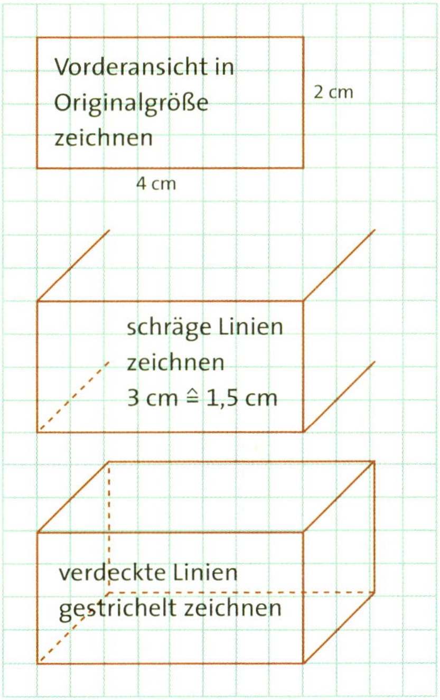

Schneidet man einen geometrischen Körper entlang geeigneter Kanten auf und klappt alle Flächen in der Ebene auseinander, so erhält man ein **Netz** des Körpers.

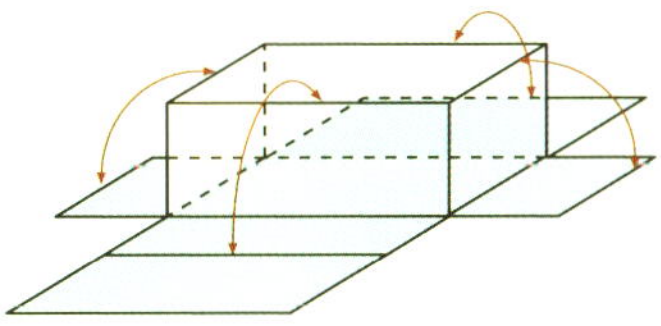

Will man sich umgekehrt zu einem gegebenen Netz den dazugehörigen Körper vorstellen, so wählt man eine möglichst zentral gelegene Fläche aus und klappt die übrigen Flächen in Gedanken zu dieser Fläche hin.

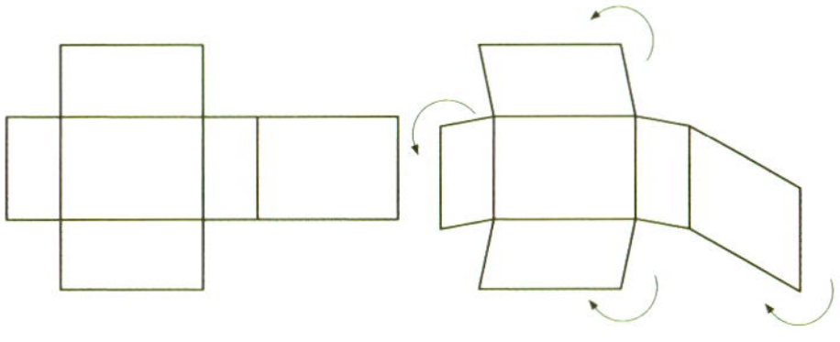

WISSEN

ÜBUNG 11 **Welche der folgenden Figuren stellen ein Würfelnetz dar?**

a)
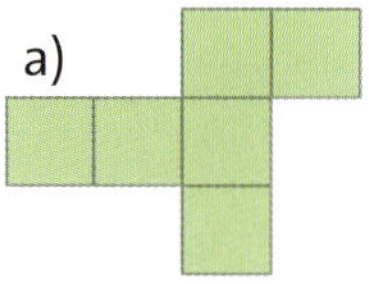

b)
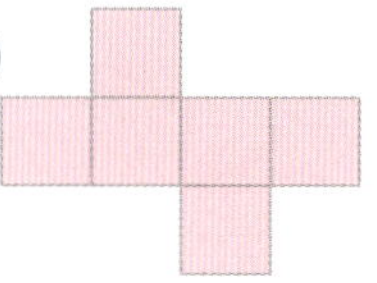

c)
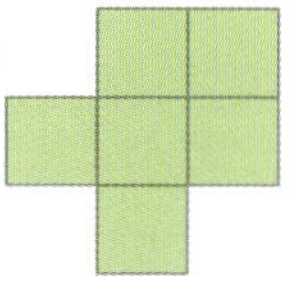

d)
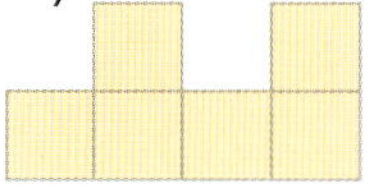

e)
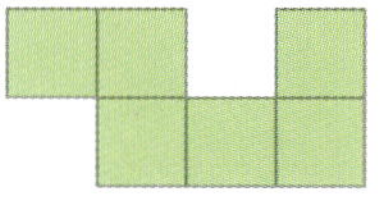

f)

ÜBUNG 12 **Zeichne zu den angegebenen Maßen jeweils das Schrägbild eines Quaders.**

a) Länge = 5 cm; Breite = 4 cm; Höhe = 3 cm
b) Länge = 6 cm; Breite = 3 cm; Höhe = 4 cm
c) Länge = 4 cm; Breite = 5 cm; Höhe = 2 cm

ÜBUNG 13 **Zeichne zu den angegebenen Maßen jeweils ein Quadernetz.**

a) Länge = 4,5 cm; Breite = 5 cm; Höhe = 2,5 cm
b) Länge = 6 cm; Breite = 4 cm; Höhe = 4 cm
c) Länge = 3 cm; Breite = 7 cm; Höhe = 1,5 cm

ÜBUNG 14 **Die abgebildeten Schrägbilder von Quadern weisen Fehler auf. Markiere die Fehler und zeichne die Schrägbilder mit richtig verlaufenden Linien in dein Heft.**

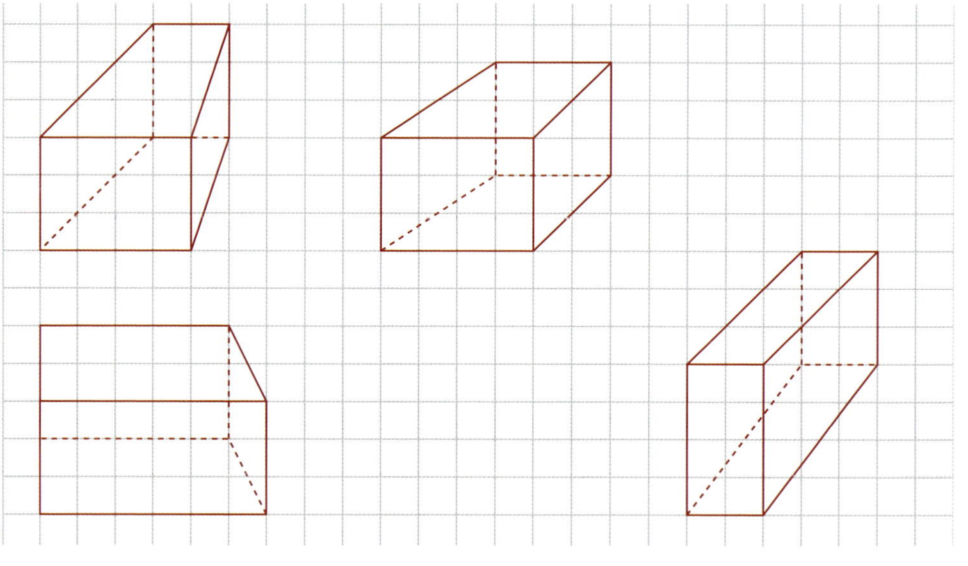

ÜBUNG 15 Jeder der abgebildeten Holzwürfel hat eine Kantenlänge von 3 cm. Zeichne die Schrägbilder der einzelnen Anordnungen.

ÜBUNG 16 Welches Netz gehört zu welchem Quader? (Um dies herauszufinden, musst du die Quader eventuell drehen!)

1)
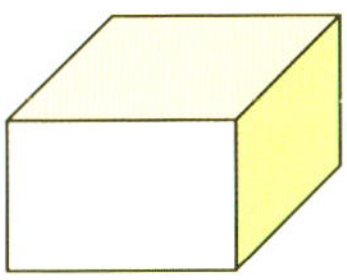

2)
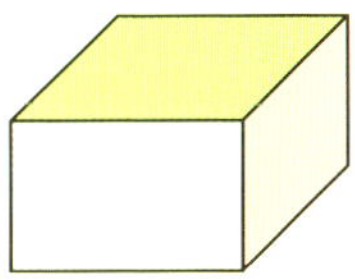

3)
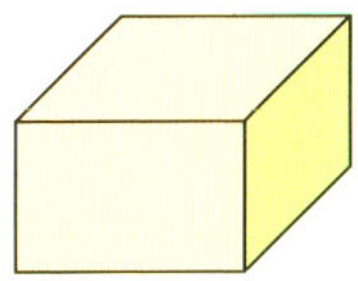

a)
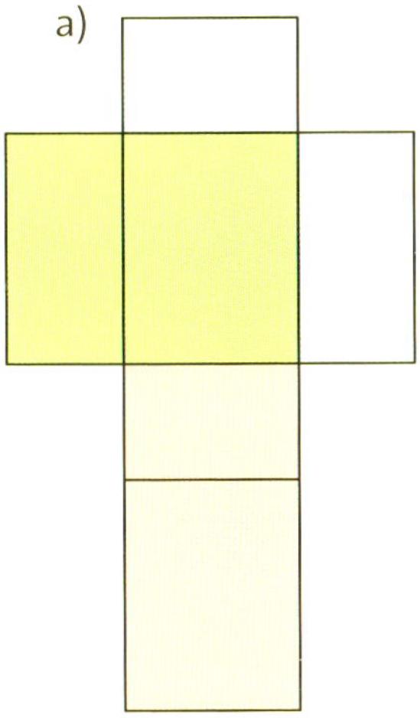

b)
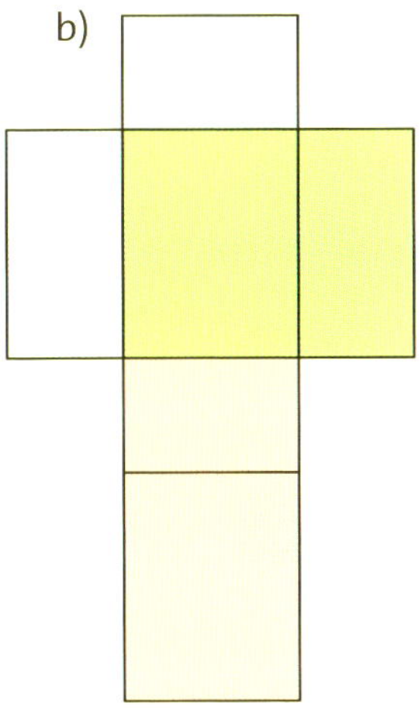

c)
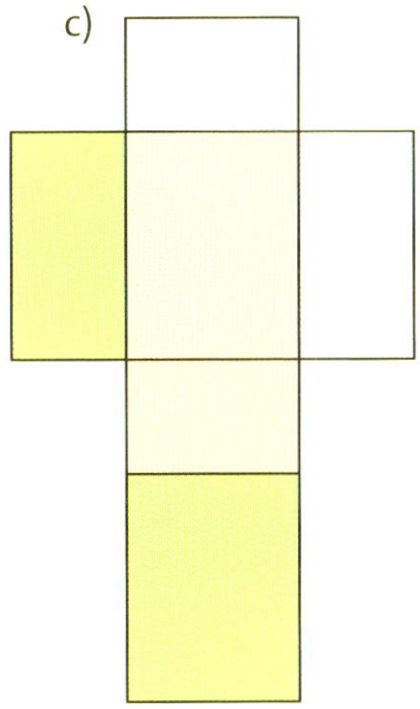

4.4 Achsensymmetrie und Punktsymmetrie

Eine Figur, die man so „falten“ kann, dass zwei zueinander spiegelbildliche Teile entstehen, ist **spiegelsymmetrisch** (**achsensymmetrisch**). Die Faltachse heißt **Spiegelachse** (**Symmetrieachse**). Faltet man die Figur entlang dieser Achse g, so liegen beide Teile **deckungsgleich** aufeinander.

Für achsensymmetrische Figuren gilt:

- Punkt und Spiegelpunkt liegen auf einer Linie, die senkrecht zur Spiegelachse steht.
- Punkt und Spiegelpunkt haben denselben Abstand von der Spiegelachse.
- Punkte, die auf der Spiegelachse liegen, werden auf sich selbst gespiegelt.

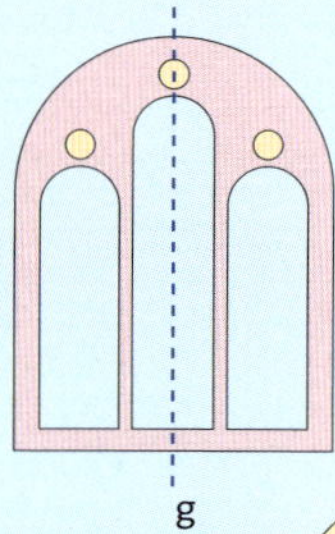

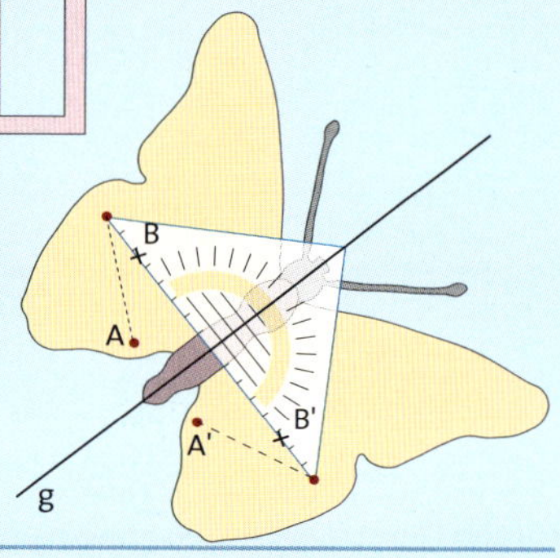

Eine Figur, die durch Spiegelung an einem Punkt Z deckungsgleich auf sich selbst abgebildet werden kann, ist **punktsymmetrisch**. Der Punkt Z heißt **Symmetriezentrum**.

Für punktsymmetrische Figuren gilt:

- Punkt und Spiegelpunkt liegen auf einer Linie, die durch Z geht.
- Beide haben denselben Abstand von Z.

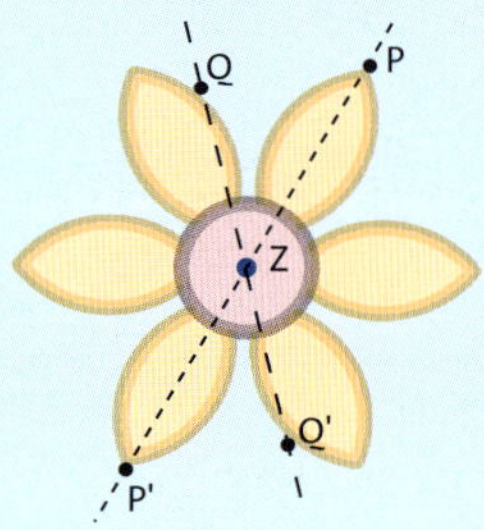

Wird eine Figur an einer Spiegelachse und dann ihr Bild nochmals an einer zweiten Achse gespiegelt, die orthogonal zur ersten Achse steht, so entspricht die Abbildung insgesamt einer Punktspiegelung.

Spiegelzentrum dieser Punktspiegelung ist der **Schnittpunkt Z** der beiden Spiegelachsen.

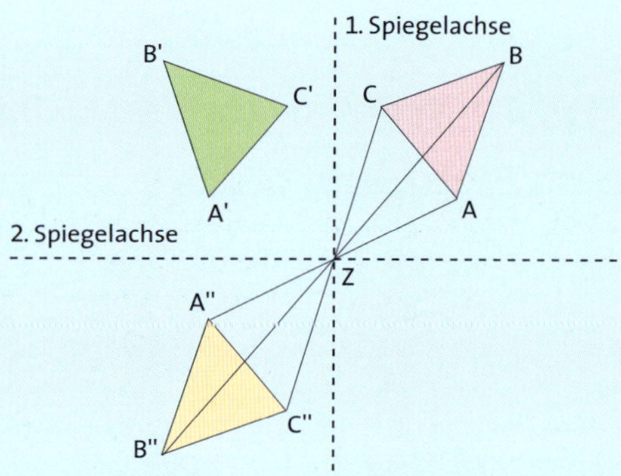

Eine Figur, die durch Drehung (keine Volldrehung) um einen Punkt Z auf sich selbst abgebildet werden kann, heißt **drehsymmetrisch**.

Eine **punktsymmetrische** Figur ist immer **drehsymmetrisch** bei Drehung um **180°**.

Drehsymmetrisch bei Drehung um 60°, 120°, **180°**, 240°, 300° und 360°.

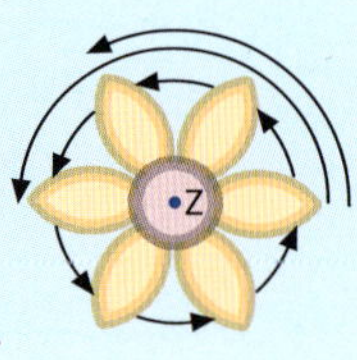

ÜBUNG 17 Verkehrsschilder weisen oftmals Symmetrien auf. Sortiere die unten abgebildeten Schilder nach den folgenden Kategorien:

Symmetrie	Nummer der Verkehrszeichen
nur achsensymmetrisch	
nur punkt- oder drehsymmetrisch	
punkt-, dreh- und achsensymmetrisch	
keine Symmetrie	

ÜBUNG 18 Zeichne in die Verkehrsschilder aus Aufgabe 17 die vorhandenen Symmetrieachsen und Symmetriezentren ein.

WISSEN

Achsenspiegelung eines Punktes P

1. Lege die Mittellinie des Geodreiecks so auf g, dass seine Grundseite (die Linealkante) durch P geht.
2. Übertrage die Entfernung von P zu g auf die andere Seite der Grundseite und trage den Spiegelpunkt P' ab.

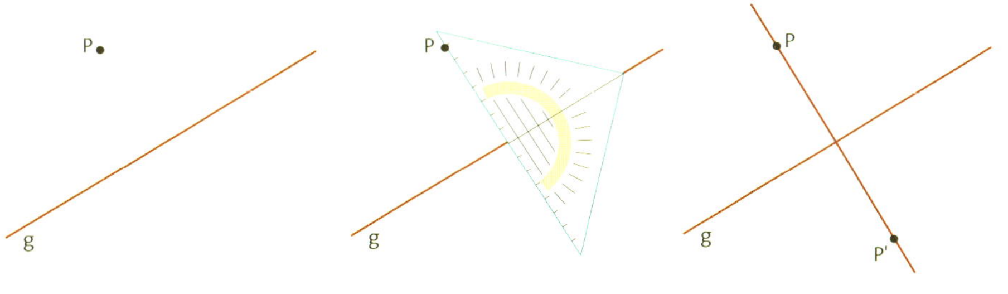

ÜBEN

ÜBUNG 19 Ergänze die Figuren zu achsensymmetrischen Figuren.

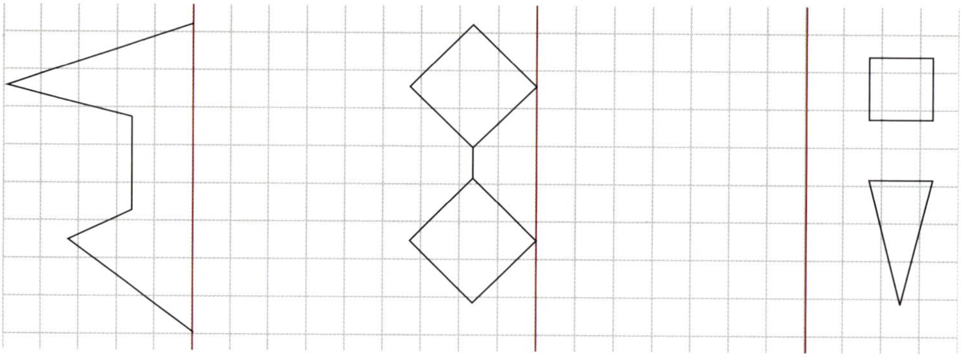

WISSEN

Punktspiegelung eines Punktes P

1. Lege das Geodreieck mit der Null so an das **Spiegelzentrum** Z, dass die Grundseite (die Linealkante) durch P geht.
2. Übertrage die Entfernung von P zu Z auf die andere Seite der Grundseite und trage P' ab.

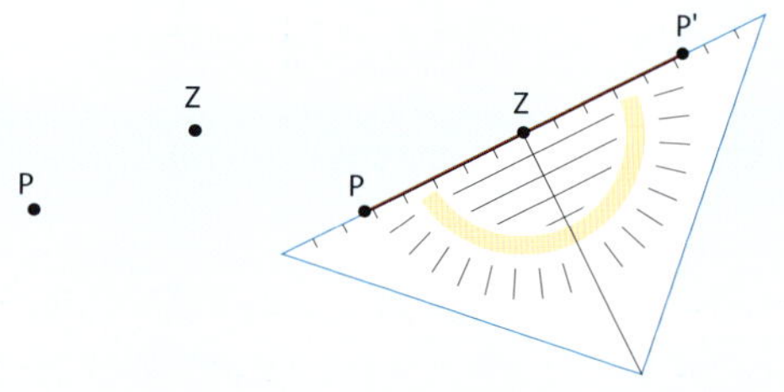

ÜBUNG 20 Ergänze zu punktsymmetrischen Figuren.

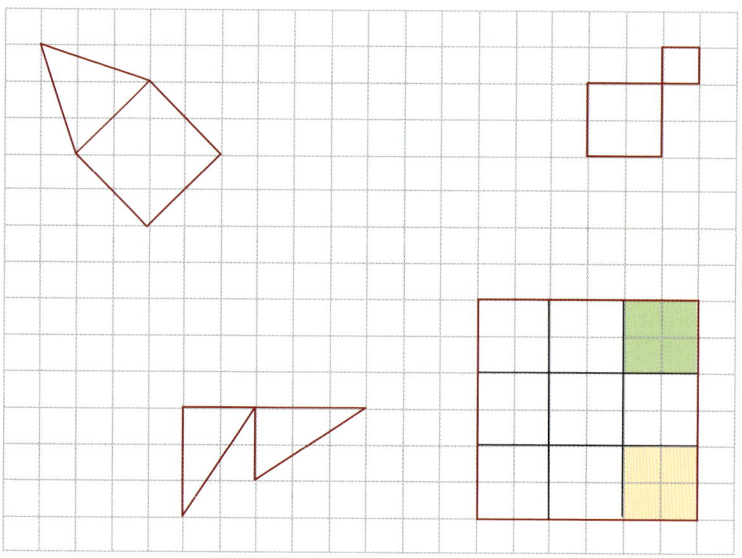

ÜBEN

Klassenarbeit 1

45 Minuten

AUFGABE 1 Welche der abgebildeten Geraden sind parallel zueinander und welche sind zueinander senkrecht?

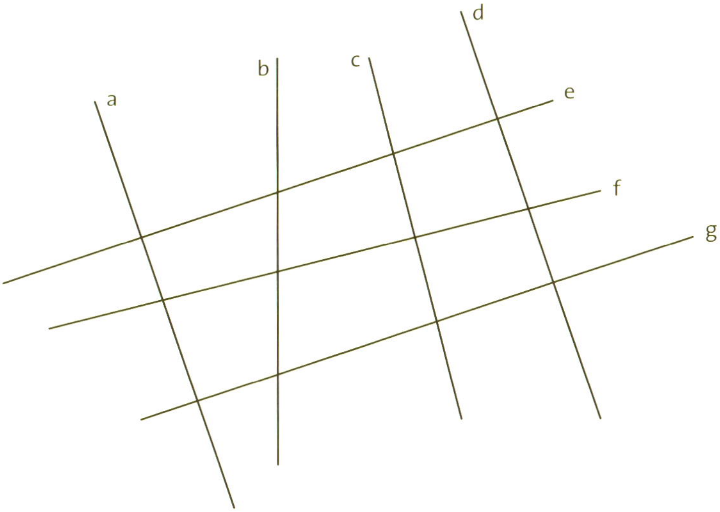

AUFGABE 2 Zeichne das Schrägbild des Körpers, dessen Vorderfläche du unten abgebildet siehst, in Originalgröße in dein Übungsheft. Seine Breite (Tiefe) soll 2 cm betragen.

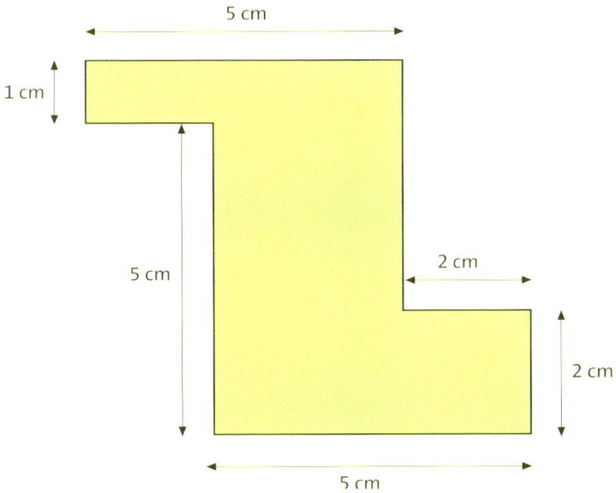

AUFGABE 3 **Zeichne alle Symmetrieachsen in die abgebildeten Figuren ein. Markiere zudem in allen punktsymmetrischen Figuren deutlich das Symmetriezentrum Z.**

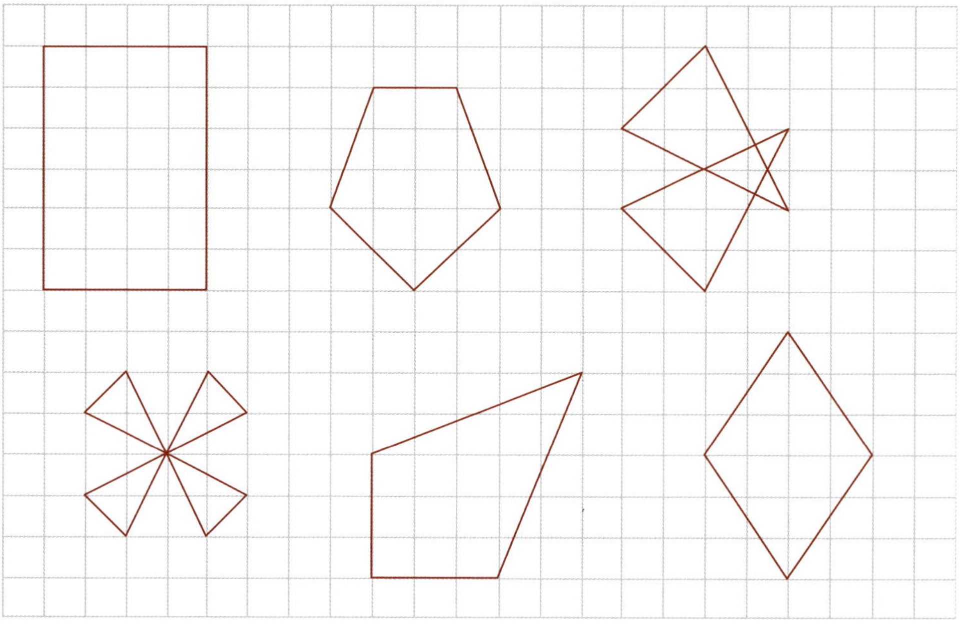

AUFGABE 4 **Zeichne ein Koordinatensystem in dein Übungsheft. Wähle für den Abstand zweier Zahlen auf den Achsen 1 cm (also zwei Kästchen). Beide Achsen sollen die Zahlen von 0 bis 10 umfassen.**

a) Zeichne die Punkte A (2|9), B (0|5), C (8|1) in das Koordinatensystem.
b) Zeichne einen Punkt D so ein, dass er zusammen mit A, B und C ein Rechteck bildet. Welche Koordinaten hat der Punkt D? Schreibe sie neben den Punkt.
c) Zeichne die Diagonalen AC und BD in das Rechteck ein und bestimme die Koordinaten ihres Schnittpunktes S.
d) Zeichne auf der Diagonalen BD die Punkte mit den x-Koordinaten 2 und 7 ein. Lies die y-Koordinaten der Punkte ab.
e) Miss den Abstand des Schnittpunktes S zu den Rechteckseiten. Zeichne die Abstandsstrecken in das Rechteck ein.
f) Nenne die Koordinaten von zwei weiteren Punkten, die auf der Rechteckseite liegen, welche durch die Punkte A und D geht.

Klassenarbeit 2

60 Minuten

AUFGABE 5 **Da heute ein sonniger Tag ist, beschließen Michael und Leo, schwimmen zu gehen. Leo weiß, dass er wegen der Strömung nicht weiter als 40 m vom Strand wegschwimmen darf. Er zeigt Michael eine Karte, wobei 1 cm auf der hier abgebildeten Karte 10 m in der Wirklichkeit entspricht.**

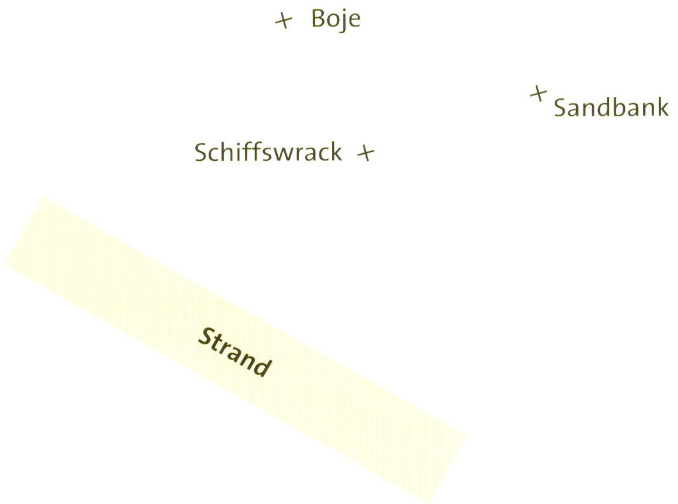

a) Wie weit ist es vom Strand zur Boje, wie weit ist es vom Strand zum Wrack, wie weit ist es vom Strand zur Sandbank? Trage die Abstände in der Karte ein und notiere die Entfernungen in deinem Übungsheft.

b) Welche Ziele kann Leo vom Strand aus ohne Gefahr erreichen?

AUFGABE 6 **Zeichne ein Koordinatensystem, dessen x- und y-Achsen die Zahlen von 0 bis 12 umfassen.**

a) Zeichne die Geraden g, h, k, l, m und n durch die jeweils angegebenen Punkte.

b) Überprüfe, welche Geraden senkrecht zueinander sind. Welche sind parallel zueinander?

c) Notiere die Schnittpunkte derjenigen Geraden, die sich im rechten Winkel schneiden.

g	h	k	l	m	n
A (2|2)	C (8|3)	E (10|2)	G (5|3)	K (7|8)	M (7|0)
B (3|7)	D (10|5)	F (12|12)	H (6|9)	L (9|10)	N (0|7)

AUFGABE 7 **Zeichne ein Koordinatensystem, dessen x- und y-Achsen die Zahlen von 0 bis 14 umfassen. Zeichne eine Gerade g durch die Punkte A (2|4) und B (10|8). Trage die gefragten Koordinaten in die Lücken ein.**

a) Im Punkt C schneidet die Gerade g die y-Achse. Der Punkt C hat die Koordinaten: C (____ | ____).

b) Gib die fehlenden Koordinaten an, sodass die folgenden Punkte auf der Geraden g liegen: D (8| ____); E (____ |10); F (____ |6).

c) Zeichne eine zweite Gerade h durch die Punkte G (0|12) und H (3|9). Notiere den Schnittpunkt S der beiden Geraden g und h: S (____ | ____).

d) Schneiden sich g und h in einem rechten Winkel?

AUFGABE 8 **Aus welchen Netzen lassen sich keine Quader herstellen?**

1)
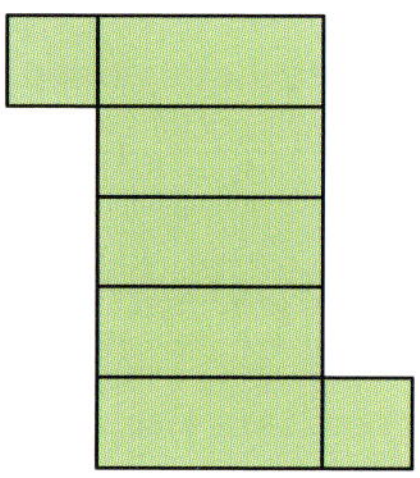

2)
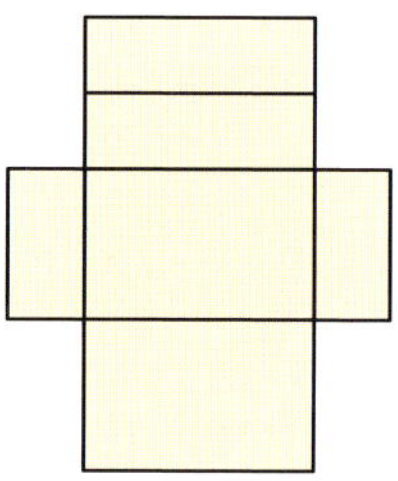

3)
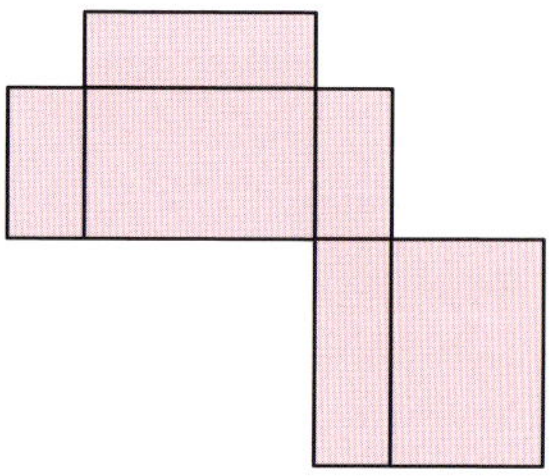

AUFGABE 9 **Zeichne ein Quadernetz, indem du das Netz 2) aus Aufgabe 8 korrigierst. Der Quader soll folgende Maße haben: 7 cm Länge, 5 cm Breite und 3 cm Höhe.**

AUFGABE 10 **Jeder der abgebildeten Holzwürfel hat eine Kantenlänge von 3 cm. Zeichne ein Schrägbild der Würfelanordnung. Der Pfeil gibt die Blickrichtung an.**

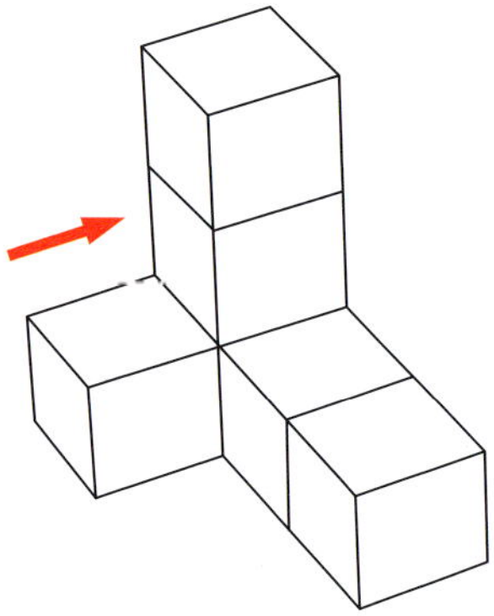

TESTEN

Klassenarbeit 3

45 Minuten

AUFGABE 11 **Zeichne und beantworte die folgenden Fragen schrittweise.**

a) Leo hat das gestrige Schwimmen so gut gefallen, dass er Michael ein Bild schenken möchte. Trage folgende Punkte in das Koordinatensystem ein und verbinde sie in alphabetischer Reihenfolge: A (2|3), B (4|1), C (8|1), D (10|2), E (10|4), F (8|4), G (8|2), H (4|2), J (4|3). Verbinde Punkt J mit Punkt A.

b) Was ist auf dem Bild zu sehen?

c) Die Mastspitze soll sich im Punkt P (6|7) befinden. In welchem Punkt Q muss der Mast auf dem Schiffsdeck befestigt werden? Notiere deinen Antwortsatz in deinem Übungsheft und zeichne den Mast ein.

d) Die Punkte D, E, F und G bilden die Ecken eines Vierecks. Hebe das Viereck im Schiff farbig hervor. Wie heißt das Viereck?

AUFGABE 12 **Ergänze die Figuren, um achsensymmetrische Figuren zu erhalten.**

a) Spiegle an der roten Spiegelachse.

b) Ergänze die Strecke AB zu einem Viereck mit den eingezeichneten Symmetrieachsen.

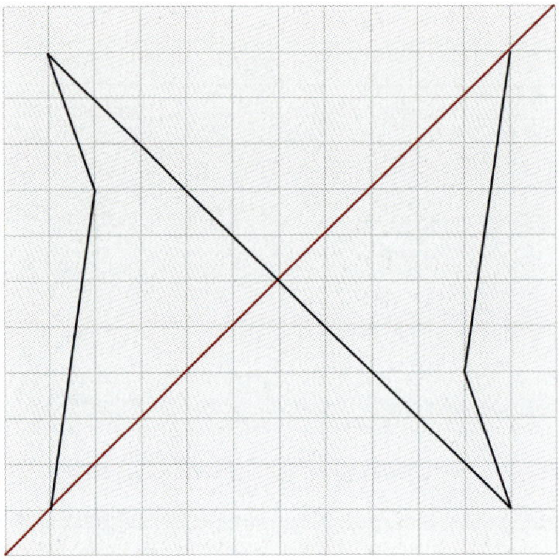

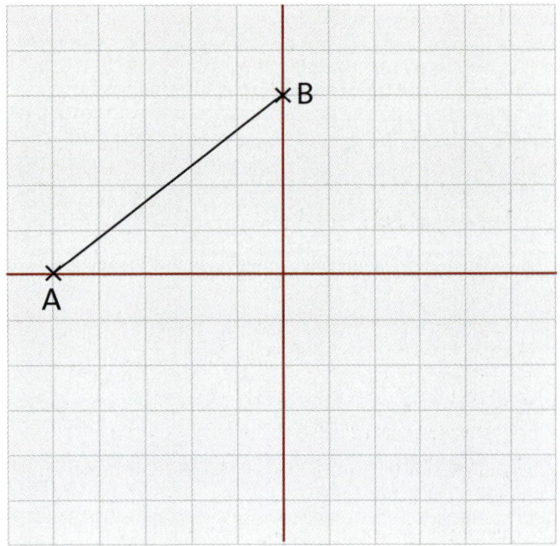

AUFGABE 13 **Ergänze die Figur zu einer punktsymmetrischen Figur mit dem Spiegelzentrum Z.**

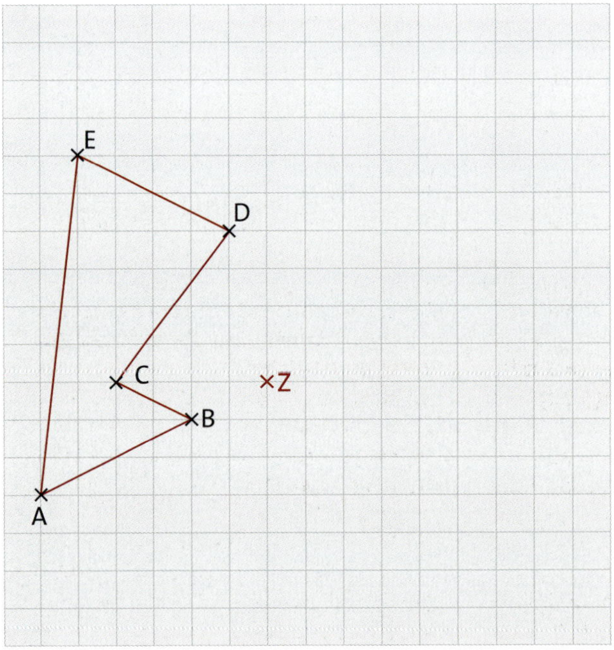

TESTEN

5

Längen, Flächen, Rauminhalte

5.1 Längen-, Flächen- und Volumenmaße

Zur Angabe von Längen, Flächen und Rauminhalten (Volumina) gehören immer eine **Maßzahl** und eine **Maßeinheit**.

Maßzahl	**Maßeinheit**
↓	↓
34	cm
79	cm^2
80	cm^3

Folgende **Längeneinheiten** kennst du:
Meter (**m**), Dezimeter (**dm**),
Zentimeter (**cm**) und Millimeter (**mm**).
1 km = 1000 m 1 dm = 10 cm
1 m = 10 dm 1 cm = 10 mm
Um von einer Längeneinheit in die andere umzurechnen, benutzt man die Umrechnungszahl **1000** bzw. **10**.

Beim Umrechnen in die *nächstkleinere Längeneinheit* wird die Maßzahl mit der Umrechnungszahl *multipliziert*:
2 km = 2000 m = 20 000 dm = 200 000 cm
Beim Umrechnen in die *nächstgrößere Längeneinheit* wird die Maßzahl durch die Umrechnungszahl *dividiert*:
60 000 dm = 6000 m = 6 km

Folgende **Flächeneinheiten** kennst du:

1 mm^2	ein Quadratmillimeter
1 cm^2	ein Quadratzentimeter
1 dm^2	ein Quadratdezimeter
1 m^2	ein Quadratmeter
1 a	ein Ar (10 m · 10 m)
1 ha	ein Hektar (100 m · 100 m)
1 km^2	ein Quadratkilometer

Um von einer Flächeneinheit in eine benachbarte umzurechnen, benutzt man die Umrechnungszahl **100**.

Beim Umrechnen in die *nächstkleinere Flächeneinheit* wird die Maßzahl *mit* **100** *multipliziert*:
2 km^2 = 200 ha = 20 000 a
51 a = 5100 m^2 = 510 000 dm^2

Beim Umrechnen in die *nächstgrößere Flächeneinheit* wird die Maßzahl *durch* **100** *dividiert*:
190 000 mm^2 = 1900 cm^2 = 19 dm^2

Folgende **Volumeneinheiten** kennst du:

1 mm^3	ein Kubikmillimeter
1 cm^3	ein Kubikzentimeter (= 1 ml)
1 dm^3	ein Kubikdezimeter(= 1 l)
1 m^3	ein Kubikmeter

Um von einer Volumeneinheit in eine benachbarte umzurechnen, benutzt man die Umrechnungszahl **1000**.

Beim Umrechnen in die *nächstkleinere Volumeneinheit* wird die Maßzahl *mit* **1000** *multipliziert*:
32 m^3 = 32 000 dm^3 = 32 000 000 cm^3

Beim Umrechnen in die *nächstgrößere Volumeneinheit* wird die *Maßzahl durch* **1000** *dividiert*:
67 000 mm^3 = 67 cm^3

Umwandlungen, die über die Nachbareinheit hinausgehen, werden schrittweise durchgeführt.

100 mm = 10 cm = 1 dm
12 m^2 = 1200 dm^2 = 120 000 cm^2
7 m^3 = 7000 dm^3 = 7 000 000 cm^3

Kommaschreibweise

Werden Längen-, Flächen- oder Volumenmaße in **Kommaschreibweise** angegeben, bezieht sich die **Einheit** auf die Stellen vor dem Komma.

7,5 **m** = **7 m** 5 dm
45,2 **dm²** = **45 dm²** 20 cm²
9 l 500 ml = **9**,5 **l**

Sind Längen-, Flächen- oder Volumenmaße in Kommaschreibweise angegeben, so musst du
- beim Umrechnen in die **nächstkleinere Einheit** das **Komma** um so viele Stellen **nach rechts** verschieben, wie die Umrechnungszahl Nullen hat;
- beim Umrechnen in die **nächstgrößere Einheit** das **Komma** um so viele Stellen **nach links** verschieben, wie die Umrechnungszahl Nullen hat.
- Für **Längenmaße** benutze die Umrechnungszahl **10** bzw. **1000**:
cm, m, ... → Verschiebung um **1** Stelle
km in m → Verschiebung um **3** Stellen.
- Für **Flächenmaße** benutze die Umrechnungszahl **100**:
cm², m², ... → Verschiebung um **2** Stellen.
- Für **Volumenmaße** benutze die Umrechnungszahl **1000**:
cm³, m³, ... → Verschiebung um **3** Stellen.

Längenmaße umrechnen:
– Umrechnen in kleinere Einheit – Komma rückt nach rechts:
25,432 m = 254,32 dm = 2543,2 cm
– Umrechnen in größere Einheit – Komma rückt nach links:
5617,4 m = 5,6174 km

Flächenmaße umrechnen:
– Umrechnen in kleinere Einheit – Komma rückt nach rechts:
45,345 km² = 4534,5 ha = 453 450 a
– Umrechnen in größere Einheit – Komma rückt nach links:
69 872 mm² = 698,72 cm² = 6,9872 dm²

Volumenmaße umrechnen:
– Umrechnen in kleinere Einheit – Komma rückt nach rechts:
6,0014 dm³ = 6001,4 cm³ = 6 001 400 mm³
– Umrechnen in größere Einheit – Komma rückt nach links:
3980 ml = 3,980 l

Addieren und Subtrahieren

Willst du mehrere Längen-, Flächen- oder Volumeneinheiten **addieren** oder **subtrahieren**, müssen alle in derselben Einheit angegeben sein. Sonst musst du vorher umrechnen!

9 m + 7 cm = 900 cm + 7 cm = 907 cm

6 l + 30 ml = 6000 ml + 30 ml = 6030 ml

Man kann auch in kleineren Einheiten rechnen, um die Kommaschreibweise zu umgehen.

2,3 a + 450 m² = 2,3 a + 4,5 a = 6,8 a
oder
2,3 a + 450 m² = 230 m² + 450 m² = 680 m²
5,6 m – 40 cm = 560 cm – 40 cm = 520 cm
7,8 m³ + 530 l = 7800 dm³ + 530 dm³ = 8330 dm³

WISSEN

ÜBUNG 1 Rechne jeweils in die vorgegebene Längeneinheit um.

a) 560 cm = ______ dm b) 92 km = ______ m

c) 7830 mm = ______ cm d) 99 000 cm = ______ m

WISSEN

Umrechnungszahlen und Umrechnung für Längen, Flächen und Rauminhalte

- **Längen**

Die Umrechnungszahl für Längeneinheiten ist **10**.
Beispiele: 1 cm = **10** mm, 1 dm = **10** cm, 1 m = **10** dm
Es gibt nur eine Ausnahme: 1 km = 1000 m.

- **Flächen**

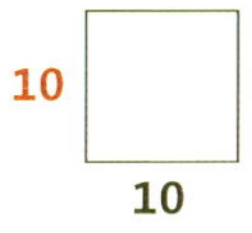

Die Umrechnungszahl für Flächeneinheiten ist
10 · 10 = 100.
Beispiele: 1 cm^2 = **100** mm^2, 1 dm^2 = **100** cm^2,
1 m^2 = **100** dm^2

- **Rauminhalte**

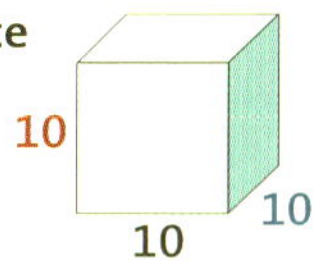

Die Umrechnungszahl für Raumeinheiten ist
10 · 10 · 10 = 1000.
Beispiele: 1 cm^3 = **1000** mm^3, 1 dm^3 = **1000** cm^3,
1 m^3 = **1000** dm^3

ÜBUNG 2 Rechne in die vorgegebene Flächeneinheit um.

a) 2500 m^2 = ______ a b) 87 km^2 = ______ ha

c) 660 000 cm^2 = ______ m^2 d) 95 a = ______ dm^2

ÜBUNG 3 Rechne in die vorgegebene Volumeneinheit um.

a) 401 m^3 = ______ dm^3 b) 560 000 ml = ______ l

c) 90 cm^3 = ______ mm^3 d) 479 ml = ______ cm^3

ÜBUNG 4 Bestimme die fehlende Einheit.

a) 650 dm^2 = 65 000 ______ b) 9,5 km = 9500 ______

c) 123 dm^3 = 123 000 000 ______ d) 4 500 000 a = 450 ______

e) 1050 cm = 10,5 ______ f) 37,58 ha = 375 800 ______

ÜBEN

ÜBUNG 5 **Berechne in deinem Übungsheft.**

a) Herr Weber kauft ein Grundstück mit einer Fläche von 6 a und 87 m^2. Wie viele Quadratmeter sind das? Für jeden Quadratmeter muss er 215 € bezahlen. Wie teuer ist das Grundstück?

b) Eine Ackerfläche von 1 ha und 40 a Größe wird in 40 gleich große Baugrundstücke aufgeteilt. 2400 m^2 werden für Straßen und Wege benötigt. Wie groß werden die einzelnen Grundstücke?

ÜBUNG 6 **Ordne die Werte jeweils der Größe nach. Verwende das Zeichen < („kleiner als"). Schreibe in dein Übungsheft.**

a) 56,4 cm; 780 mm; 6,6 dm
b) 23 000 mm^3; 0,002 dm^3; 87 cm^3; 0,1 l
c) 8,5 a; 0,3 ha; 5430 m^2
d) 3,5 l; 3561 ml; 3790 cm^3; 3,8 dm^3
e) 654 m; 0,87 km; 189 000 cm
f) 5030 cm^2; 21 670 mm^2; 27,5 dm^2; 0,66 m^2

ÜBUNG 7 **Gib das Ergebnis jeweils in der kleinsten vorkommenden Einheit an.**

a) 56,3 km + 120 m + 8908,3 m
b) 3420,4 cm + 10,5 m – 5679 mm
c) 45,5 m^2 + 1,23 a – 36 m^2
d) 690 000 mm^2 – 4,2 dm^2 + 350,8 cm^2
e) 80 cm^3 + 0,02 dm^3 + 6720 mm^3
f) 5002 dm^3 + 1,05 m^3 – 470 000 cm^3

ÜBUNG 8 **Gib das Ergebnis jeweils in der größten vorkommenden Einheit an.**

a) 0,3 km + 4592,1 m
b) 230 m^2 + 6,7 a
c) 9000 dm^3 – 7,5 m^3
d) 78,6 l + 34,4 cm^3 – 4500 ml
e) 4,06 m + 75 cm – 2006 mm
f) 55 ha – 478 a + 6500 m^2

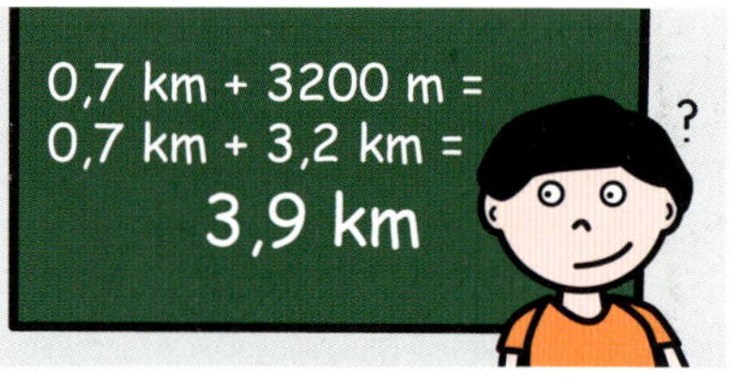

ÜBUNG 9 **Berechne immer die fehlende Größe.**

a) 86 cm – 81 mm = ______ mm
b) ______ km – 7650 m = 4350 m
c) 78 m^2 + ______ cm^2 = 100 m^2
d) 400 a + 70 000 000 m^2 = ______ ha
e) 600 cm^3 + ______ ml = 1,1 l
f) ______ cm^3 – 8790 mm^3 = 41,29 cm^3

ÜBUNG 10 **Schreibe ohne Komma.**

a) 67,54 dm = ______
b) 890,05 m^2 = ______
c) 9,331 km^2 = ______
d) 56,00335 km = ______
e) 640,229 ha = ______
f) 34,2 l = ______

WISSEN

Stellenwerttabellen als Umrechnungshilfe
Beim Umrechnen von Messgrößen kannst du Stellenwerttabellen als Hilfe nutzen!

Längenmaße

km	m			dm	cm	mm
	H	Z	E			
2	0	2	1			
2	0	2	1	0	0	0

Die eingetragene Zahl kannst du folgendermaßen lesen:
2,021 km = 2021 m = 2 km 21 m
Durch Ergänzung von Nullen auch:
2021 m = 20 210 dm = 202 100 cm
= 2 021 000 mm

Flächenmaße

km²	ha		a		m²		dm²		cm²		mm²	
	Z	E	Z	E	Z	E	Z	E	Z	E	Z	E
			9	4	0	7						
			9	4	0	7	0	0	0	0		

Die eingetragene Zahl kannst du folgendermaßen lesen:
94,07 a = 9407 m² = 94 a 7 m²
Durch Ergänzung von Nullen z. B. auch:
9407 m² = 940 700 dm² = 94 070 000 cm²

Volumenmaße

m³			dm³			cm³			mm³		
H	Z	E	H	Z	E	H	Z	E	H	Z	E
		1	4	9	7	6					
		1	4	9	7	6	0	0			

Die eingetragene Zahl kannst du folgendermaßen lesen:
1,4976 m³ = 1497,6 dm³ = 1 497 600 cm³
= 1 m³ 497 dm³ 600 cm³
Durch Ergänzung von Nullen auch:
1 497 600 cm³ = 1 497 600 000 mm³

ÜBUNG 11 **Schreibe mit Komma.**

a) 56 m 82 cm = ____ m
b) 9 km 35 m = ____ km
c) 4 dm 2 cm = ____ dm
d) 6 m² 4 dm² = ____ m²
e) 50 ha 23 a = ____ ha
f) 40 dm² 2 cm² = ____ dm²
g) 72 m³ 53 dm³ = ____ m³
h) 7 a 6 dm² = ____ a

ÜBUNG 12 **Zerlege in größere bzw. kleinere Einheiten. Schreibe in dein Übungsheft.**
Beispiele: 3572 a = 35 ha 72 a; 56,19 a = 56 a 19 m²

a) 94 561 cm²
b) 32 840 m
c) 4780 dm³
d) 77,45 km
e) 854,29 cm³
f) 10,95 ha
g) 934,55 dm³
h) 1,00078 km

5.2 Umfang und Flächeninhalt von Rechtecken und zusammengesetzten Figuren

Der **Flächeninhalt** eines Rechtecks ist die Größe der vom Rechteck umschlossenen Fläche.
Der **Flächeninhalt A eines Rechtecks** mit den Seitenlängen a und b ist das Produkt der Seitenlängen:
$\mathbf{A = a \cdot b}$

Ein Rechteck mit einer Länge von 5 m und einer Breite von 3 m hat einen Flächeninhalt von $A = 5\ m \cdot 3\ m = 15\ m^2$.

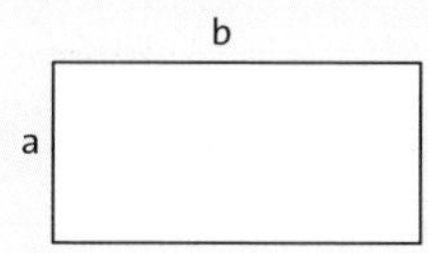

Einen Spezialfall bildet das Quadrat mit vier gleich langen Seiten:
$\mathbf{A} = a \cdot a = \mathbf{a^2}$

Der Flächeninhalt eines Quadrats mit einer Seitenlänge von 9 dm beträgt
$A = 9\ dm \cdot 9\ dm = 81\ dm^2$.

Der **Umfang** eines Rechtecks ist die Länge der gesamten Randlinie.
Den Umfang eines Rechtecks erhält man durch Addition aller Seitenlängen:
$\mathbf{U} = a + b + a + b = \mathbf{2 \cdot a + 2 \cdot b}$

Ein Rechteck mit einer Länge von 5 m und einer Breite von 3 m hat einen Umfang von
$U = 2 \cdot 5\ m + 2 \cdot 3\ m = 10\ m + 6\ m = 16\ m$.

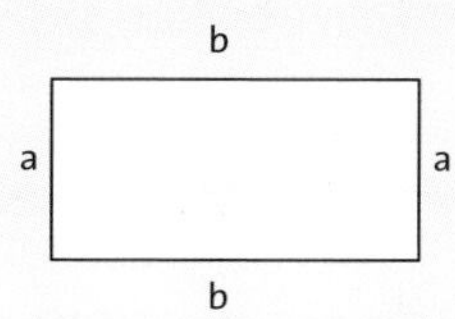

Einen Spezialfall bildet das Quadrat mit vier gleich langen Seiten:
$\mathbf{U} = a + a + a + a = \mathbf{4 \cdot a}$

Der Umfang eines Quadrats mit einer Seitenlänge von 9 dm beträgt
$U = 4 \cdot 9\ dm = 36\ dm$.

Um den Flächeninhalt zusammengesetzter Flächen zu ermitteln, zerlegt man diese möglichst geschickt in Rechtecke und addiert deren Flächeninhalte.

Für die Berechnung des Umfangs werden wiederum alle Seitenlängen addiert.
Der Umfang der rechts abgebildeten Figur beträgt somit
$U = (3 + 3 + 1 + 3 + 3 + 4 + 1 + 2)\ cm$
$= 20\ cm$.

Es sind unterschiedliche Zerlegungen möglich, aber alle führen zu demselben Ergebnis.
Um die Kommaschreibweise zu umgehen, kann man auch in kleineren Einheiten rechnen.

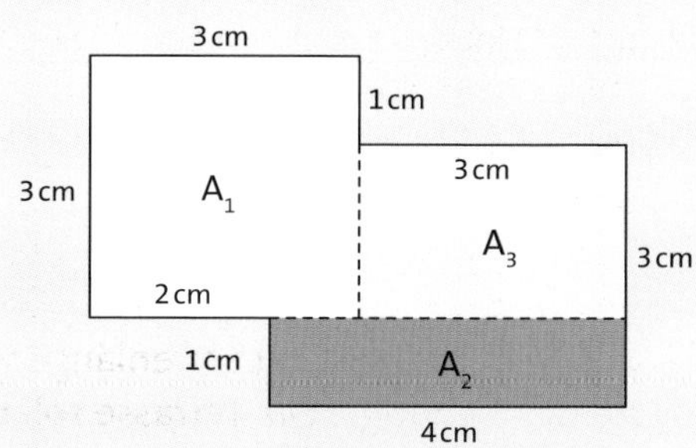

Bei dieser Aufteilung erhältst du drei Teilrechtecke mit den folgenden Flächeninhalten:
$A_1 = 3\ cm \cdot 3\ cm = 9\ cm^2$
$A_2 = 1\ cm \cdot 4\ cm = 4\ cm^2$
$A_3 = 3\ cm \cdot 2\ cm = 6\ cm^2$
Die Gesamtfläche beträgt also $19\ cm^2$.

ÜBUNG 13 **Berechne Flächeninhalt und Umfang eines Rechtecks mit folgender Länge (a) und Breite (b). Denke daran, dass du für a und b dieselbe Einheit benutzen musst. Rechne gegebenenfalls um.**

a) a = 9 cm; b = 12 cm
b) a = b = 3 m (Quadrat)
c) a = 4 dm; b = 6 cm
d) a = 12 mm; b = 5 cm
e) a = 45 cm; b = 1,5 dm
f) a = 4 m 15 cm; b = 15 dm 5 cm

ÜBUNG 14 **Bestimme aus der gegebenen Seitenlänge a und der Fläche A eines Rechtecks dessen zweite Seitenlänge b und seinen Umfang U.**

a) a = 6 cm; A = 30 cm^2
b) a = 8 dm; A = 40 dm^2
c) a = 12 m; A = 60 m^2
d) a = 2 km; A = 8000 m^2

ÜBUNG 15 **Bearbeite die Textaufgaben in deinem Übungsheft.**

a) Eine Rolle Aluminiumfolie trägt die Aufschrift 29 cm · 50 m. Wie groß ist die Fläche, die man mit dieser Folie bedecken könnte?
b) Herr Löhr verkauft ein 18 m breites und 27 m langes Grundstück zu einem Quadratmeterpreis von 162 €. Welchen Preis erzielt er?

ÜBUNG 16 **Bestimme aus der gegebenen Seitenlänge b und dem Umfang U eines Rechtecks dessen zweite Seitenlänge a und seinen Flächeninhalt A.**

a) b = 6 cm; U = 16 cm
b) b = 8 dm; U = 24 dm
c) b = 12 m; U = 48 m
d) b = 2 km; U = 5000 m

ÜBUNG 17 **Bearbeite die Textaufgaben in deinem Übungsheft.**

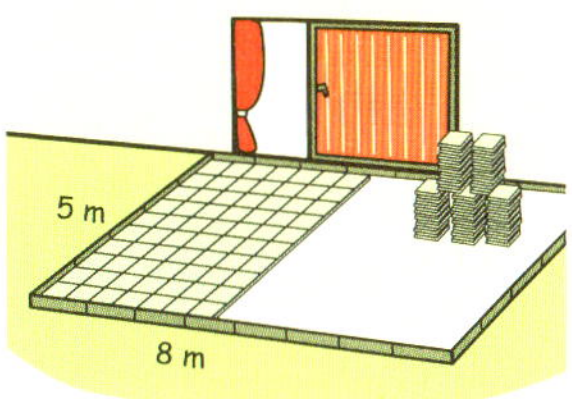

a) Bauer Hoppe legt eine neue Weidefläche an. Sie ist 140 m lang und 56 m breit. Welche Fläche steht seinen Schafen damit zur Verfügung? Wie lang muss ein Zaun sein, um die neue Weidefläche einzuzäunen?
b) Familie Grün legt eine neue Terrasse an. Sie soll 8 m lang und 5 m breit werden. Herr Grün hat quadratische Platten mit einer Seitenlänge von 50 cm eingekauft. Wie viele Platten werden benötigt? Die Terrasse soll mit Kantensteinen eingefasst werden, die jeweils 1 m lang sind. Wie viele dieser Kantensteine muss Herr Grün besorgen?

ÜBUNG 18 **Frau Otte möchte für ihren Esszimmertisch eine neue Tischdecke nähen. Der Tisch ist 90 cm breit und 1,75 m lang.**

a) Die neue Tischdecke soll an jeder Seite 20 cm herunterhängen. Wie viel Quadratmeter Stoff muss Frau Otte einkaufen?
b) Die Tischdecke soll mit einer Borte (gemustertes Band) eingefasst werden. Wie lang muss das gesamte Band sein?

ÜBUNG 19 **Berechne Umfang und Flächeninhalt der abgebildeten zusammengesetzten Flächen. Beachte dabei, dass fehlende Längenangaben an anderer Stelle abgelesen oder mithilfe anderer Werte berechnet werden können!**

a)

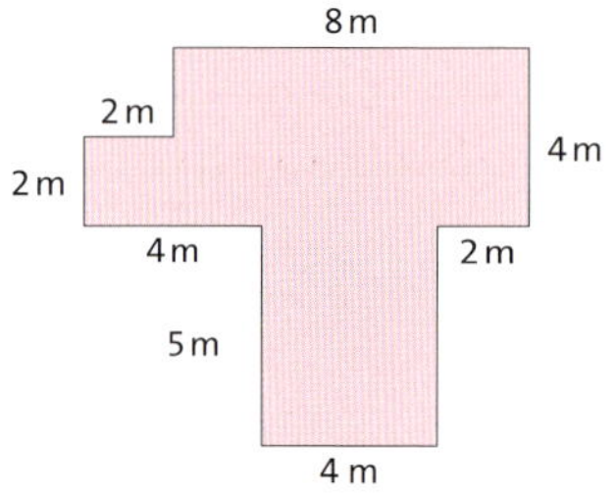

b)

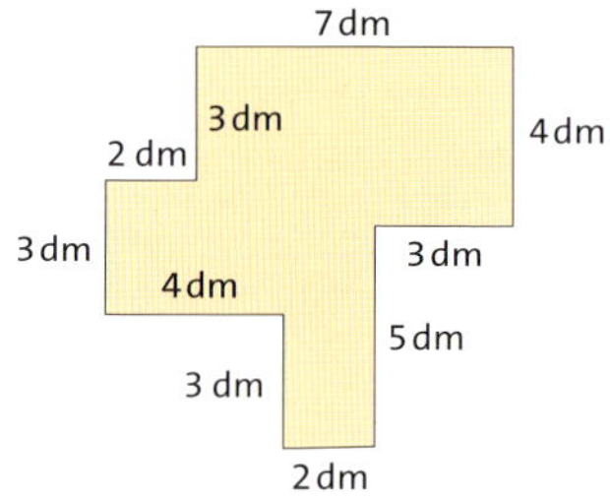

c)

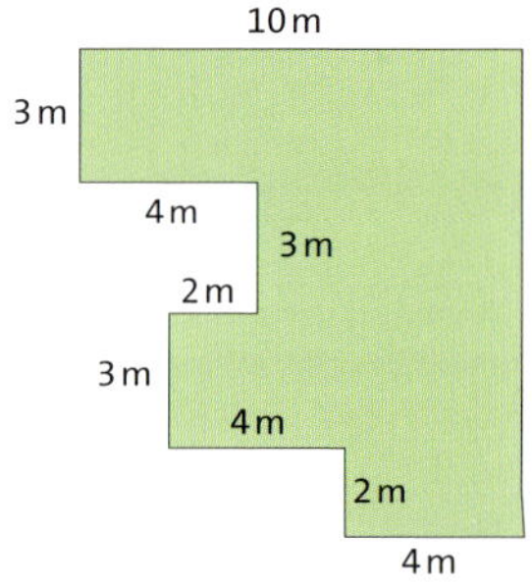

d)

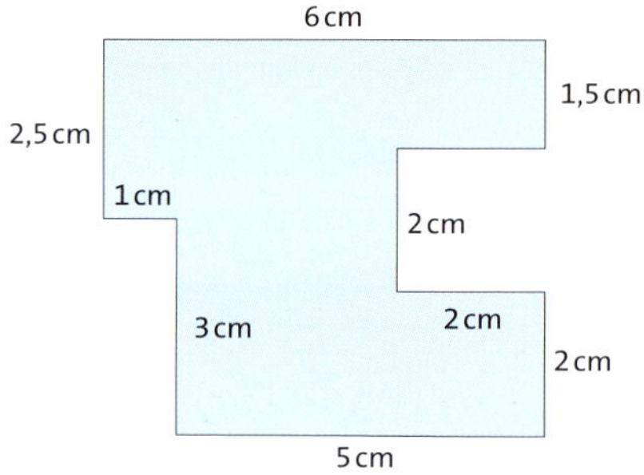

ÜBUNG 20 **Bearbeite die Textaufgaben in deinem Übungsheft.**

a) Vierspurige Autobahnen sind etwa 35 m breit, eine zweispurige Bahntrasse hat eine Breite von etwa 14 m. Wie viel Hektar Wald müssen jeweils gerodet werden, um eine 22 km lange Autobahn bzw. eine ebenso lange Bahnstrecke durch einen Wald zu legen?
b) Um welchen Faktor ist der Platzbedarf einer Autobahn höher?
c) Für das Autobahnstück wird für Ausfahrten, Anschlussstraßen, Parkplätze und Raststätten eine zusätzliche Fläche von 1540 a benötigt. In welchem Verhältnis stehen die beiden Flächengrößen für Autobahn und Bahngleise, wenn man diesen zusätzlichen Bedarf berücksichtigt?

ÜBUNG 21 **Bearbeite die Textaufgaben in deinem Übungsheft.**

a) Frau Horstmann möchte ihren Gartenzaun neu streichen. Die 9 rechteckigen Holzelemente sind jeweils 3 m breit und 250 cm hoch. Sie müssen von beiden Seiten gestrichen werden. Wie viele Dosen Farbe muss Frau Horstmann einkaufen, wenn der Inhalt einer Dose laut Aufschrift für eine Fläche von 6 m^2 ausreichend ist?
b) Die Einrahmungen der einzelnen Zaunelemente sind stark verwittert und sollen alle erneuert werden. Wie viel Meter Holzleisten werden benötigt, wenn diese an allen vier Seiten erneuert werden?

ÜBUNG 22 **Bearbeite die Textaufgabe in deinem Übungsheft.**

Helmut möchte eine Wand seines Zimmers vollständig mit seiner Bierdeckelsammlung „tapezieren". Die Zimmerwand ist 3,45 m lang und 2,52 m hoch. Die quadratischen Bierdeckel haben eine Seitenlänge von 93 mm. Die abgerundeten Ecken werden hier nicht beachtet. Helmut hat bereits 888 solcher Bierdeckel gesammelt. Reichen sie aus, um die Wandfläche vollständig zu bedecken? Falls nicht, berechne, wie groß die unbedeckte Fläche ist und wie viele Bierdeckel Helmut noch sammeln muss. (Tipp: Lass dich nicht beirren, die Aufgabe „geht nicht glatt auf".)

ÜBUNG 23 **Bearbeite die Textaufgabe in deinem Übungsheft.**

Vor der Vereinheitlichung der Maßeinheiten wurde als Flächenmaß häufig 1 Morgen verwendet. Dies sollte der Fläche entsprechen, die man mit einem Ochsen an einem Vormittag pflügen konnte. Verständlicherweise kam es dabei zu sehr unterschiedlichen Flächengrößen für 1 Morgen. Die Flächen reichten (in heutigen Flächeneinheiten gemessen) von 25 a bis zu 1,22 ha.

Ein Bauer besaß 3 Morgen Land. Wie lang war sein 120 m breites Feld mindestens und wie lang war es höchstens, wenn man die verschiedenen Definitionen für 1 Morgen zugrunde legt?

ÜBUNG 24 **Wie ändern sich Flächeninhalt und Umfang eines Rechtecks, wenn man …**

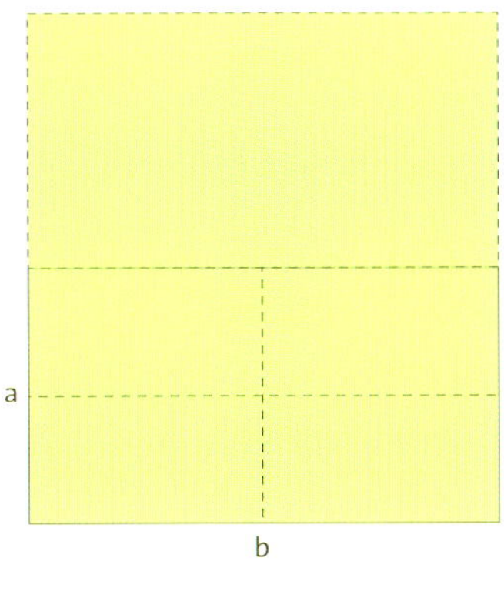

a) eine Seitenlänge verdoppelt?
b) eine Seitenlänge halbiert?
c) beide Seitenlängen halbiert?
d) eine Seitenlänge halbiert, die andere aber verdoppelt?
e) beide Seitenlängen verdoppelt?
f) eine Seitenlänge vervierfacht?
g) beide Seitenlängen vervierfacht?
h) eine Seite vervierfacht, die andere halbiert?

ÜBEN

5.3 Volumen und Oberflächeninhalt von Quadern und zusammengesetzten Körpern

Das **Volumen** (der **Rauminhalt**) eines Körpers ist die Größe des vom Körper ausgefüllten Raumes.
Das **Volumen eines Quaders** mit den Kantenlängen a, b und c ist das Produkt der drei Kantenlängen: $\mathbf{V = a \cdot b \cdot c}$

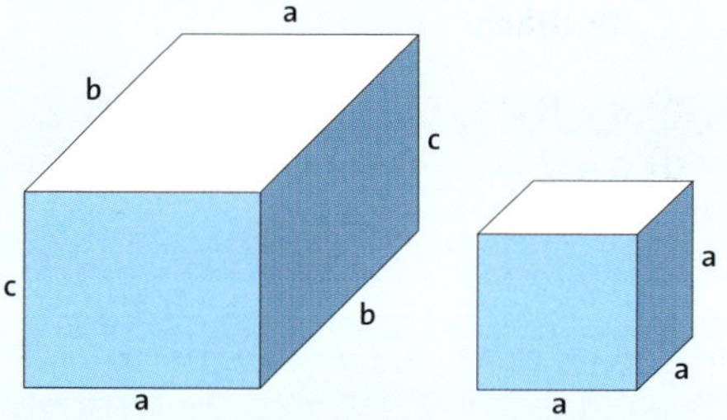

Einen Spezialfall bildet der **Würfel** mit drei gleichen Kantenlängen: $\mathbf{V = a^3}$

Ein Quader mit einer Länge von 5 m, einer Breite von 3 m und einer Höhe von 2 m hat ein Volumen von
$V = 5\text{ m} \cdot 3\text{ m} \cdot 2\text{ m} = 30\text{ m}^3$

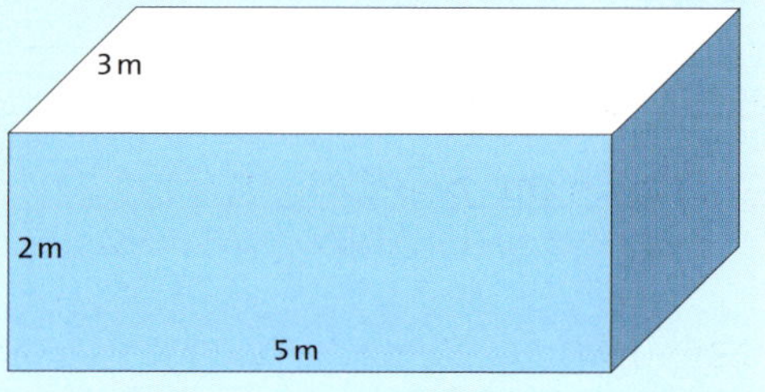

Das Volumen eines Würfels mit einer Kantenlänge von 5 dm beträgt
$V = 5\text{ dm} \cdot 5\text{ dm} \cdot 5\text{ dm} = 125\text{ dm}^3$

Der **Oberflächeninhalt eines Quaders** ist gleich dem Flächeninhalt seines Netzes (↑ Kap. 4.3). Man erhält ihn also durch Addition aller 6 Flächeninhalte:
$\mathbf{A_O = 2 \cdot a \cdot b + 2 \cdot a \cdot c + 2 \cdot b \cdot c}$

Einen Spezialfall bildet der **Würfel** mit sechs gleichen Begrenzungsflächen der Größe $a \cdot a = a^2$. Man erhält: $A_O = 6 \cdot a^2$.

Ein Quader mit einer Länge von 5 m, einer Breite von 3 m und einer Höhe von 2 m hat den folgenden Oberflächeninhalt:
$A_O = 2 \cdot 5\text{ m} \cdot 3\text{ m} + 2 \cdot 5\text{ m} \cdot 2\text{ m} + 2 \cdot 3\text{ m} \cdot 2\text{ m}$
$= 30\text{ m}^2 + 20\text{ m}^2 + 12\text{ m}^2 = 62\text{ m}^2$

Der Oberflächeninhalt eines Würfels mit einer Kantenlänge von 5 dm beträgt
$A_O = 6 \cdot 25\text{ dm}^2 = 150\text{ dm}^2$.

Um das **Volumen zusammengesetzter Körper** zu bestimmen, zerlegt man diese möglichst geschickt in Quader und addiert deren Volumina.

Für die Berechnung der **Oberfläche zusammengesetzter Körper** werden die Flächeninhalte aller Seitenflächen addiert.

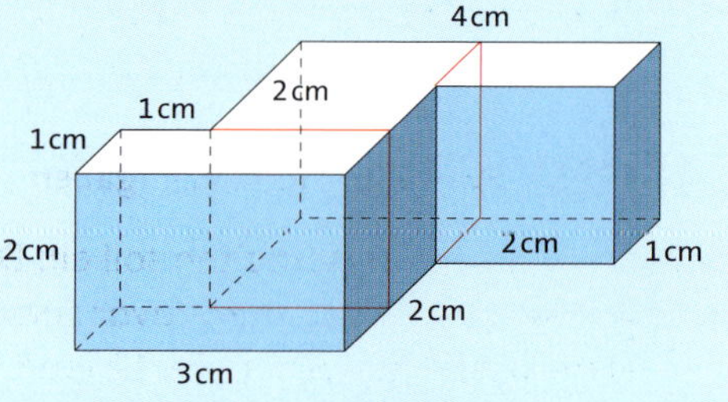

Bei dieser Aufteilung erhältst du drei Teilquader mit den Rauminhalten:
$V_1 = 3\text{ cm} \cdot 1\text{ cm} \cdot 2\text{ cm} = 6\text{ cm}^3$
$V_2 = 2\text{ cm} \cdot 2\text{ cm} \cdot 2\text{ cm} = 8\text{ cm}^3$
$V_3 = 2\text{ cm} \cdot 1\text{ cm} \cdot 2\text{ cm} = 4\text{ cm}^3$
Das Gesamtvolumen beträgt also 18 cm³.

ÜBUNG 25 Berechne jeweils Volumen und Oberflächeninhalt eines Quaders mit den folgenden Maßen: Länge (l), Breite bzw. Tiefe (b) und Höhe (h). Um die Kommaschreibweise zu umgehen, kannst du in kleineren Einheiten rechnen.

a) l = 9 cm   b = 12 cm   h = 4 cm
b) l = b = h = 3 m (Würfel)
c) l = 4 dm   b = 6 cm   h = 50 mm
d) l = 45 cm   b = 1,5 dm   h = 2 cm
e) l = 4 m 15 cm   b = 15 dm 5 cm   h = 3 m 2 dm

ÜBUNG 26 Bestimme aus den gegebenen Kantenlängen a und b und dem Volumen V eines Quaders seine dritte Kantenlänge c und seinen Oberflächeninhalt A_O.

a) a = 6 cm   b = 10 cm   V = 300 cm³
b) a = 8 dm   b = 5 dm   V = 400 dm³
c) a = 12 m   b = 5 dm   V = 6000 m³
d) a = 2 km   b = 3 m   V = 18 000 m³

ÜBUNG 27 Bearbeite die Textaufgaben in deinem Übungsheft.

a) Ein Klassenraum ist 10 m lang, 6 m breit und 2,5 m hoch. Wie viel Kubikmeter Luft stehen für jeden der 25 Schüler zur Verfügung?
b) Auf einem Werksgelände soll ein quaderförmiges Löschbecken angelegt werden, das 630 000 l Wasser fasst. Das Grundstück, das zur Verfügung steht, ist 15 m lang und 12 m breit. Wie tief muss das Becken (mindestens) sein?

ÜBUNG 28 Bearbeite die Textaufgaben in deinem Übungsheft.

a) Herr Lehmann möchte sein Grundstück mit einer Mauer umgeben. Sie soll 17 m lang, 25 cm dick und 1,2 m hoch werden. Beim Baustoffhändler findet Herr Lehmann Kalksandsteine mit den Maßen 24 cm · 12,5 cm · 12 cm (Länge · Breite · Höhe). Wie viele Steine soll er bestellen?
b) Ein quaderförmiger Fischteich mit den Maßen 3 m · 2 m · 1,5 m soll neu gestrichen werden. Wie viele 10-Liter-Eimer muss man füllen, wenn man den randvoll gefüllten Teich leeren will? Wie groß ist die Fläche, die gestrichen werden muss?

ÜBUNG 29 Bearbeite die Textaufgaben in deinem Übungsheft.

a) Bei Renovierungsarbeiten soll ein Durchbruch in eine tragende Wand geschlagen werden. Dazu muss zuvor zum Abstützen ein Stahlträger in die Wand eingelassen werden. Er ist 12 cm hoch, 15 cm breit und 5 m lang. 1 cm³ Stahl wiegt 7,8 g. Kann der Stahlträger noch ohne Kran gehoben werden?
b) Der Träger erhält einen Rostschutzanstrich. Kommt man mit einer Dose Farbe aus, deren Inhalt für 6 m² reicht?

ÜBUNG 30 **Berechne die Volumina der abgebildeten zusammengesetzten Körper. Beachte dabei, dass fehlende Längenangaben an anderer Stelle abgelesen oder mithilfe der vorhandenen Angaben berechnet werden können!**

a)

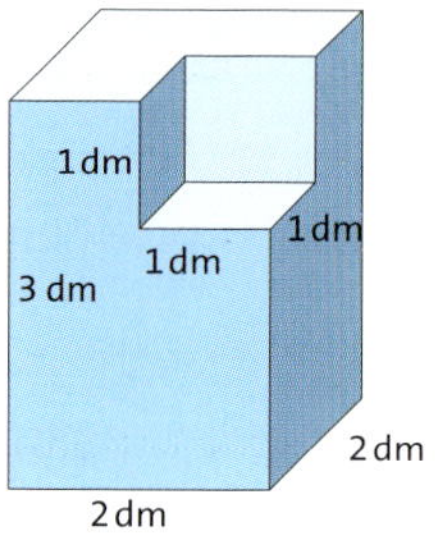

b)

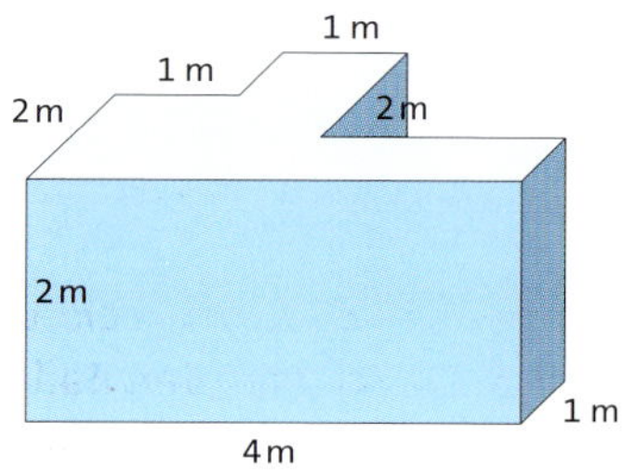

c)

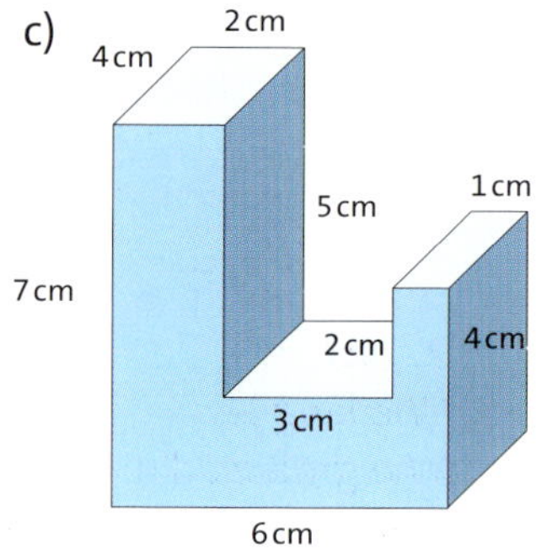

ÜBUNG 31 **Bearbeite die Textaufgabe in deinem Übungsheft.**

Gregor möchte für seinen Freund Tim eine originelle Geschenkverpackung basteln. Dazu wählt er geeignete Seiten aus Zeitschriften aus, die er auf die 6 Seiten eines Schuhkartons klebt, der 30 cm lang, 18 cm breit und 11 cm hoch ist. Der Rand des Kartondeckels ist ferner 2 cm hoch. Wie viele Seiten der Zeitschrift benötigt er mindestens, wenn die Zeitungsseiten 20 cm breit und 30 cm hoch sind?

ÜBUNG 32 **Bearbeite die Textaufgabe in deinem Übungsheft.**

Das abgebildete Blumenbeet soll mit einer 8 cm dicken Torfschicht bedeckt werden. Im Gartencenter werden Torfsäcke mit 80 l Inhalt angeboten. Wie viele Säcke muss man einkaufen?

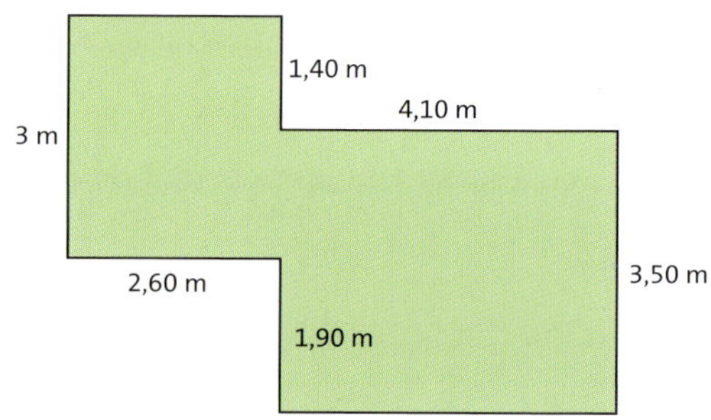

ÜBUNG 33 **Bearbeite die Textaufgaben in deinem Übungsheft.**

a) Berechne die Kantenlänge und das Volumen eines Würfels, dessen Oberfläche 216 m^2 groß ist.

b) Berechne die Höhe und das Volumen eines Quaders, der eine quadratische Grundfläche von 5 m Länge und 5 m Breite hat und dessen Gesamtoberfläche 170 m^2 groß ist.

Klassenarbeit 1

60 Minuten

AUFGABE 1 **Berechne.**

a) 5 km + 2000 m – 1,5 km
b) 23 m 6 cm + 4 dm 5 cm
c) 9 dm^3 : 36
d) 5000 cm^3 + 5 l

AUFGABE 2 **Ein Fußballfeld ist 110 m lang und 80 m breit.**

a) Wie lange braucht der Platzwart, um den Rasen zu mähen, wenn er pro Minute 2 a schafft?
b) Wie lang ist die gesamte weiße Linie, die das Feld umrahmt?
c) Wie groß ist die Fläche, in der der Torwart den Ball in die Hand nehmen darf, wenn der hierfür zulässige Strafraum 16,5 m breit und 40 m lang ist?

AUFGABE 3 **Schreibe jeweils in der angegebenen Einheit.**

a) 700 000 mm = km
b) 48 m^2 = cm^2
c) 4,25 cm^3 = mm^3
d) 0,852 a = m^2
e) 5600 mm^3 = ml
f) 8 km 56 m = km

AUFGABE 4 **Berechne die fehlenden Größen in den Tabellen. Rechne vorher in die nächstkleinere Einheit um, um die Kommaschreibweise zu umgehen.**

Rechtecke:		**Seite a**	**Seite b**	**Umfang**	**Flächeninhalt**
	a)	5,6 dm	2,4 dm		
	b)		6 cm	20 cm	
	c)	8 m			24 m^2

Quader:		**Länge a**	**Breite b**	**Höhe c**	**Volumen**	**Oberflächeninhalt**
	d)	4 dm	8,1 dm	6,5 dm		
	e)	5 m	11 m		220 m^3	

TESTEN

AUFGABE 5 **Teile jeweils in Untereinheiten auf.**
Beispiel: 124 501 cm = 1 km 245 m 1 cm

a) 987 654 mm　　b) 456,5 cm
c) 345 678 dm^2　　d) 570 034 m^2

AUFGABE 6 **Eine Stadt plant die Anlage eines Parkplatzes für 400 Pkw. Für jedes Auto werden 10 m^2 benötigt, ferner werden 10 a für die Zufahrtswege gebraucht.**

a) Wie viele Quadratmeter Fläche benötigt man für den Parkplatz? Wie viele Hektar sind das?
b) Der rechteckige Parkplatz wird 100 m lang. Wie viel Meter ist die gesamte Umzäunung lang?

AUFGABE 7 **Hans kauft ein 80 cm langes, 40 cm breites und 30 cm hohes Aquarium. Bearbeite die Aufgaben in deinem Übungsheft.**

a) Ein kleiner Zierfisch sollte mindestens 8 l Wasser zur Verfügung haben. Wie viele solcher Zierfische kann Hans in seinem Aquarium aufnehmen, wenn er es bis 5 cm unterhalb der Oberkante befüllt?
b) Wie hoch steht das Wasser im Aquarium, wenn Hans einen ersten Eimer mit 10 l Fassungsvermögen hineingegossen hat?
c) Hans' Zimmer hat eine Grundfläche von 12 m^2. Wie hoch würde das Wasser stehen, falls das Aquarium einmal komplett auslaufen würde?
d) Wie groß ist die Glasoberfläche des Aquariums, wenn der Boden aus einem anderen Material ist?

AUFGABE 8 **Bearbeite die Textaufgabe in deinem Übungsheft.**

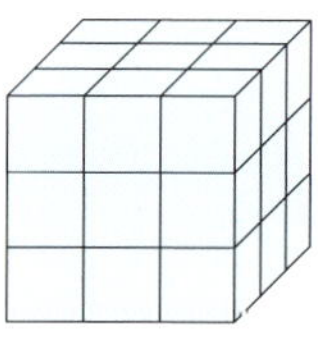

Ein blau gestrichener Holzwürfel von 3 m Kantenlänge wird in 27 Würfel mit 1 m Kantenlänge zersägt. Beim Zersägen entstehen also kleine Würfel, deren Flächen nicht alle gestrichen sind. Wie groß ist die Gesamtfläche, die man nachstreichen muss, wenn auch die neuen Würfel wieder komplett blau sein sollen?

Klassenarbeit 2

60 Minuten

AUFGABE 9 **Ein Wassertropfen hat ein Volumen von etwa 1 mm³. Ein Eimer ist mit 7 Litern Wasser gefüllt. Wie viele Tropfen befinden sich etwa im Eimer?**

AUFGABE 10 **Jeder kleine Würfel in der Abbildung hat die Kantenlänge 1 m.**

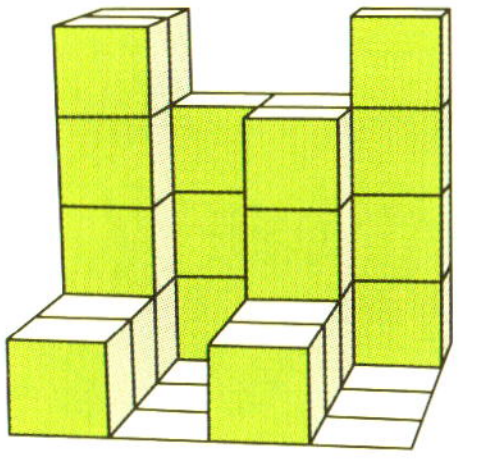

a) Bestimme das Volumen des gesamten zusammengesetzten Körpers.
b) Der Körper soll zu einem vollständigen Würfel ergänzt werden. Welches Volumen hat der Ergänzungskörper, welches Volumen hat der gesamte Würfel?

AUFGABE 11 **Löse die folgende Textaufgabe schrittweise. Fehlende Längenangaben können mithilfe anderer Längenbeziehungen des Körpers bestimmt werden.**

a) Berechne das Volumen des abgebildeten Körpers.
b) Zeichne die Vorderseite des Körpers mit den angegebenen Längenangaben in dein Übungsheft.
c) Bestimme den Umfang der Vorderseite.

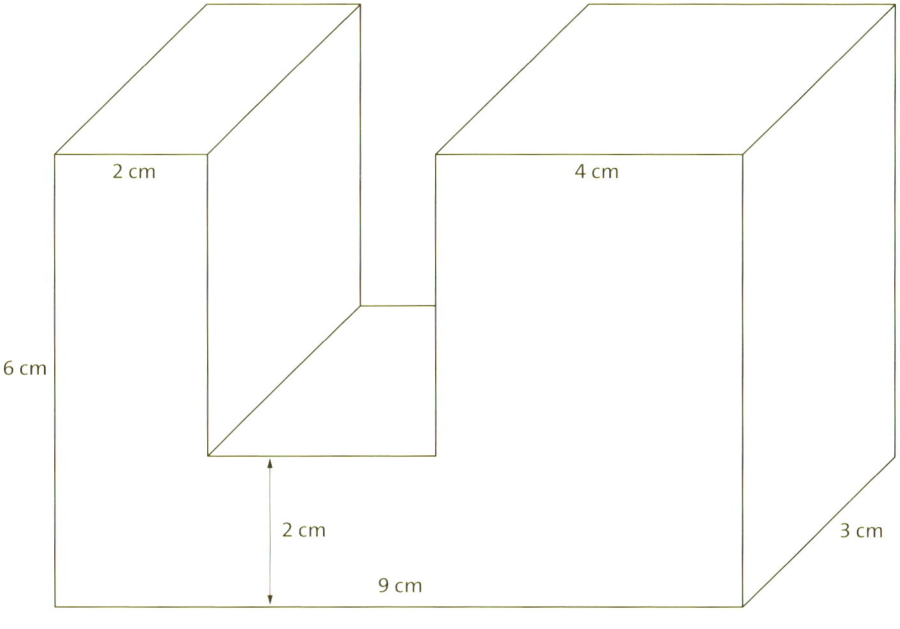

AUFGABE 12 **Berechne das Volumen des Körpers.**

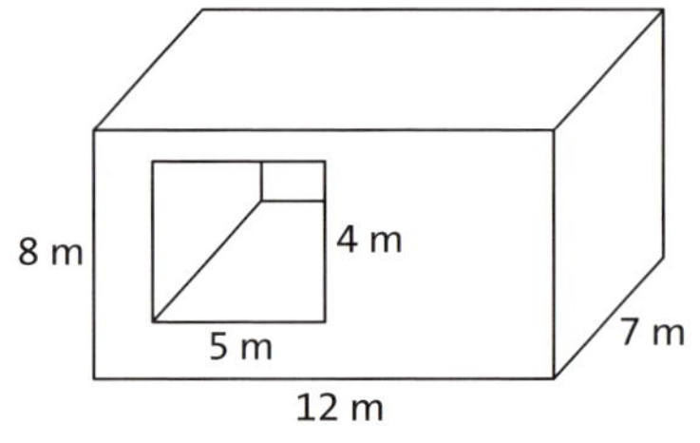

AUFGABE 13 **Bearbeite die folgenden Textaufgaben in deinem Übungsheft.**

a) Auf einem Grundstück von 3,4 a wird ein Haus mit einer Grundfläche von 70 m² gebaut. Für den Weg zur Haustür werden 12 m², für die Terrasse 25 m² und für den Autostellplatz 22 m² benötigt. Welche Fläche bleibt für die Spielwiese?

b) Familie Bedorf bewohnt eine Wohnung von 120 m². Sie zahlen pro Monat 1020 € Miete. Wie hoch ist die Miete pro Quadratmeter?

c) Zu einem Bauernhof gehören 9,2 ha Felder, 320 a Weiden und 2 ha Wald. Die Wirtschaftsgebäude erstrecken sich über 45 a. Wie groß ist der Hof? Gib dein Ergebnis in Quadratmetern und in Quadratkilometern an.

AUFGABE 14 **Familie Neustadt möchte ein Einfamilienhaus bauen. Beachte bei der Bearbeitung der Teilaufgaben, dass fehlende Längenangaben bestimmt werden können.**

a) Berechne die Flächeninhalte der Grundstücke A, B und C.

b) Familie Neustadt hat 25 000 € gespart. Die Bank würde ihnen einen Kredit von 45 000 € gewähren. Welche Kaufmöglichkeiten ergeben sich für Familie Neustadt, wenn sie 250 € pro Quadratmeter bezahlen müssen?

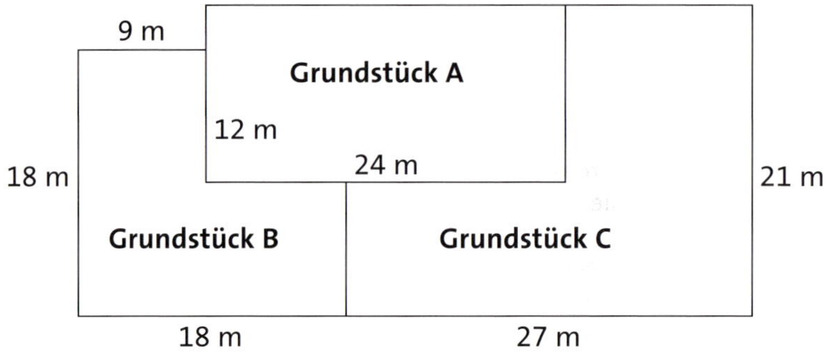

TESTEN

6 Ganze Zahlen

6.1 Darstellung auf der Zahlengeraden und im Koordinatensystem

Wird der **Zahlenstrahl** nach links unendlich erweitert, erhält man die **Zahlengerade**. Die Zahlen links von der Null heißen **negative Zahlen** und werden durch ein **negatives Vorzeichen** (–) gekennzeichnet. Die Zahlen rechts von der Null heißen **positive Zahlen**, sie können durch ein **positives Vorzeichen** (+) gekennzeichnet werden.
Die **Null** ist weder positiv noch negativ.

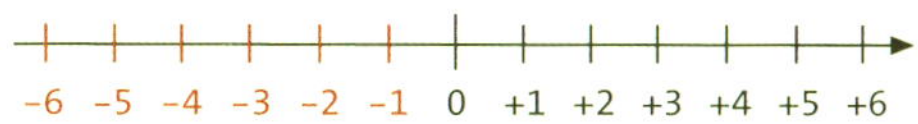

Negative Zahlen stehen links von 0 und haben das Vorzeichen –.

Positive Zahlen stehen rechts von 0 und haben das Vorzeichen +.

Für viele Alltagsgrößen, z. B. für Temperaturen unter 0 °C, Schulden oder Meerestiefen unter NN, benötigt man **negative Zahlen**.

Erweitert man die Menge der natürlichen Zahlen $\mathbb{N} = \{0; +1; +2; +3; ...\}$ um die negativen Zahlen, so erhält man die Menge der **ganzen Zahlen** $\mathbb{Z}$.

$\mathbb{Z} = \{...; -3; -2; -1; 0; +1; +2; +3; ...\}$

Auf der Zahlengeraden steht immer links die kleinere und rechts die größere Zahl.

5 ist größer als –7. Man schreibt $5 > -7$.
–3 ist kleiner als –1. Man schreibt $-3 < -1$.

Der Abstand einer Zahl zur Null heißt **Betrag** der Zahl.
Haben zwei verschiedene Zahlen denselben Abstand zur Null, so heißt jede der beiden Zahlen die **Gegenzahl** (**Spiegelzahl**) der anderen.
Zwei Gegenzahlen liegen immer symmetrisch zum Nullpunkt.

Der Betrag von –5 ist 5. Man schreibt $|-5| = 5$.
–5 ist die Gegenzahl zu +5. Der Betrag beider Zahlen ist 5: $|-5| = |5| = 5$.

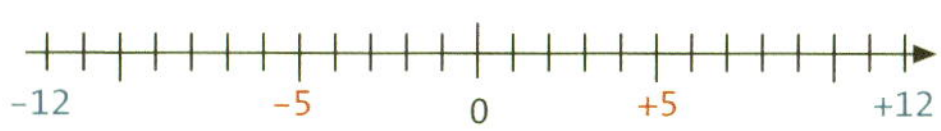

Auch im **Koordinatensystem** kann man die x-Achse und die y-Achse um die negativen Zahlen erweitern.
Das so erweiterte Koordinatensystem enthält vier Teilbereiche (**Quadranten**).
Die Koordinaten können nun auch negative Vorzeichen haben.

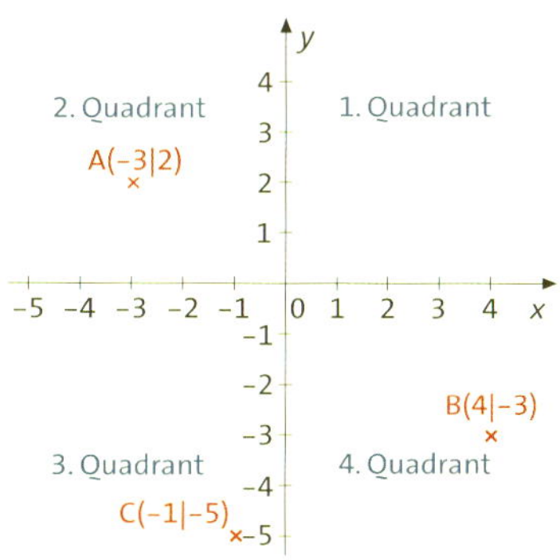

ÜBUNG 1 **Trage die fehlenden Zahlen ein.**

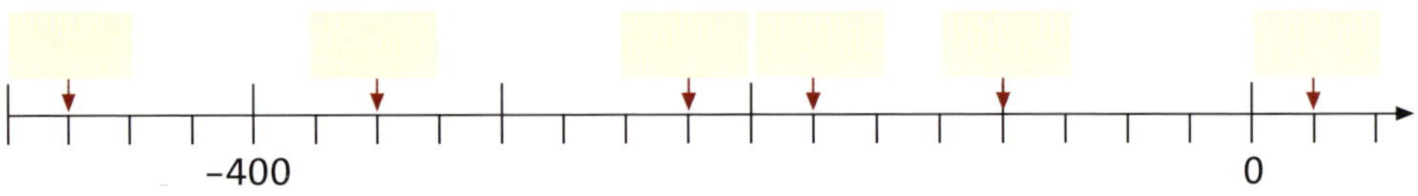

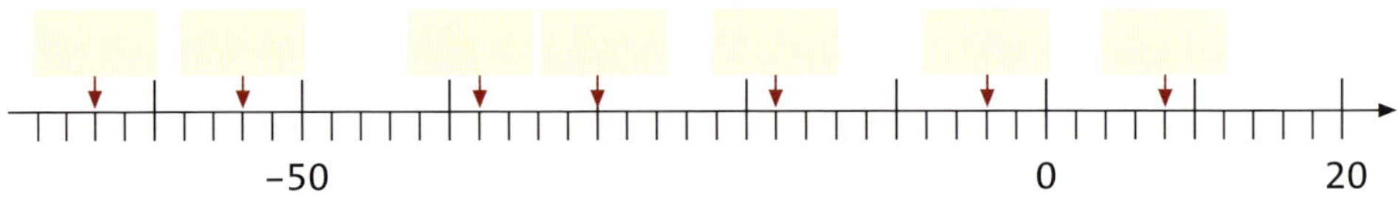

ÜBUNG 2 **Kleiner, größer oder gleich? Setze <, >oder = ein.**

a) –1762 ☐ –1765 b) –450 ☐ 0 c) –2934 ☐ 46

d) 44 153 ☐ 44 163 e) 8799 ☐ –8900 f) –78 ☐ –87

ÜBUNG 3 **Ordne die Zahlen der Größe nach, verwende dazu das Zeichen < („kleiner als“).**

a) –12; 34; –43; –23; 11; 27

b) –1299; 2411; –2223; –1310; 3100; –414

c) –76 455; –67 677; –17 344; 11 033; –157 099

ÜBUNG 4 **Bestimme jeweils Vorgänger und Nachfolger.**

Vorgänger						
Zahl	–83	–560	0	–99	–11 599	–1
Nachfolger						

ÜBUNG 5 **Gib jeweils drei mögliche ganze Zahlen an, die du für x einsetzen kannst.**

a) x > –16 b) x < 1 c) –683 < x < –678 d) –89 > x > –98

ÜBEN

ÜBUNG 6 Zeichne jeweils einen Ausschnitt der Zahlengeraden, auf dem die angegebenen Zahlen zu sehen sind, in dein Übungsheft.

a) –9; 12; 4; –22; 15; –3
b) 120; –60; –25; 105; –85
c) –1250; –2500; 1000; –3625; 2750
d) –540; –960; –320; –780; 200

ÜBUNG 7 Wie heißt die Gegenzahl und wie groß ist der Betrag beider Zahlen?

Zahl	Gegenzahl	Betrag
–5		
13		
–3,5		
12 345		
– 1 003 942		

ÜBUNG 8 Gib die Koordinaten der Punkte A bis F in der Zeichnung an. Trage anschließend die Punkte G bis L in das Koordinatensystem ein.
G (–2|–4); H (–1|0); I (–5|–3); J (4|–2); K (–3|1); L (0|–5)

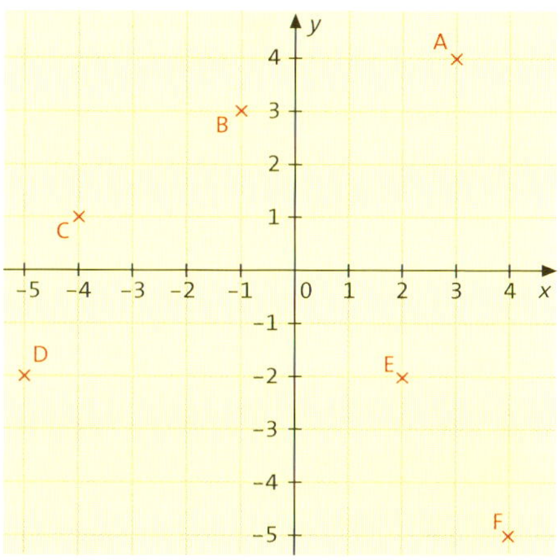

ÜBUNG 9 Gib die fehlenden Koordinaten an, sodass alle Punkte auf einer Geraden liegen.

a) A (0|0); B (2|1); C (–4|); D (|– 4) ; E (|–6); F (–10|)
b) A (–1|5); B (7|–7); C (5|); D (9|); E (|11)
c) A (–6|–5); B (4|10); C (|–2); D (|4); E (–8|); F (|–11)

ÜBEN

6.2 Addition und Subtraktion ganzer Zahlen

Die **Addition** kann auf der Zahlengeraden durch Pfeile veranschaulicht werden.
- **Positive Zahlen** werden durch nach rechts gerichtete Pfeile dargestellt.
- **Negative Zahlen** werden durch nach links gerichtete Pfeile dargestellt.
- Die **Summe** der beiden Zahlen a und b erhält man, wenn man den Anfang des Pfeils b an die Spitze des Pfeils a setzt. Der Summenpfeil s beginnt am Anfang des Pfeils a und endet an der Spitze des Pfeils b.

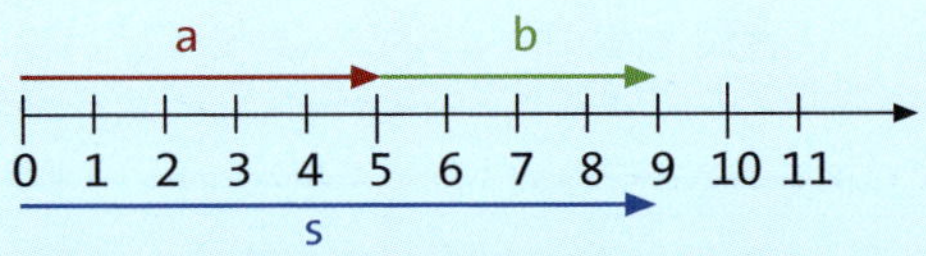

Für a = 5 und b = 4 beträgt s = 5 + 4 = 9

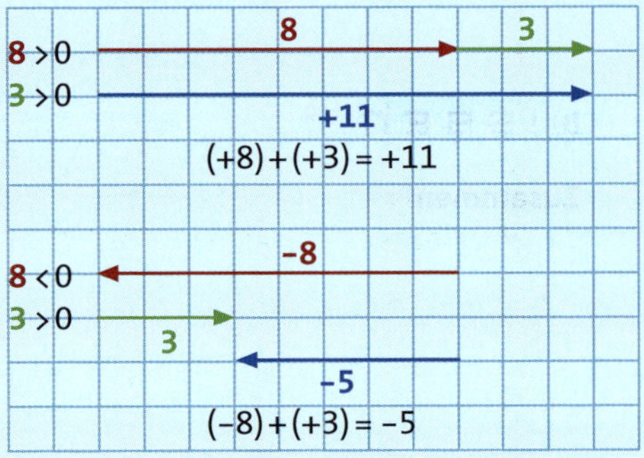

Addition zweier ganzer Zahlen

1. mit demselben Vorzeichen:
- Addiere die Beträge.
- Gib dem Ergebnis das gemeinsame Vorzeichen.

gemeinsames Vorzeichen

(−12) + (−15) = −27

Summe der Beträge

2. mit unterschiedlichen Vorzeichen:
- Subtrahiere den kleineren Betrag vom größeren.
- Gib dem Ergebnis das Vorzeichen der Zahl mit dem größeren Betrag.

Vorzeichen der Zahl mit dem größeren Betrag

(−12) + (+15) = +(15 − 12) = +3

kleinerer Betrag wird vom größeren abgezogen

Die **Subtraktion** einer Zahl von einer anderen erfolgt durch Addition der Gegenzahl:

a − b = a + (−b)

a − (−b) = a + (+b)

(+6) − (+4) = (+6) + (−4) = +2

(+6) + (−4) = (+2)

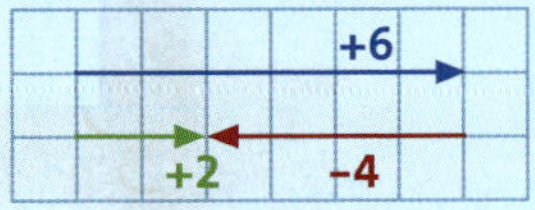

Auch für die ganzen Zahlen gilt das **Kommutativgesetz der Addition** (↑ Kap. 2): a + b = b + a

7 + (−3) = (−3) + 7

(−15) + (−6) = (−6) + (−15)

Außerdem gilt auch das **Assoziativgesetz der Addition** (↑ Kap. 2): a + b + c = (a + b) + c = a + (b + c)

[3 + (−7)] + (−4) = 3 + [(−7) + (−4)]

Achtung: Hier musst du besonders auf die Vorzeichen achten!

ÜBUNG 10 Addiere mithilfe der Pfeildarstellung.

a) $(-3) + (+5)$ b) $(+4) + (-7)$ c) $(-6) + (-2)$
d) $(+8) + (+1)$ e) $(+10) + (-7)$ f) $(-2) + (-9)$

ÜBUNG 11 Subtrahiere jeweils einmal mithilfe der Pfeildarstellung und einmal durch Addition der Gegenzahl.

a) $(-3) - (+5)$ b) $(+4) - (-7)$ c) $(-6) - (-2)$
d) $(+8) - (+1)$ e) $(+10) - (+7)$ f) $(-6) - (-8)$

WISSEN

Zusammenfassen von Vorzeichen und Rechenzeichen
Zur Vereinfachung dürfen Vorzeichen und Rechenzeichen zusammengefasst werden:

$a + (+b) = a + b$	$3 + (+7) = 3 + 7$	Vor- und Rechenzeichen sind
$a - (-b) = a + b$	$3 - (-7) = 3 + 7$	gleich: +
$a + (-b) = a - b$	$3 + (-7) = 3 - 7$	Vor- und Rechenzeichen sind
$a - (+b) = a - b$	$3 - (+7) = 3 - 7$	unterschiedlich: –

ÜBUNG 12 Addiere. Überlege immer zuerst, ob die Summe positiv oder negativ ist.

a) $(-12) + (+18) =$ b) $(+15) + (-17) =$
c) $(-26) + (-21) =$ d) $(+38) + (+41) =$
e) $(-195) + (-234) =$ f) $(-2649) + (+5468) =$

ÜBUNG 13 Jede Zahl der Zahlenmauer ist die Summe der beiden unter ihr stehenden Zahlen. Ergänze die fehlenden Zahlen.

ÜBUNG 14 **Subtrahiere durch Addition der Gegenzahl.**

a) (−13) − (+15) b) (+24) − (−17) c) (−61) − (−29)
d) (+78) − (+31) e) (−854) − (−632) f) (−34) − (+2007)

ÜBUNG 15 **Welche Zahl kann man für x einsetzen, um eine wahre Aussage zu erhalten?**

a) (−12) + x = (−24) b) (−78) − x = (+2) c) x + (−60) = (−20)
d) x − (+55) = (−80) e) x − (−108) = (−18) f) (−49) + x = (−69)

ÜBUNG 16 **Berechne jeweils schrittweise.**

a) (−12) + (−32) − (+45) b) (+38) − (−20) + (+59)
c) (−27) + (+199) − (−87) d) (+176) − (+459) − (−66)
e) (+100) + (+561) − (−333) f) (−2344) − (−987) − (−3001)

ÜBUNG 17 **Erstelle zu den Textaufgaben zunächst jeweils einen Rechenausdruck (Term) und berechne anschließend seinen Wert.**

a) Das so genannte „Tal des Todes" in den USA liegt an seiner tiefsten Stelle etwa 85 m unter NN. Von dort steigt ein Ballon 540 m in die Höhe. In welcher Höhe über NN befindet er sich jetzt?

b) Das Konto von Frau Siegel weist ein Guthaben von 932 € auf. Frau Siegel hebt 150 € für Einkäufe ab, überweist eine Arztrechnung in Höhe von 397 € und erhält eine Nebenkosten-Rückzahlung in Höhe von 58 €. Welchen Kontostand hat sie anschließend?

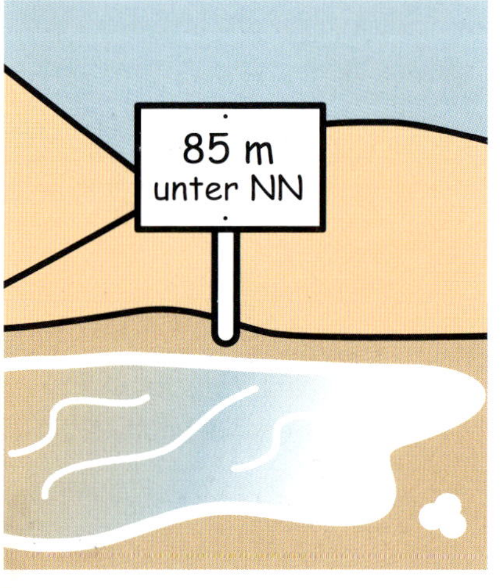

c) Die höchste jemals auf der Erde gemessene Lufttemperatur betrug 54 °C, die tiefste −89 °C. Auf dem Mond sind wegen der fehlenden Atmosphäre Temperaturen von −153 °C bis +118 °C möglich. Berechne für Erde und Mond den maximal möglichen Temperaturunterschied.

ÜBUNG 18 **Erstelle zu den Zahlenrätseln zunächst einen Rechenausdruck (Term) und berechne ihn anschließend.**

a) Welche Zahl ist um 67 größer als (−32)?
b) Welche Zahl ist um 218 größer als ihre Gegenzahl?
c) Von welcher Zahl muss man (−24) subtrahieren, um 56 zu erhalten?
d) Zu welcher Zahl muss man (−77) addieren, um (−99) zu erhalten?
e) Für welche Zahl ergibt die Differenz aus Zahl und Gegenzahl 184?

ÜBEN

6.3 Multiplikation und Division ganzer Zahlen

Multiplikation zweier ganzer Zahlen:
- Multipliziere die Beträge;
- das Produkt ist **positiv**, wenn beide Faktoren das gleiche Vorzeichen haben;
- das Produkt ist **negativ**, wenn sie unterschiedliche Vorzeichen haben.

Gleiche Vorzeichen ergeben **+***:*
+ · + = + und **– · – = +**
Ungleiche Vorzeichen ergeben **–***:*
– · + = – und **+ · – = –**
$(-8) \cdot (-6) = +48$
$3 \cdot (-9) = (-27)$

Ein **Produkt aus mehreren ganzen Zahlen** ist
- **positiv**, wenn alle Faktoren positiv sind; $4 \cdot 5 \cdot 2 = 40$
- **positiv**, wenn die Anzahl der negativen Faktoren gerade ist; $(-4) \cdot 5 \cdot (-2) = 40$
- **negativ**, wenn die Anzahl der negativen Faktoren ungerade ist; $4 \cdot 5 \cdot (-2) = (-40)$; $(-4) \cdot (-5) \cdot (-2) = (-40)$
- **null**, wenn (mindestens) ein Faktor null ist. $8 \cdot 6 \cdot 5 \cdot 0 \cdot 1000 \cdot 30 = 0$

Division einer Zahl a durch eine Zahl b:
- Dividiere den Betrag von a durch den Betrag von b;
- der Quotient ist **positiv**, wenn Dividend a und Divisor b gleiche Vorzeichen haben;
- der Quotient ist **negativ**, wenn sie unterschiedliche Vorzeichen haben.

Achtung: Durch null darf nicht geteilt werden!

Gleiche Vorzeichen ergeben **+***:*
+ : + = + und **– : – = +**
Ungleiche Vorzeichen ergeben **–***:*
– : + = – und **+ : – = –**

$(-15) : 5 = (-3)$
$(-24) : (-6) = 4$
$45 : (-9) = (-5)$

Auch für die ganzen Zahlen gelten die bekannten Rechengesetze (↑ Kap. 2):
- **Kommutativgesetz** der Multiplikation:
  $a \cdot b = b \cdot a$ — $(-3) \cdot (-5) = (-5) \cdot (-3)$
- **Assoziativgesetz** der Multiplikation:
  $a \cdot b \cdot c = (a \cdot b) \cdot c = a \cdot (b \cdot c)$ — $7 \cdot 5 \cdot (-4) = (7 \cdot 5) \cdot (-4) = 7 \cdot [5 \cdot (-4)]$
- **Distributivgesetze** der Multiplikation und der Division:
  $a \cdot (b + c) = a \cdot b + a \cdot c$ — $6 \cdot (-3 + 20) = 6 \cdot (-3) + 6 \cdot 20$
  $a \cdot (b - c) = a \cdot b - a \cdot c$ — $13 \cdot (-3 - 14) = 13 \cdot (-3) - 13 \cdot 14$
  sowie
  $(a + b) : c = a : c + b : c$ — $[4 + (-8)] : 2 = 4 : 2 + (-8) : 2$
  $(a - b) : c = a : c - b : c$ — $[-25 - (-40)] : 5 = -25 : 5 - (-40) : 5$

ÜBUNG 19 **Multipliziere in deinem Übungsheft.**

a) (–3) · 5 b) 4 · (–7) c) (–6) · (–2) d) (–34) · 12 e) 101 · (–7) f) (–460) · (–15)

ÜBUNG 20 **Dividiere in deinem Übungsheft.**

a) (–20) : 5 b) 42 : (–7) c) (–26) : (–2) d) 81 : (–9) e) (–120) : (–6) f) (–364) : (–14)

ÜBUNG 21 **Fülle die Multiplikationstabelle aus.**

·	(–2)	5	(–10)	(–12)	20
3					
(–4)					
6					
(–8)					
10					

ÜBUNG 22 **Fülle die Divisionstabelle aus.**

:	(–2)	3	(–4)	(–5)	6
720					
(–120)					
600					
(–840)					
1320					

ÜBUNG 23 **Setze die Reihen entsprechend fort und bestimme jeweils das Ergebnis von 10 aufeinanderfolgenden Faktoren.**

Beispiel: (–1) · (–1) · (+1) · (–1) · (–1)

Fortgesetzt: (–1) · (–1) · (+1) · (–1) · (–1) · (+1) · (–1) · (–1) · (+1) · (–1) = –1

a) (–1) · (+1) · (–1) · (+1) · (–1) · (+1)·(–1)·(+1)·(–1)·(+1) = –1

b) (–2) · (–2) · (+2) · (+2) · (–2) · (–2)·(+2)·(+2)·(–2)·(–2) = 1024

c) (–1) · (+1) · (+1) · (–1) · (+1) · (+1)·(–1)·(+1)·(+1)·(–1) = +1

ÜBEN

d) (−2) · (−2) · (+2) · (−2) · (−2) · (+2) · (−2) · (−2) · (+2) · (−2)

e) (+ 10) · (−10) · (+10) · (−10) · (+10) · (−10) · (+10) · (−10) · (+10) · (−10) = −10.000.000.000

f) (−1) · (−2) · (+1) · (+2) · (−1) · (−2) · (+1) · (+2) · (−1) · (−2) = 32

g) (−1) · (+3) · (−1) · (+3) · (−1) · (+3) · (−1) · (+3) · (−1) · (+3) = 243

ÜBUNG 24 Multipliziere mithilfe der Vorzeichenregeln. Nutze mögliche Rechenvorteile durch Anwendung des Kommutativgesetzes.

a) (−5) · (−10) · 8 b) 15 · (−9) · 2
c) (−12) · 11 · 5 d) (−25) · (−4) · 3
e) (−12) · (−7) · (−8) f) 9 · (−2) · (−50)

ÜBUNG 25 Berechne die leeren Felder. Verfolge dabei möglichst viele Wege und kontrolliere deine Ergebnisse durch bereits errechnete Zwischenergebnisse.

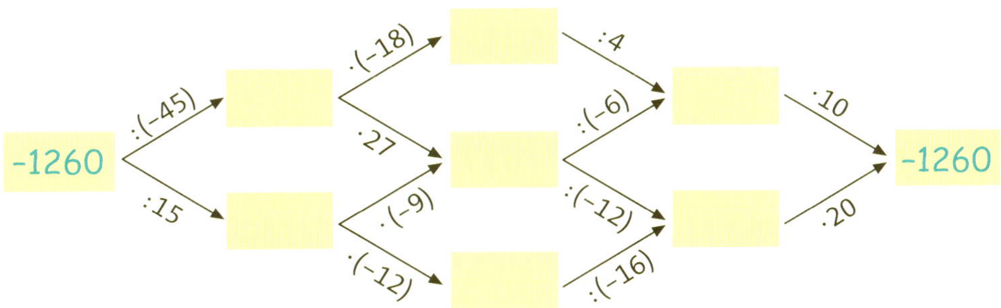

ÜBUNG 26 Welche Zahl kann man für x einsetzen, um eine wahre Aussage zu erhalten? Rechne in deinem Übungsheft.

a) (−12) · x = (−24) b) (−80) : x = 2 c) x · (−60) = (−300)

d) x : 5 = (−9) e) x · (−115) = (−690) f) 20 : x = 10

ÜBUNG 27 Erstelle zunächst einen Rechenausdruck (Term) und berechne anschließend seinen Wert.

a) Multipliziere die Summe von (−14) und (−5) mit (−8).
b) Addiere 79 zum Quotienten aus 56 und (−7).
c) Dividiere die Differenz aus (−68) und 47 durch (−5).
d) Addiere das Produkt der Zahlen (−7) und (−21) zu ihrer Summe.
e) Subtrahiere 39 vom Quotienten aus (−120) und (−6).

ÜBEN

ÜBUNG 28 **Ergänze jeden der Terme so durch Klammern, dass das Ergebnis stimmt.**

a) $-3 \cdot 5 - 2 + 8 = (-1)$
b) $-3 \cdot 5 - 2 + 8 = (-9)$
c) $-3 \cdot 5 - 2 + 8 = (-33)$
d) $-3 \cdot 5 - 2 + 8 = (-25)$
e) $-3 \cdot 5 - 2 + 8 = (-5)$
f) $-3 \cdot 5 - 2 + 8 = (-21)$

WISSEN +

Ausklammern und Ausmultiplizieren
Das Distributivgesetz der Multiplikation:
$a \cdot (b + c) = a \cdot b + a \cdot c$ kannst du „in zwei Richtungen" nutzen:

- **Ausmultiplizieren:**
Jeder einzelne Summand in der Klammer wird mit dem Faktor, der außerhalb der Klammer steht, multipliziert.

$$(-2) \cdot [18 + 27] = (-2) \cdot 18 + (-2) \cdot 27 = (-36) + (-54) = (-90)$$

- **Ausklammern:**
Ein Faktor, der in jedem Summanden auftritt, wird als gemeinsamer Faktor vor die Klammer geschrieben.

$$(-4) \cdot (-3) + (-4) \cdot (-2) = (-4) \cdot [(-3) + (-2)] = (-4) \cdot (-5) = 20$$

ÜBUNG 29 **Berechne die folgenden Terme durch Ausmultiplizieren.**

a) $(-25) \cdot [(-20) + 2] =$
b) $37 \cdot [10 + (-1)] =$
c) $[30 + 5] \cdot (-8) =$
d) $15 \cdot [40 + (-3)] =$
e) $(-2) \cdot [(-32) + (-5)] =$
f) $[25 - (-60)] \cdot (-4) =$

ÜBUNG 30 **Berechne die folgenden Terme durch Ausklammern. Rechne in deinem Übungsheft.**

a) $(-11) \cdot 4 + (-11) \cdot 26$
b) $17 \cdot (-28) + 17 \cdot (-2)$
c) $13 \cdot 24 + (-3) \cdot 24$
d) $(-14) \cdot (-25) + (-25) \cdot (-6)$
e) $63 \cdot (-16) + (-16) \cdot 3$
f) $(-12) \cdot (-15) + (-12) \cdot 35$

Klassenarbeit 1

60 Minuten

AUFGABE 1 **Welche Zahlen sind auf der Zahlengeraden markiert?**

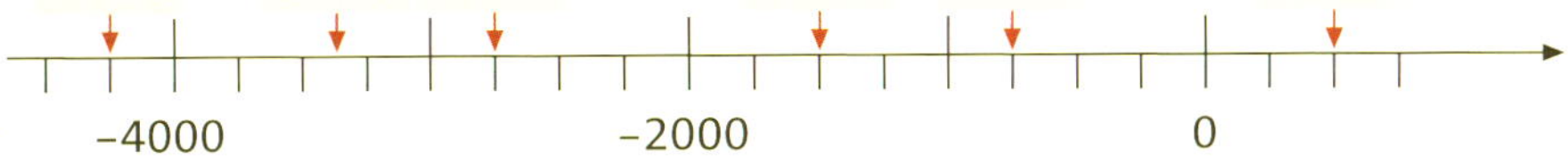

AUFGABE 2 **Berechne. Beachte die „Vorfahrtsregeln" (↑ Kap. 2.3), die auch für die ganzen Zahlen gelten!**

a) (−24) + (−23)

b) 7 − (−67) + 86 = 160

c) (−255) + 3 · (−128) − 56

d) 887 + (−2) · (−25 + 133)

AUFGABE 3 **Ermittle zunächst das Vorzeichen des Produktes und berechne anschließend den Wert des Terms.**

a) (−3) · (−10) · (−4) = −120

b) (−5) · 6 · 2 · (−20) = 1200

c) (−1) · 1 · 1 · (−1) · 2 · (−1) · (−1) · (−1) · (−2) = 4

d) (−12) · 9 · (−11) · 0 · 15 = 0

AUFGABE 4 **Stelle jeweils eine Gleichung auf und löse sie anschließend.**

a) Welche Zahl muss man zu (−5) addieren, um 13 zu erhalten?

b) Multipliziert man eine Zahl mit (−3), so erhält man (−27). Wie heißt die Zahl?

c) Welche Zahl erhält man, wenn man von der Summe aus (−18) und (−64) die Zahl 79 subtrahiert?

d) Welche Zahl dividiert durch (−3) ergibt 81?

e) Addiert man zu einer Zahl die Differenz aus (−13) und (−12), so erhält man 0. Wie heißt die Zahl?

AUFGABE 5 **Löse die Gleichungen. Für welche Zahl steht x?**

a) x + (−12) = 15

b) (−23) − x = (−40)

AUFGABE 6 **Löse die Gleichungen. Für welche Zahl steht x?**

a) 7 · x = (−56)

b) x : 8 = (−9)

c) 2 · (x − 4) = (−10)

AUFGABE 7 **Setze die Zahlenfolgen jeweils um 4 Zahlen nach vorn und um 4 Zahlen nach hinten fort.**

a)					–25	–15	–5				
b)					–90	–60	–30				
c)					0	12	24				

AUFGABE 8 **Trage die folgenden Punkte in das abgebildete Koordinatensystem ein und verbinde sie nacheinander durch gerade Strecken.**

(–10|0); (–5|5); (–2|5); (0|7); (0|5); (3|5); (4|3); (5|5); (7|7); (8|7); (7|6); (6|4); (6|1); (7|–1); (8|–2); (7|–2); (5|0);
(4|2); (2|–2); (–1|–2); (0|–4); (–2|–4); (–3|–3); (–3|–2); (–5|–2);
(–7|–1); (–5|1); (–7|–1); (–10|0)
Ein einzelner Punkt mit den Koordinaten (–4|3) vervollständigt das Bild.

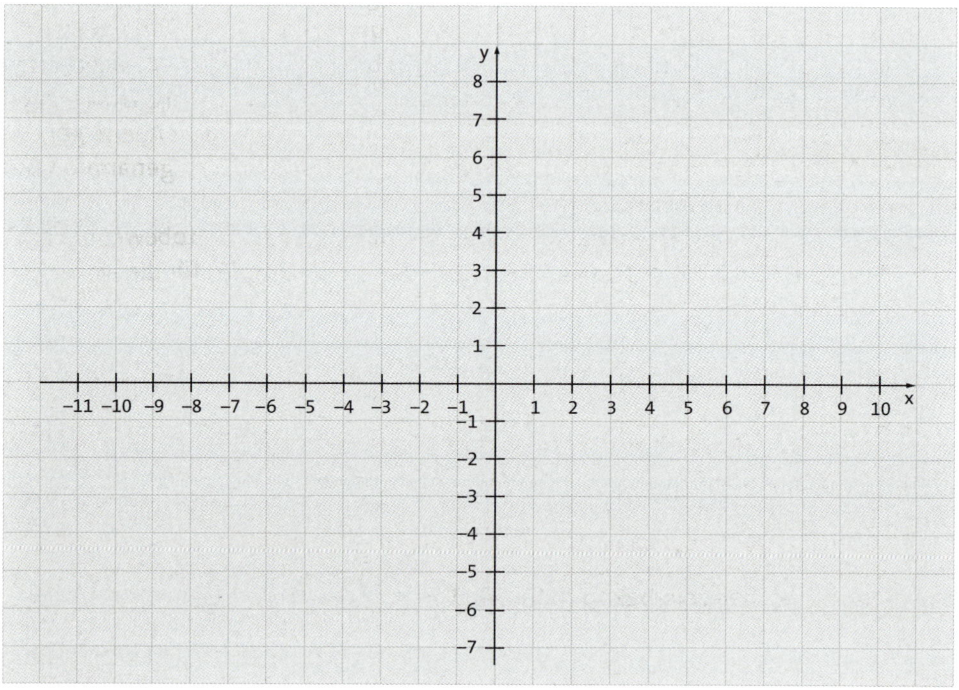

AUFGABE 9 **Berechne durch Ausmultiplizieren bzw. durch Ausklammern.**

a) $(-4) \cdot [18 + (-16)]$

b) $(-17) \cdot 6 + 4 \cdot (-17)$

Klassenarbeit 2

60 Minuten

AUFGABE 10 **Zeichne jeweils eine Zahlengerade und markiere darauf die angegebenen ganzen Zahlen.**

a) –6; 4; –2; –4; 7 b) –15; 5; –65; 20; –90

AUFGABE 11 **Ordne die Zahlen der Größe nach. Beginne mit der kleinsten Zahl und benutze die mathematischen Zeichen für „größer" oder „gleich".**

a) 34; |–13|; –2; –33; 3; 13; 2; –4

b) 20; –21; –22; –2; 22; 2; –1

AUFGABE 12 **Löse die folgenden Textaufgaben.**

a) Schreibe zu den vorgegebenen Sachverhalten Zahlen mit den Vorzeichen „+" oder „–": im Jahr 3222 v. Chr.; 27 °C über Null; Gipfelhöhe von 1245 m ü. NN; Ausgaben beim Einkauf von 124 €; ein Sparguthaben von 253 €.

b) Im Allgäu misst eine Wetterstation abends um 19.00 Uhr eine Temperatur von 2 °C. In der Nacht sinkt die Temperatur bis 1.00 Uhr um 7 °C, steigt bis zum frühen Morgen 7 Uhr um 3 °C. Durch die aufgehende Sonne erwärmt sich die Luft bis Mittags 12.00 Uhr um 11 °C, um dann bis zum frühen Abend gegen 17.00 Uhr um 4 °C abzukühlen. Gib die Temperaturen zu den genannten Zeiten tabellarisch in deinem Übungsheft an.

c) Auf Julias Konto gibt es die in der Tabelle aufgelisteten Kontobewegungen. Zu Beginn waren 70 € auf dem Konto. Trage die Kontostände für die einzelnen Tage in die Tabelle ein.

Tag	Kontobewegung	Kontostand (+ / –)
1. Tag	Abheben von 85 €	
2. Tag	Computerspiel von 45 € gekauft	
3. Tag	Omas Geburtstagsgeschenk: 40 €	
4. Tag	Taschengeld bekommen: 30 €	

AUFGABE 13 **Notiere jeweils die Gegenzahlen.**

a) 3 b) |–5| c) (–12) d) |10 000| e) –(–(–(178)))

TESTEN

AUFGABE 14 **Welche ganze Zahl muss jeweils für x eingesetzt werden?**

a) $x \cdot (-8) = (-40)$ b) $x : 13 = (-1)$ c) $|-5| \cdot (2 - x) = (-25)$

AUFGABE 15 **Addiere in der Zahlenmauer nebeneinander stehende Zahlen. Das Ergebnis wird im Feld darüber eingetragen.**

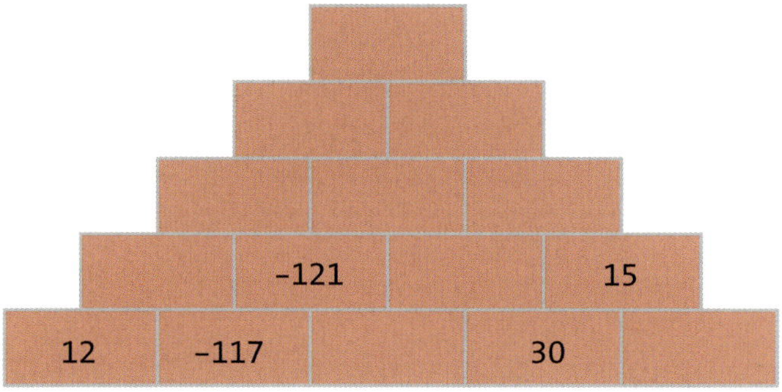

AUFGABE 16 **Löse die folgenden Teilaufgaben zum Koordinatensystem schrittweise.**

a) Lies die Koordinaten der Punkte ab und notiere sie in deinem Übungsheft.
b) Verbinde die gegebenen Punkte zu einer Figur ABCDEF.
c) Spiegle die Punkte im abgebildeten Koordinatensystem an der x-Achse und bezeichne die gespiegelten Punkte mit A', B', C', D', E', F'. Verbinde auch die gespiegelten Punkte.
d) Notiere die Koordinaten der gespiegelten Punkte in deinem Übungsheft.
e) Wie haben sich die Punktkoordinaten vor und nach der Spiegelung verändert?

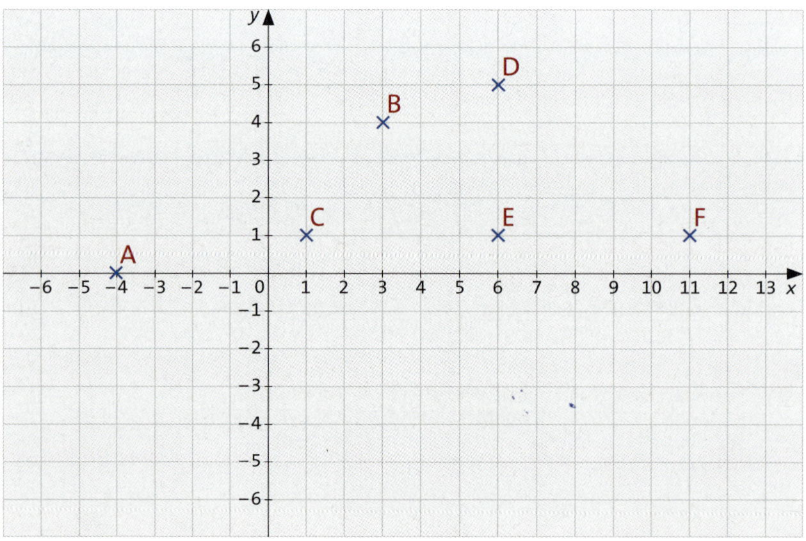

TESTEN

Klassenarbeit 3

60 Minuten

AUFGABE 17 **Gib alle ganzen Zahlen an, die zwischen den beiden angegebenen Zahlen liegen.**

a) −1 und +1 b) |−5| und −2 c) −7 und −5 d) |−12| und |12|

AUFGABE 18 **Setze jeweils das Vorzeichen „+“ oder „−“ ein.**

a) ☐ 15 + (☐ 3) = 12 b) ☐ 15 − (☐ 27) = 12

c) ☐ 120 − (☐ 53) = −67 d) ☐ 120 + (☐ 53) = 67

AUFGABE 19 **Berechne die folgenden Terme durch Ausmultiplizieren.**

a) $(-2) \cdot [(-25) + (+3)] =$

b) $12 \cdot [(17) - (-13)] =$

c) $[32 - (-16)] \cdot (-4) =$

AUFGABE 20 **Stelle die Terme auf und berechne sie.**

a) Subtrahiere die Differenz von 73 und 24 von der Summe aus 12 und 154.
b) Addiere zum Betrag der Differenz 23 − 52 das Produkt aus (−2) und 10.
c) Dividiere −144 durch die Differenz von −17 und −5

AUFGABE 21 **Fülle die leeren Kästchen mit den richtigen Zahlen.**

−12	$\xrightarrow{\cdot(-6)}$	72	$\xrightarrow{:(-1)}$	−72
↓ : (−3)		↓ : 6		↓ +60
4	$\xrightarrow{+8}$	12	$\xrightarrow{\cdot(-1)}$	−12
↓ −10		↓ · (−9)		↓ · 10
−6	$\xrightarrow{-102}$	−108	$\xrightarrow{-12}$	−120

TESTEN

AUFGABE 22 **Löse die folgenden Teilaufgaben schrittweise.**

a) Zeichne ein Koordinatensystem so in dein Übungsheft, dass eine Einheit 1 cm auf den Koordinatenachsen entspricht. Trage die Punkte A (2|6), B (6|5), C (6|4), D (3|4), E (3|−2) und F (2|−2) ein und verbinde sie in alphabetischer Reihenfolge. Verbinde auch die Punkte F und A.

b) Spiegle die entstandene Figur an der y-Achse und notiere die Koordinaten der gespiegelten Punkte.

c) Wie lauten die Punkte, wenn du die gespiegelte Figur nochmals um zwei Einheiten nach links entlang der x-Achse verschiebst? Notiere die Koordinaten der Punkte und zeichne die verschobene Figur.

AUFGABE 23 **Wie heißt die gesuchte Zahl? Stelle jeweils eine Gleichung mit der Variablen x auf und löse sie anschließend.**

a) Addiert man zur gesuchten Zahl 13 und multipliziert die Summe mit 2, so erhält man −24.

b) Dividiert man die gesuchte Zahl durch die Differenz von (−2) und (−4), so erhält man −25.

c) Bilde zwei Summen: Addiere zur gesuchten Zahl einmal die 8 und einmal deren Gegenzahl. Das Produkt dieser Summen ist −48.

AUFGABE 24 **Ergänze das magische Quadrat. Addiert man die Zahlen einer Zeile, Spalte oder Diagonale, so erhält man dieselbe Summe.**

	−5	−6	5
−3		3	0
1	−2		4
	7		−7

TESTEN

7 Teilbarkeit der natürlichen Zahlen

7.1 Teiler und Teilbarkeitsregeln

Eine natürliche Zahl **n**, die ohne Rest durch eine natürliche Zahl t geteilt werden kann, heißt **teilbar durch t**. Die Zahl t heißt **Teiler** der Zahl n. Man sagt **t teilt n** und schreibt: **t|n**. Ist n nicht ohne Rest durch eine Zahl u teilbar, so sagt man **u teilt n nicht**. Man schreibt: **u∤n**.	125 : 5 = 25 , d. h., 125 ist ohne Rest durch 5 teilbar. *Also ist* 5 *Teiler* von 125. Man schreibt: 5|125. 47 : 8 = 5 + (7 : 8) bzw. 47 : 8 = 5 Rest 7, *also ist* 8 *kein Teiler* von 47. 47 ist nicht ohne Rest durch 8 teilbar. Man schreibt: 8∤47**.**
Die Menge aller Teiler einer Zahl n heißt **Teilermenge** von n. Bezeichnung: T_n	T_{12} = {1; 2; 3; 4; 6; 12} T_{27} = {1; 3; 9; 27}
Jede natürliche Zahl **n ist durch 1 und durch sich selbst** teilbar. **0** ist durch **jede Zahl außer durch sich selbst** teilbar.	Zur Teilermenge einer Zahl gehören also immer die Zahl selbst und die 1.
Endstellenregeln für die Teilbarkeit durch 2, 4, 5, 8 und 10:	An den *letzten Ziffern* einer Zahl siehst du, ob sie durch 2, 4, 5, 8 oder 10 teilbar ist.
▪ Eine Zahl ist **durch 2 teilbar**, wenn sie gerade ist bzw. wenn ihre letzte Ziffer eine 0, 2, 4, 6 oder 8 ist.	2 teilt 654, da die letzte Ziffer eine 4 ist.
▪ Eine Zahl ist **durch 4 teilbar**, wenn ihre letzten beiden Ziffern eine durch 4 teilbare Zahl darstellen.	4 teilt 59 732, da 32 durch 4 teilbar ist.
▪ Eine Zahl ist **durch 5 teilbar**, wenn ihre letzte Ziffer eine 0 oder eine 5 ist.	5 teilt 3405, da die letzte Ziffer eine 5 ist.
▪ Eine Zahl ist **durch 8 teilbar**, wenn ihre letzten drei Ziffern eine durch 8 teilbare Zahl darstellen.	8 teilt 17 152, da 152 durch 8 teilbar ist.
▪ Eine Zahl ist **durch 10 teilbar**, wenn ihre letzte Ziffer eine 0 ist.	10 teilt 24 370, da die letzte Ziffer eine 0 ist.
Quersummenregel für die Teilbarkeit durch 3 und 9: Eine Zahl ist **durch 3 bzw. 9 teilbar**, wenn ihre Quersumme durch 3 bzw. 9 teilbar ist.	Die *Quersumme* einer Zahl ist die Summe ihrer Ziffern: Quersumme von 127 ist 1 + 2 + 7 = 10. 3 teilt 765 und 9 teilt 765, da die Quersumme 18 durch 3 und durch 9 teilbar ist.
Eine Zahl ist **durch 6 teilbar**, wenn sie durch 2 und durch 3 teilbar ist.	6 teilt 258, da die letzte Ziffer eine 8 ist und die Quersumme 15 durch 3 teilbar ist.

ÜBUNG 1 **Überprüfe die Teilbarkeit jeweils durch Division.**

a) Prüfe die Teilbarkeit von 91 durch 7, 11 und 13.
b) Prüfe die Teilbarkeit von 646 durch 14, 17 und 19.
c) Prüfe die Teilbarkeit von 336 durch 16, 18 und 21.
d) Prüfe die Teilbarkeit von 5589 durch 23, 27 und 29.
e) Prüfe die Teilbarkeit von 1066 durch 24, 26 und 32.

ÜBUNG 2 **Überprüfe mithilfe der Teilbarkeitsregeln, welche der angegebenen Zahlen …**

a) durch 2 teilbar ist: 538; 8875; 12 006; 27 444; 2227; 92; 345 678.
b) durch 3 teilbar ist: 475; 30 045; 29 475; 11 924; 238; 2784; 93 510.
c) durch 4 teilbar ist: 18 836; 38; 30 054; 348; 2892; 93 737 422; 23 540.
d) durch 5 teilbar ist: 59 755; 45 340 850; 6543; 64; 6970; 12 765; 5554.
e) durch 6 teilbar ist: 46 576; 274 854; 90; 5665; 3546; 100 002; 3334.
f) durch 8 teilbar ist: 646 576; 2 994 995; 340; 12 448; 2222; 88 444; 8816.
g) durch 10 teilbar ist: 1180; 395; 715 200; 51 273; 455; 6905; 900.

WISSEN

Teilermenge ermitteln
Um die Teilermenge zu einer Zahl n zu finden, musst du nacheinander für jede Zahl überprüfen, ob sie Teiler von n ist.
Schneller kommst du zum Ziel, wenn du zu jedem gefundenen Teiler direkt den **Gegenteiler (Komplementärteiler)** bestimmst. Teiler und Gegenteiler ergeben multipliziert miteinander immer n.
Das Aufstellen einer Tabelle mit Gegenteilern hilft dir dabei. Die Tabelle ist fertig, wenn der nächstgrößere Teiler einer Zahl bereits als Gegenteiler in der rechten Spalte auftaucht.

42	
1	42
2	**21**
3	14
6	7

42 : **2** = **21**;
also ist 2 Teiler von 42 und 21 ist der zugehörige Gegenteiler.

Also:
$T_{42} = \{1; 2; 3; 6; 7; 14; 21; 42\}$

ÜBUNG 3 **Ermittle die Teilermengen. Rechne in deinem Übungsheft.**

a) Ermittle alle Teiler von 28.
b) Ermittle alle Teiler von 36.
c) Ermittle alle Teiler von 60.
d) Ermittle alle Teiler von 95.
e) Ermittle alle Teiler von 240.
f) Ermittle alle Teiler von 450.

ÜBUNG 4 Vervollständige die Teilertabellen.

44	
	44
2	
	11

105	
1	
	35
5	
	15

140	
2	
4	
	28
7	
	14

WISSEN

Weitere Teilbarkeitsregeln

Die Teilbarkeitsregel für 6 setzt sich aus den Teilbarkeitsregeln für 2 und 3 zusammen.
Ganz analog lassen sich auch für andere zusammengesetzte Teiler Teilbarkeitsregeln finden.

Eine Zahl ist **durch 12 teilbar**, wenn sie durch 3 und durch 4 teilbar ist.
Eine Zahl ist **durch 15 teilbar**, wenn sie durch 3 und durch 5 teilbar ist.
Eine Zahl ist **durch 18 teilbar**, wenn sie durch 2 und durch 9 teilbar ist.

Teilbarkeitsprüfung durch Zerlegen:
Ein gemeinsamer Teiler zweier Zahlen teilt auch ihre Summe und ihre Differenz.
Mithilfe dieser Regel kannst du die Teilbarkeit einer Zahl schneller überprüfen.

Ist 288 durch 24 teilbar?
288 lässt sich als Summe 240 + 48 schreiben.
Die Teilbarkeit der beiden Summanden durch 24 ist leicht zu erkennen. Daher ist auch 288 durch 24 teilbar.

Vorsicht: Die Regel gilt nicht in umgekehrter Richtung!

Obwohl $3|(7 + 8)$ gilt, teilt 3 weder 7 noch 8!

ÜBUNG 5 Überprüfe die folgenden Aussagen (lies 12|396: „12 ist Teiler von 396“):

a) 12|396 b) 12|306 c) 12|1176 d) 15|455 e) 15|555
f) 15|1005 g) 18|306 h) 18|415 i) 18|1062 j) 17|64

ÜBUNG 6 Zerlege geschickt in eine Summe oder Differenz und überprüfe dadurch die Teilbarkeit.

a) Ist 3570 durch 35 teilbar?
b) Ist 1575 durch 15 teilbar?
c) Ist 1287 durch 13 teilbar?
d) Ist 8080 durch 800 teilbar?
e) Ist 23 976 durch 12 teilbar?
f) Ist 44 960 durch 45 teilbar?

7.2 Primzahlen und Primfaktorzerlegung

Eine Zahl p, die **genau zwei Teiler** hat, heißt **Primzahl**.
Die einzigen beiden Teiler einer Primzahl p sind die Zahl p selbst und die Zahl 1.
Primzahlen kann man nicht in kleinere Faktoren zerlegen.

7 ist eine Primzahl, denn 7 ist nur durch sich selbst und durch 1 teilbar.
1 ist keine Primzahl (1 hat nur einen Teiler).
Die ersten Primzahlen bis 100 sind:
2, 3, 5, 7, 11, 13, 17, 19, 23, 29, 31, 37, 41, 43, 47, 53, 59, 61, 67, 71, 73, 79, 83, 89, 97.

Jede natürliche Zahl n (>1) kann man als Produkt von Primzahlen schreiben, wenn sie nicht selbst eine Primzahl ist.
Man spricht von **Primfaktoren** oder **Primteilern** und nennt das Produkt **Primfaktorzerlegung**.

$12 = 2 \cdot 2 \cdot 3$
$195 = 3 \cdot 5 \cdot 13$
$14\,399 = 7 \cdot 11 \cdot 11 \cdot 17$

Um die Primfaktorzerlegung einer Zahl zu finden, spaltet man nach und nach immer den kleinstmöglichen Primteiler ab.

$$\begin{aligned}4200 &= 2 \cdot 2100\\ &= 2 \cdot 2 \cdot 1050\\ &= 2 \cdot 2 \cdot 2 \cdot 525\\ &= 2 \cdot 2 \cdot 2 \cdot 3 \cdot 175\\ &= 2 \cdot 2 \cdot 2 \cdot 3 \cdot 5 \cdot 35\\ &= 2 \cdot 2 \cdot 2 \cdot 3 \cdot 5 \cdot 5 \cdot 7\end{aligned}$$

Man kann die gegebene Zahl auch zunächst in große und dann immer kleinere Faktoren zerlegen, bis man bei den Primzahlen angelangt ist.
Es spielt dabei keine Rolle, in welche ihrer Faktoren man die Zahl zuerst zerlegt. Man erhält (abgesehen von der Reihenfolge) stets dieselben Primzahlen.
Anschließend müssen die Primfaktoren der Größe nach sortiert aufgeschrieben werden.

$$\begin{aligned}4200 &= 42 \cdot 100\\ &= 6 \cdot 7 \cdot 10 \cdot 10\\ &= 2 \cdot 3 \cdot 7 \cdot 2 \cdot 5 \cdot 2 \cdot 5\\ &= 2 \cdot 2 \cdot 2 \cdot 3 \cdot 5 \cdot 5 \cdot 7\end{aligned}$$

$$\begin{aligned}4200 &= 60 \cdot 70\\ &= 6 \cdot 10 \cdot 2 \cdot 35\\ &= 2 \cdot 3 \cdot 2 \cdot 5 \cdot 2 \cdot 5 \cdot 7\\ &= 2 \cdot 2 \cdot 2 \cdot 3 \cdot 5 \cdot 5 \cdot 7\end{aligned}$$

Für eine übersichtlichere Darstellung der Primfaktorzerlegung einer Zahl verwendet man in der Regel die **Potenzschreibweise**.

$$\begin{aligned}4200 &= 2 \cdot 2 \cdot 2 \cdot 3 \cdot 5 \cdot 5 \cdot 7\\ &= 2^3 \cdot 3 \cdot 5^2 \cdot 7\end{aligned}$$

$261\,360 = 2^4 \cdot 3^3 \cdot 5 \cdot 11^2$

ÜBUNG 7 Suche alle Primzahlen ...

a) zwischen 20 und 50.

b) zwischen 70 und 100.

c) zwischen 100 und 120.

ÜBUNG 8 Ergänze jeweils die fehlenden Primzahlen in der Primfaktorzerlegung.

a) $42 = 2 \cdot \_\_ \cdot 7$

b) $90 = 2 \cdot \_\_ \cdot \_\_ \cdot 5$

c) $165 = 3 \cdot 5 \cdot \_\_$

d) $390 = \_\_ \cdot 3 \cdot \_\_ \cdot 13$

e) $2695 = \_\_ \cdot 7 \cdot 7 \cdot \_\_$

f) $2750 = 2 \cdot \_\_ \cdot 5 \cdot \_\_ \cdot 11$

ÜBUNG 9 Finde in jeder der unten stehenden Zahlenreihen fünf Primzahlen. Wende die Teilbarkeitsregeln an oder dividiere durch kleine Primzahlen.

a) 402; 423; 419; 427; 435; 443; 451; 459; 461; 467; 499
b) 601; 608; 613; 627; 631; 637; 647; 663; 671; 683; 694
c) 813; 819; 829; 847; 853; 859; 861; 863; 872; 887; 897

ÜBUNG 10 Gib die Primfaktorzerlegung der einzelnen Zahlen in Potenzschreibweise an.

a) 56	b) 77	c) 89	d) 110	e) 125
f) 168	g) 549	h) 608	i) 764	j) 847
k) 864	l) 1260	m) 4000	n) 13 230	o) 15 125

WISSEN +

Ermitteln der Teilermenge durch Primfaktorzerlegung

Mithilfe der Primfaktorzerlegung einer Zahl kann man ganz leicht ihre Teilermenge ermitteln.
Die Teilermenge einer Zahl n enthält nämlich

- die 1 und die Zahl n selbst;
- alle Primfaktoren, in die sich die Zahl zerlegen lässt;
- alle Zahlen, die sich als Produkt der Primfaktoren bilden lassen.

Es ist $198 = 2 \cdot 3 \cdot 3 \cdot 11$
Die Teilermenge enthält neben 1, 198, 2, 3 und 11 auch alle möglichen Produkte der Primfaktoren, nämlich:
$2 \cdot 3 = 6$; $2 \cdot 11 = 22$; $3 \cdot 3 = 9$; $3 \cdot 11 = 33$
$2 \cdot 3 \cdot 3 = 18$; $2 \cdot 3 \cdot 11 = 66$; $3 \cdot 3 \cdot 11 = 99$
(Übrigens: Der jeweilige Gegenteiler besteht aus den nicht verwendeten Primfaktoren!)
$T_{198} = \{1; 2; 3; 6; 9; 11; 18; 22; 33; 66; 99; 198\}$

ÜBEN

ÜBUNG 11 **Zerlege die Zahl jeweils zunächst in Primfaktoren und bestimme mithilfe der Primfaktorzerlegung auch ihre Teilermenge. Lege in deinem Übungsheft für jede Zahl eine Tabelle mit Teilern und Gegenteilern an.**
Beispiel: $198 = 2 \cdot 3 \cdot 3 \cdot 11$; $T_{198} = \{1; 2; 3; 6; 9; 11; 18; 22; 33; 66; 99; 198\}$

Teiler	1	2	3	6 $= 2 \cdot 3$	9 $= 3 \cdot 3$	11
Gegenteiler	198	99 $= 3 \cdot 3 \cdot 11$	66 $= 2 \cdot 3 \cdot 11$	33 $= 3 \cdot 11$	22 $= 2 \cdot 11$	18 $= 2 \cdot 3 \cdot 3$

a) 30 =

$T_{30} =$ { }

b) 70 =

$T_{70} =$ { }

c) 147 =

$T_{147} =$ { }

d) 220 =

$T_{220} =$ { }

e) 315 =

$T_{315} =$ { }

ÜBUNG 12 **Berechne in deinem Übungsheft.**

a) Wie viele Teiler hat eine Zahl, die aus zwei verschiedenen Primfaktoren besteht (z. B. $10 = 2 \cdot 5$)?
b) Wie viele Teiler hat eine Zahl, die aus drei verschiedenen Primfaktoren besteht (z. B. $30 = 2 \cdot 3 \cdot 5$)?
c) Wie viele Teiler hat eine Zahl, die aus drei Primfaktoren besteht, die nicht alle verschieden sind (z. B. $18 = 2 \cdot 3 \cdot 3$)?

ÜBUNG 13 **Der im 18. Jahrhundert lebende Mathematiker Christian Goldbach vermutete, dass sich jede gerade natürliche Zahl als Summe zweier Primzahlen schreiben lässt. Auch wenn seine Behauptung bislang nicht eindeutig bewiesen ist, hat man bis heute kein Gegenbeispiel gefunden.**

a) Schreibe jede gerade Zahl von 4 bis 30 als Summe zweier Primzahlen.
b) Zeige an Beispielen, dass die goldbachsche Vermutung für ungerade Zahlen nicht gilt. Finde Beispiele dafür, dass man sie aber als Summe von drei Primzahlen schreiben kann.

7.3 Gemeinsame Teiler und Vielfache

Gemeinsame Vielfache

Ist a ein Teiler von b, dann ist b ein **Vielfaches** von a.
Die Vielfachen einer Zahl fasst man in der **Vielfachenmenge** zusammen. Diese Menge hat unendlich viele Elemente.

5 ist ein Teiler von 65, also ist 65 ein Vielfaches von 5 ($65 = 13 \cdot 5$).
67 ist kein Vielfaches von 5, weil die Division nicht aufgeht ($67 : 5 = 13$ Rest 2).
Die Vielfachenmenge von 5 ist
$V_5 = \{5; 10; 15; 20; 25; 30; 35; 40; 45; ...\}$.

In der Vielfachenmenge einer Zahl x können auch Zahlen vorkommen, die ebenfalls in der Vielfachenmenge einer anderen Zahl y enthalten sind.
Zahlen, die in beiden Vielfachenmengen vorkommen, heißen gemeinsame Vielfache von x und y. Das **kleinste gemeinsame Vielfache (kgV)** ist das kleinste Vielfache, dass in beiden Vielfachenmengen vorkommt.

Vergleiche die Vielfachenmengen von 6 und 9:
$V_6 = \{6; 12; \mathbf{18}; 24; 30; \mathbf{36}; 42; 48; \mathbf{54}; 60; ...\}$
$V_9 = \{9; \mathbf{18}; 27; \mathbf{36}; 45; \mathbf{54}; 63; \mathbf{72}; 81; ...\}$
Die Elemente 18; 36; 54; 72; ... sind gemeinsame Vielfache der Zahlen 6 und 9.
Die Zahl **18** ist das *kleinste gemeinsame Vielfache*.
Man schreibt: kgV (6; 9) = 18.

So bestimmt man das **kgV zweier Zahlen** mittels Primfaktorzerlegung:
- Multipliziere die **höchsten Potenzen aller vorkommenden** Primfaktoren;
- Primfaktoren, die in beiden Zahlen enthalten sind, werden nur einmal verwendet.

$$60 = \mathbf{2^2} \cdot 3 \cdot \mathbf{5}$$
$$18 = 2 \cdot \mathbf{3^2}$$
$$\text{kgV}(18; 60) = 2^2 \cdot 3^2 \cdot 5 = 180$$

Gemeinsame Teiler

In der Teilermenge einer Zahl x können auch Zahlen vorkommen, die ebenfalls in der Teilermenge einer anderen Zahl y enthalten sind.
Zahlen, die in beiden Teilermengen vorkommen, heißen gemeinsame Teiler von x und y. Der **größte gemeinsame Teiler (ggT)** ist der größte Teiler, der in beiden Teilermengen vorkommt.

Vergleiche die Teilermengen von 60 und 90:
$T_{60} = \{\mathbf{1}; \mathbf{2}; \mathbf{3}; 4; \mathbf{5}; \mathbf{6}; \mathbf{10}; 12; \mathbf{15}; 20; \mathbf{30}; 60\}$
$T_{90} = \{\mathbf{1}; \mathbf{2}; \mathbf{3}; \mathbf{5}; \mathbf{6}; 9; \mathbf{10}; \mathbf{15}; 18; \mathbf{30}; 45; 90\}$
Die Elemente 1; 2; 3; 5; 6; 10; 15 und 30 sind gemeinsame Teiler der Zahlen 60 und 90. Die Zahl **30** ist der *größte gemeinsame Teiler*.
Man schreibt: ggT (60; 90) = 30.

So bestimmt man den **ggT zweier Zahlen** mittels Primfaktorzerlegung: Multipliziere alle Primfaktoren, die **in beiden Zerlegungen gleichzeitig** vorkommen.

$$216 = \mathbf{2} \cdot 2 \cdot 2 \cdot \mathbf{3} \cdot \mathbf{3} \cdot 3$$
$$126 = \mathbf{2} \cdot \mathbf{3} \cdot \mathbf{3} \cdot 7$$
$$\text{ggT}(126; 216) = 2 \cdot 3^2 = 18$$

ÜBUNG 14 **Ermittle die Vielfachenmengen und bestimme jeweils drei gemeinsame Vielfache der Zahlen. Welches ist das kleinste gemeinsame Vielfache (kgV)?**

a) 6; 8 b) 3; 15 c) 12; 18; 21 d) 9; 12; 18 e) 10; 15; 25 f) 6; 14; 21

WISSEN

Teilerfremde Zahlen
Zwei Zahlen, die (außer 1) keine gemeinsamen Teiler haben, bezeichnet man als **teilerfremd**.
Der ggT teilerfremder Zahlen ist 1.

$21 = 3 \cdot 7$ und $110 = 2 \cdot 5 \cdot 11$ haben keine gemeinsamen Teiler und sind daher teilerfremd.
ggT (21; 110) = 1

ÜBUNG 15 **Ermittle die Teilermengen und bestimme jeweils die gemeinsamen Teiler der Zahlen. Welches ist der größte gemeinsame Teiler (ggT)?**

a) 8; 15 b) 3; 15 c) 12; 18; 30 d) 24; 40; 56 e) 55; 22; 60 f) 90; 70; 63

ÜBUNG 16 **Bestimme das kgV durch Primfaktorzerlegung.**

a) kgV (48; 108) b) kgV (20; 162) c) kgV (75; 95)
d) kgV (125; 325) e) kgV (10; 15; 18) f) kgV (32; 45; 50)

WISSEN

Schnelle kgV-Bestimmung
Bei vielen Zahlenpaaren lässt sich das kgV sehr schnell bestimmen, indem man von der **größeren** Zahl nacheinander die Vielfachen bildet und nachprüft, ob diese Vielfachen durch die kleinere Zahl teilbar sind.
Das erspart die aufwendige Primfaktorzerlegung, ist aber nur bei einfachen Divisionen praktikabel.

Gesucht ist das kgV von 18 und 60.
Bilde die Vielfachen von 60 und prüfe, ob sie durch 18 teilbar sind:

60 ist nicht durch 18 teilbar.
120 ist nicht durch 18 teilbar.
180 ist durch 18 teilbar:
$180 = 10 \cdot 18 \Rightarrow$ kgV (18; 60) = 180.

ÜBUNG 17 **Bestimme das kgV durch die oben beschriebene Bildung der Vielfachen der größeren Zahl.**

a) kgV (60; 75) b) kgV (40; 32) c) kgV (20; 55)
d) kgV (120; 100) e) kgV (180; 240) f) kgV (600; 450)

ÜBUNG 18 **Bestimme den ggT durch Primfaktorzerlegung.**

a) ggT (28; 126) b) ggT (510; 570) c) ggT (28; 84; 140)
d) ggT (78; 156; 208) e) ggT (18; 72; 192; 210) f) ggT (66; 132; 165; 363)

ÜBUNG 19 **Bearbeite in deinem Übungsheft.**

a) Vater und Sohn gehen nebeneinander. Während der Vater eine Schrittlänge von 70 cm hat, kann sein Sohn nur 40 cm lange Schritte machen. Nach wie vielen Schritten befinden sich ihre Füße wieder auf gleicher Höhe?
b) Von zwei 2 m langen Stangen wird die eine in 25 cm lange Stücke und die andere in 20 cm lange Stücke zersägt. Wo gibt es gemeinsame Schnittstellen?

ÜBUNG 20 **Der Fußboden eines Zimmers, das 350 cm breit und 490 cm lang ist, soll mit quadratischen Teppichfliesen ausgelegt werden. Es darf kein Rest übrig bleiben! Im Baumarkt gibt es Teppichfliesen mit 30 cm, 35 cm, 40 cm, 45 cm und mit 50 cm Kantenlänge.**

a) Welche Kantenlänge kommt für das Zimmer infrage?
b) Welche Kantenlänge kommt infrage, wenn das Zimmer 500 cm lang ist?

WISSEN +

Bestimmen des ggT mit dem euklidischen Algorithmus

Bei großen Zahlen ist die Primfaktorzerlegung oft aufwendig. Hier kann man den ggT durch Differenzbildung errechnen:

- Bilde **immer die Differenz der beiden kleineren Zahlen**!
- Die letzte Differenz, die ungleich null ist, ist gleich dem ggT.

Grundlage des von Euklid entwickelten Verfahrens ist die Tatsache, dass ein gemeinsamer Teiler zweier Zahlen auch Teiler der Differenz sein muss.

Gesucht: ggT (3240; 2520)

3240 − 2520 = 720
2520 − 720 = 1800
1800 − 720 = 1080
1080 − 720 = 360
720 − 360 = 360
360 − 360 = 0
⇒ ggT (3240; 2520) = 360

ÜBUNG 21 **Bestimme den ggT mithilfe des euklidischen Algorithmus.**

a) ggT (4895; 4235) b) ggT (1332; 1628)
c) ggT (3283; 2499) d) ggT (3795; 4455)

Klassenarbeit 1

45 Minuten

AUFGABE 1 **Schreibe die Vielfachenmenge aller Vielfachen von 16 auf, die kleiner als 100 sind.**

AUFGABE 2 **Untersuche durch Anwendung der Teilbarkeitsregeln, ob die Zahl 77 304 durch die Zahlen 3, 4, 5, 6, 8, 9, 10 teilbar ist. Wende für jede Untersuchung die entsprechende Regel an und schreibe einen kurzen Begründungssatz.**
Beispiel: 2|77 304, da die letzte Ziffer 4 durch 2 teilbar ist.

AUFGABE 3 **Sind die folgenden Aussagen wahr oder falsch? Prüfe ohne Berechnen der Differenzen und Summen.**

a) 38 ist Teiler von 3800 – 190
b) 45 ist Teiler von 90 + 450
c) 31 ist Teiler von 620 + 95

AUFGABE 4 **Bestimme zunächst die Primfaktorzerlegung von 126 und ermittle anschließend mit ihrer Hilfe die Teilermenge der Zahl 126.**

AUFGABE 5 **Bestimme den ggT jeweils mithilfe der Primfaktorzerlegung.**

a) ggT (70; 105) b) ggT (132; 308)

AUFGABE 6 **Bestimme das kgV jeweils mithilfe der Primfaktorzerlegung.**

a) kgV (28; 44) b) kgV (60; 175)

AUFGABE 7 **Bestimme den ggT und das kgV der drei angegebenen Zahlen in Potenzschreibweise (ggT und kgV brauchen also nicht ausgerechnet zu werden).**

$4\,869\,228 = 2^2 \cdot 3 \cdot 7^4 \cdot 13^2$

$5\,093\,550 = 2 \cdot 3^3 \cdot 5^2 \cdot 7^3 \cdot 11$

$2\,347\,884 = 2^2 \cdot 3^2 \cdot 7^2 \cdot 11^3$

Klassenarbeit 2

60 Minuten

AUFGABE 8 **Ist die Zahl ein Vielfaches von 3?**

a) 3 b) 12 c) 568 d) 3 042 051
e) 55 555 555 555 555 555 555 555 555 555 555 555 555 555

AUFGABE 9 **Welche der Zahlen sind durch 4 teilbar? Notiere mit den entsprechenden Zeichen für „ist Teiler von“ und „ist nicht Teiler von“.**

24; 63; 88; 184; 186; 46 131; 745 278 001 762 324

AUFGABE 10 **Bestimme jeweils den ggT und das kgV …**

a) von 24 und 36 b) von 36, 60 und 84

AUFGABE 11 **Bestimme mithilfe des Differenzverfahrens den ggT (66; 78).**

AUFGABE 12 **Der euklidische Algorithmus aus einer anderen Sicht.**

a) Bestimme den ggT (209; 152), indem du in dem abgebildeten Schema von Quadraten die entsprechenden Seitenlängen ergänzt.
b) Bestimme den ggT nun mithilfe des euklidischen Algorithmus und vergleiche mit der Zeichnung aus Teilaufgabe a).

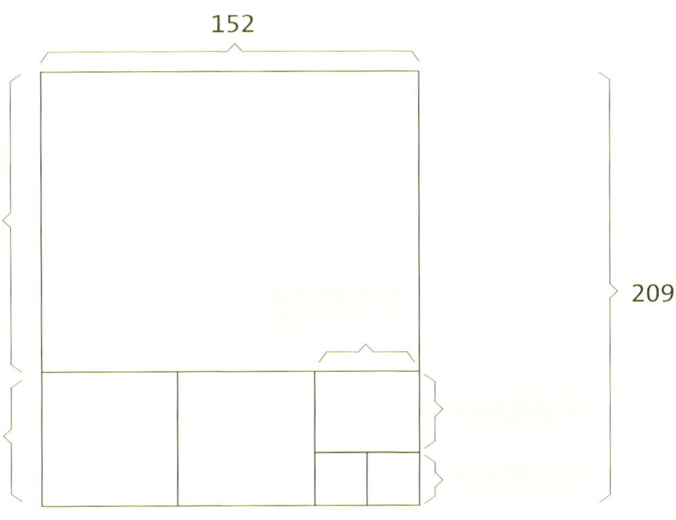

TESTEN

AUFGABE 13 **Welche der Zahlen sind Teiler von 196?**

2; 3; 4; 5; 14; 21; 28; 35; 49

AUFGABE 14 **Begründe jeweils mit einem vollständigen Satz, warum die beiden folgenden Mengen keine Teilermengen sind.**

a) {2, 3, 6} b) {1, 2, 3}

AUFGABE 15 **Vervollständige in deinem Übungsheft die beiden Teiler- bzw. Vielfachenmengen, indem du für jedes Kästchen die fehlenden Zahlen einsetzt!**

a) $T_{\square} = \{\square, 3, 7, \square\}$

b) $T_{\square} = \{\square, 2, \square, \square, 9, \square\}$

c) $V_{\square} = \{\square, \square, 24, \square, \square, 48, \square, \square, \ldots\}$

AUFGABE 16 **Löse die Aufgaben zur Primfaktorzerlegung.**

a) Bestimme die Primfaktorzerlegungen folgender Zahlen: 12; 54; 90.
b) Wie heißt die kleinste Zahl, die in ihrer Primfaktorzerlegung genau vier verschiedene Primfaktoren enthält?
c) Das Produkt $4 \cdot n$ stellt eine durch 4 teilbare Zahl dar. Gib hierfür zunächst drei Beispiele an, indem du für n jeweils eine natürliche Zahl wählst. Wie heißt die nach $4 \cdot n$ nächstgrößere durch 4 teilbare Zahl?

AUFGABE 17 **Löse die Sachaufgaben.**

a) In der Musik misst man das Tempo eines Stücks mit einem Metronom. Zwei Metronome stehen nebeneinander. Das erste tickt alle 3, das zweite alle 7 Zehntelsekunden. Wann hört man beide gleichzeitig?
b) Ein Zahnrad mit 15 Zähnen dreht ein anderes Zahnrad mit 24 Zähnen. Nach wie vielen Umdrehungen eines jeden Rades greifen wieder dieselben Zähne ineinander?

TESTEN

8 Brüche

8.1 Bruchteile

Ein **Bruch** steht für einen Anteil an einem Ganzen. Teilt man ein Ganzes in 2, 3, 4, 5 usw. **gleiche** Teile, so erhält man

2 Halbe ($\frac{2}{2}$), 3 Drittel ($\frac{3}{3}$)

4 Viertel ($\frac{4}{4}$), 5 Fünftel ($\frac{5}{5}$) usw.

$\frac{2}{2}$

$\frac{3}{3}$

$\frac{4}{4}$

$\frac{5}{5}$

Man unterscheidet bei einem Bruch **Zähler**, Bruchstrich und **Nenner**.

$\frac{5}{8}$ ↙ Zähler, ← Bruchstrich, ↖ Nenner

Der **Nenner** gibt an, in wie viele *gleich große Teile* das Ganze aufgeteilt wird. Der **Zähler** gibt an, *wie viele dieser Teile* vorhanden (bzw. gemeint) sind.

Der Bruch $\frac{5}{8}$ besagt, dass ein Ganzes in 8 Teile geteilt wurde und 5 von diesen Bruchteilen vorhanden sind.

$\frac{5}{8}$

Im Nenner eines Bruchs darf nie null stehen!
Ist der Zähler eines Bruchs null, so ist der ganze Bruch gleich null.

~~$\frac{6}{0}$~~ Null im Nenner ist verboten.

$\frac{0}{7} = 0$

Ein Ganzes kann einerseits ein einzelnes teilbares Gebilde (z. B. ein Kuchen, eine Tafel Schokolade, ein Meter usw.) sein; andererseits kann ein Ganzes auch aus mehreren (einzeln nicht teilbaren) Dingen bestehen (z. B. aus Personen).

Wie viel sind $\frac{3}{8}$ von 40 Personen?
Der Nenner besagt, dass das Ganze (also die 40 Personen) in 8 gleiche Teile (also zu je 5 Personen) geteilt wird. Der Zähler besagt, dass 3 von diesen Teilen, also $3 \cdot 5 = 15$ Personen, vorhanden sind.
$\frac{3}{8}$ von 40 Personen sind demnach 15 Personen.

ÜBUNG 1 **Bestimme jeweils den gefärbten Bruchteil.**

a)

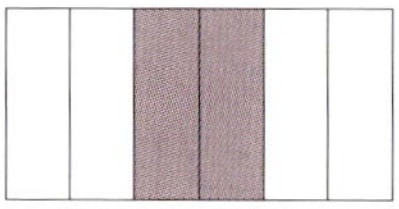

b)

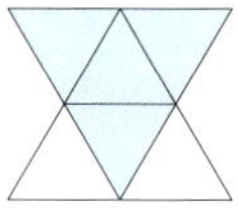

c)

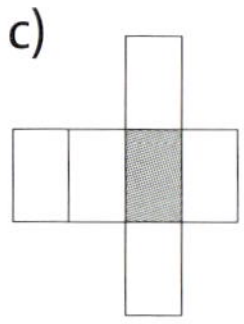

d)

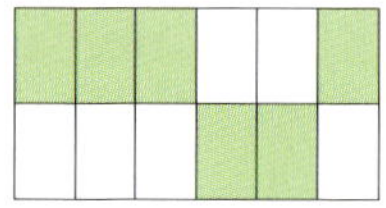

e)

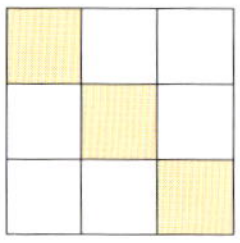

f)

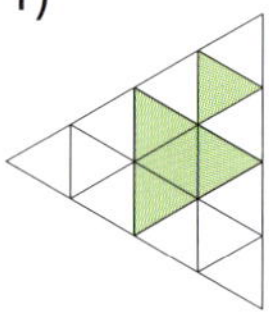

g)

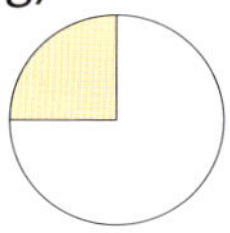

h)

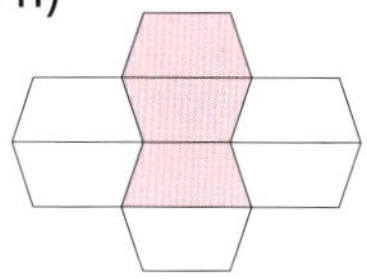

i)

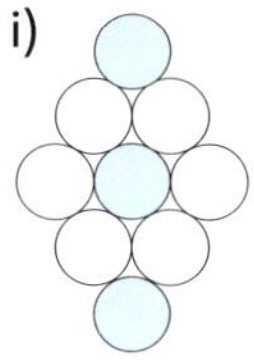

ÜBUNG 2 **Trage die Brüche auf dem Zahlenstrahl ein.**

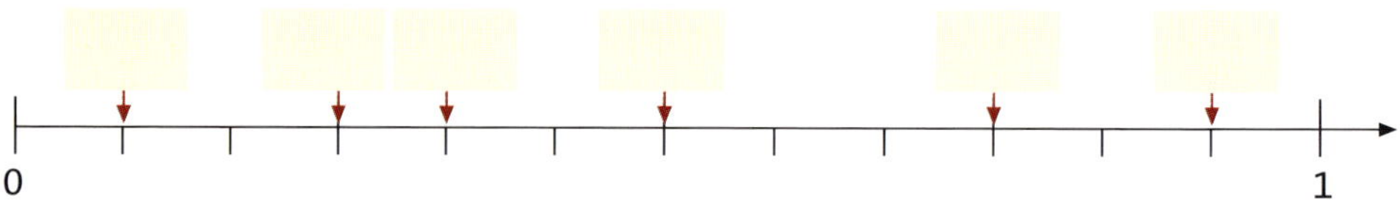

ÜBUNG 3 **Färbe immer den angegebenen Anteil.**

$\frac{5}{6}$

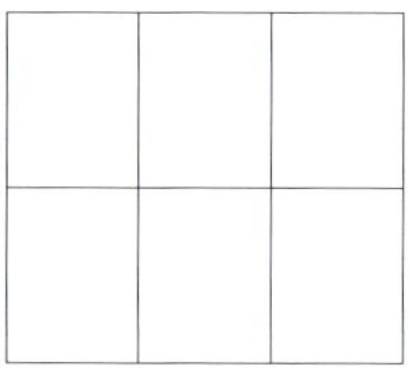

$\frac{2}{5}$

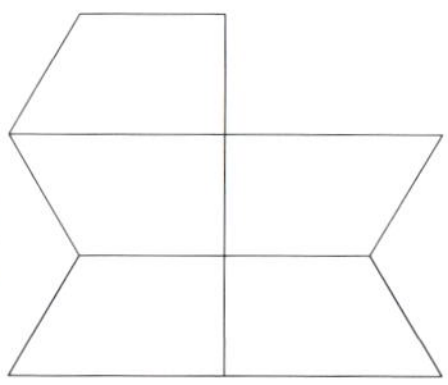

$\frac{4}{7}$

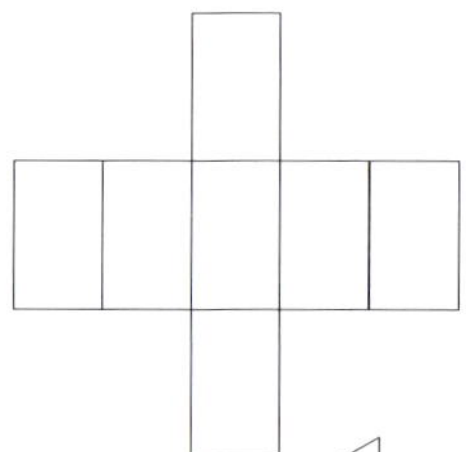

$\frac{7}{12}$

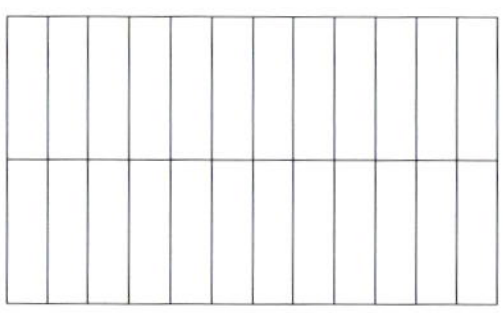

$\frac{9}{10}$

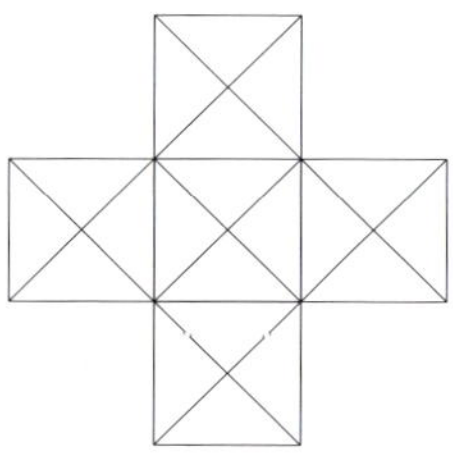

$\frac{11}{16}$

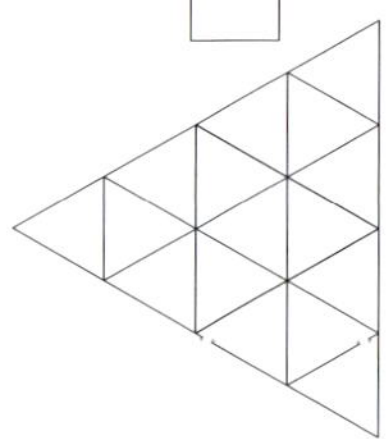

$\frac{3}{4}$

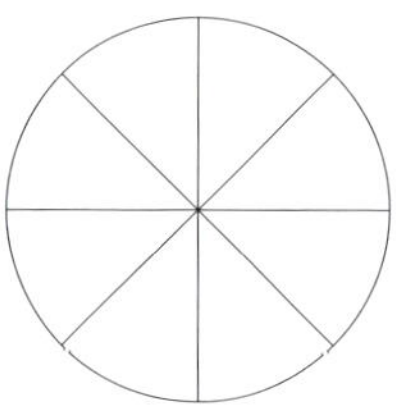

$\frac{3}{8}$

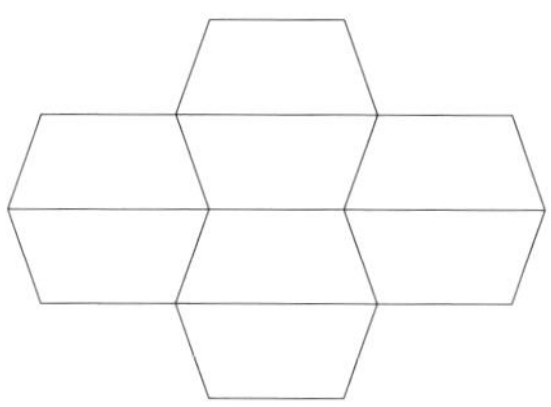

$\frac{2}{7}$

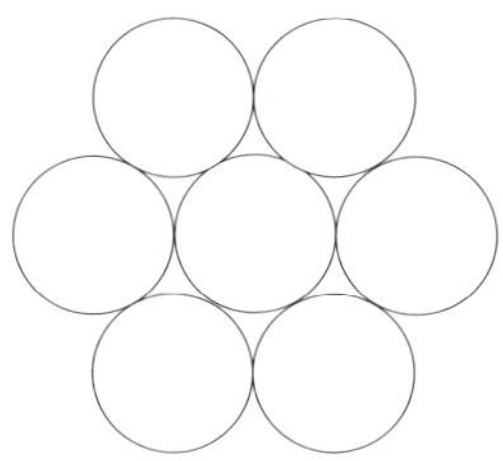

ÜBEN

ÜBUNG 4 Gib den Inhalt der Messbecher jeweils als Bruchteil von 1 Liter an.

a) b) c) d) e)

ÜBUNG 5 Gib den Anteil der Bälle an, die …

a) die Grundfarbe grün haben.
b) die Grundfarbe weiß haben.
c) ein Punktemuster haben.
d) ein Streifenmuster haben.
e) nicht mehr ganz rund sind.
f) rote Farbe enthalten.
g) gelbe Farbe enthalten.
h) keine violette Farbe enthalten.

ÜBUNG 6 Wie viel fehlt jeweils zu einem Ganzen?

a) $\frac{3}{4}$ b) $\frac{3}{7}$ c) $\frac{5}{11}$ d) $\frac{9}{25}$

e) $\frac{45}{117}$ f) $\frac{37}{91}$ g) $\frac{69}{125}$ h) $\frac{84}{193}$

ÜBUNG 7 Schreibe als Bruch.

a) 500 ml = ___ l
b) 250 g = ___ kg
c) 45 min = ___ h
d) 50 cm = ___ m
e) 5 mm = ___ cm
f) 125 ml = ___ l

ÜBEN

ÜBUNG 8 **Bestimme immer die Anzahl, die dem angegebenen Bruch entspricht.**

Beispiel: $\frac{3}{4}$ von 20 Autos sind 15 Autos.

a) $\frac{1}{2}$ von 28 kg

b) $\frac{3}{4}$ von 12 m

c) $\frac{7}{9}$ von 27 Kindern

d) $\frac{8}{15}$ von 45 000 Zuschauern

e) $\frac{5}{6}$ von 24 Äpfeln

f) $\frac{13}{20}$ von 60 min

ÜBUNG 9 **Schreibe die Geschichte ohne Brüche in dein Übungsheft.**

Die 30 Schüler der Klasse 5b machen einen Fahrradausflug. Natürlich kommt $\frac{1}{10}$ von ihnen $\frac{1}{4}$ Stunde zu spät. Nachdem sie $\frac{3}{8}$ der 32 km langen Strecke zurückgelegt haben, verlangen bereits $\frac{4}{5}$ der Schüler eine Pause. Die Lehrerin verspricht, dass nur noch $\frac{3}{16}$ der Strecke bewältigt werden müssen, bis sie zu einem Gasthof kommen. Dort angekommen, gibt Markus direkt $\frac{5}{6}$ von seinen 12 € Taschengeld aus, um sich ordentlich zu stärken. Wie unvernünftig, denn immerhin liegen noch $\frac{7}{16}$ der Strecke vor ihnen!

WISSEN +

Echte und unechte Brüche
Ist bei einem Bruch der Zähler kleiner als der Nenner, so heißt der Bruch **echter Bruch.**
Ist der Zähler größer oder gleich dem Nenner, so ist der beschriebene Bruchteil ein Ganzes oder größer. Ein solcher Bruch heißt **unechter Bruch.**

Rot eingefärbt sind 3 Hälften. Der dargestellte unechte Bruch ist also $\frac{3}{2}$.

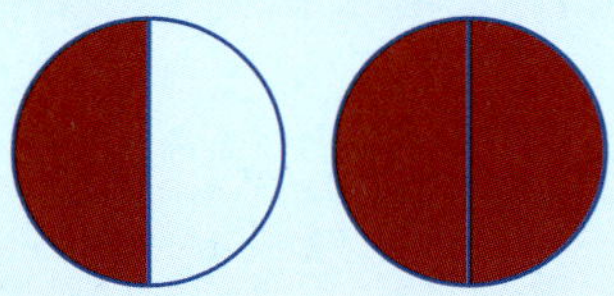

ÜBUNG 10 **Drücke die angegebene Größe jeweils als unechten Bruch aus.**

a) 90 Minuten = ______ h

b) 2500 g = ______ kg

c) 75 Sekunden = ______ min

d) 1750 ml = ______ l

e) 2125 kg = ______ t

f) 120 min = ______ h

8.2 Brüche kürzen, erweitern und vergleichen

Ein Bruch ist umso größer, je weiter rechts er auf dem Zahlenstrahl steht.

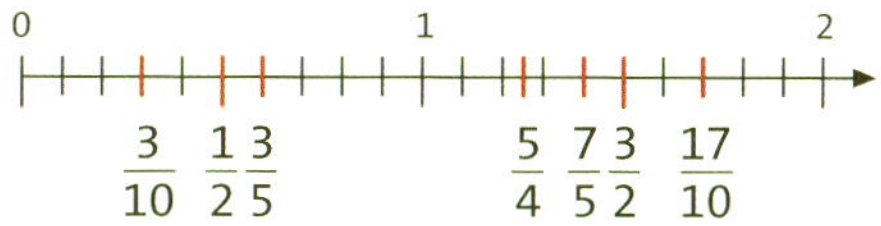

Zwei Brüche kann man **vergleichen**, wenn sie denselben Zähler oder denselben Nenner haben. Es gilt:

- Von zwei Brüchen mit gleichem Zähler ist derjenige größer, der den kleineren Nenner hat.
- Von zwei Brüchen mit gleichem Nenner ist derjenige größer, der den größeren Zähler hat.

Gleicher Zähler: $\frac{7}{10} < \frac{7}{8} < \frac{7}{2}$

Gleicher Nenner: $\frac{3}{10} < \frac{5}{10} < \frac{10}{10}$

Brüche mit **gleichem Nenner** heißen **gleichnamig**.
Brüche mit verschiedenen Nennern heißen **ungleichnamig**.

$\frac{1}{8}$, $\frac{3}{8}$ und $\frac{7}{8}$ sind *gleichnamig*.

$\frac{3}{8}$ und $\frac{3}{7}$ sind *ungleichnamig*.

Beschreiben zwei verschiedene Brüche denselben Wert, so kann man sie durch **Erweitern** oder **Kürzen** ineinander umwandeln.

$\frac{1}{2}$, $\frac{2}{4}$, $\frac{4}{8}$

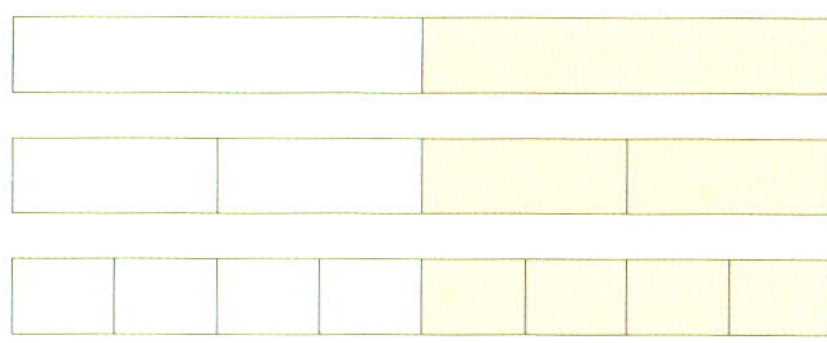

Beim **Erweitern** werden Zähler und Nenner mit derselben Zahl multipliziert. Der Wert des Bruchs ändert sich dadurch nicht.
Beim **Kürzen** werden Zähler und Nenner durch dieselbe Zahl dividiert. Der Wert des Bruchs ändert sich dadurch nicht.

Gleich große Anteile sind jeweils gleich gefärbt. Man erkennt: $\frac{1}{2} = \frac{2}{4} = \frac{4}{8}$.

Erweitern von $\frac{1}{2}$ mit 2: $\frac{1}{2} = \frac{1 \cdot 2}{2 \cdot 2} = \frac{2}{4}$

Kürzen von $\frac{4}{8}$ mit 2: $\frac{4}{8} = \frac{4 : 2}{8 : 2} = \frac{2}{4}$

Zwei ungleichnamige Brüche kann man immer auf einen **gemeinsamen Nenner** erweitern.
Man sagt: *gleichnamig machen*.
Die gleichnamigen Brüche können einfach verglichen werden.

Vergleiche $\frac{3}{4}$ und $\frac{5}{6}$ miteinander.

Erweitere $\frac{3}{4}$ mit 3 und $\frac{5}{6}$ mit 2:

$\frac{3}{4} = \frac{9}{12}$ und $\frac{5}{6} = \frac{10}{12}$. Die Nenner sind gleich.

Man erkennt sofort:

$\frac{9}{12} < \frac{10}{12}$, also $\frac{3}{4} < \frac{5}{6}$.

ÜBUNG 11 Bringe die Brüche in die richtige Reihenfolge.
Verwende das Zeichen < („kleiner als").

a) $\frac{25}{4}; \frac{7}{4}; \frac{11}{4}; \frac{4}{4}; \frac{23}{4}; \frac{37}{4}; \frac{2}{4}$

b) $\frac{15}{9}; \frac{15}{24}; \frac{15}{41}; \frac{15}{4}; \frac{15}{56}; \frac{15}{144}; \frac{15}{67}$

c) $\frac{27}{113}; \frac{117}{113}; \frac{101}{113}; \frac{402}{113}; \frac{23}{113}; \frac{97}{113}; \frac{13}{113}$

d) $\frac{7}{4}; \frac{7}{12}; \frac{7}{1}; \frac{7}{7}; \frac{7}{13}; \frac{7}{32}; \frac{7}{66}$

ÜBUNG 12 In jeder Reihe sollen nur gleichwertige Brüche stehen. Finde heraus, mit welcher Zahl gekürzt oder erweitert wurde und welcher Bruch nicht in die Reihe gehört.

a) $\frac{12}{48}; \frac{3}{12}; \frac{1}{4}; \frac{6}{25}; \frac{24}{96}$

b) $\frac{18}{12}; \frac{6}{4}; \frac{35}{24}; \frac{9}{6}; \frac{54}{36}$

c) $\frac{6}{10}; \frac{18}{30}; \frac{3}{5}; \frac{12}{20}; \frac{2}{5}$

d) $\frac{15}{20}; \frac{8}{10}; \frac{3}{4}; \frac{30}{40}; \frac{135}{180}$

ÜBUNG 13 Ergänze den fehlenden Zähler oder Nenner jeweils durch Erweitern des Bruches. Gib auch den Faktor an, mit dem erweitert wurde.

a) $\frac{3}{5} = \frac{}{10}$

b) $\frac{6}{7} = \frac{}{21}$

c) $\frac{13}{14} = \frac{}{20}$

d) $\frac{9}{4} = \frac{27}{}$

e) $\frac{8}{5} = \frac{48}{}$

f) $\frac{3}{14} = \frac{9}{}$

g) $\frac{18}{11} = \frac{}{110}$

h) $\frac{15}{2} = \frac{}{30}$

i) $\frac{1}{50} = \frac{}{700}$

j) $\frac{7}{10} = \frac{91}{}$

k) $\frac{16}{3} = \frac{176}{}$

l) $\frac{17}{4} = \frac{357}{}$

m) $\frac{7}{6} = \frac{}{336}$

n) $\frac{5}{19} = \frac{}{114}$

o) $\frac{18}{15} = \frac{90}{}$

WISSEN

Vollständiges Kürzen

Ein Bruch heißt **vollständig gekürzt**, wenn Zähler und Nenner **teilerfremd** (↑ Kap. 7.3) sind.
Um einen Bruch vollständig zu kürzen, muss man ihn mit dem ggT von Zähler und Nenner kürzen.
Man sagt auch: „Ein Bruch ist in seiner **Grundform** angegeben“, wenn Zähler und Nenner teilerfremd sind.

$\frac{24}{60} = \frac{12}{30} = \frac{6}{15} = \frac{2}{5}$

Der letzte Bruch ist vollständig gekürzt. Schneller geht es durch Kürzen mit dem ggT: ggT (24; 60) = 12. Man erhält direkt

$\frac{24}{60} = \frac{2}{5}$.

ÜBUNG 14 Kürze die Brüche vollständig. Schreibe in dein Übungsheft.

a) $\frac{10}{15}; \frac{21}{17}; \frac{12}{8}$

b) $\frac{16}{24}; \frac{22}{33}; \frac{25}{30}$

c) $\frac{28}{21}; \frac{150}{30}; \frac{80}{60}$

d) $\frac{45}{27}; \frac{48}{36}; \frac{64}{40}$

ÜBUNG 15 Kürze oder erweitere die unten stehenden Brüche so, dass sie den gemeinsamen Nenner 20 haben. Markiere die Brüche anschließend auf dem Zahlenstrahl.

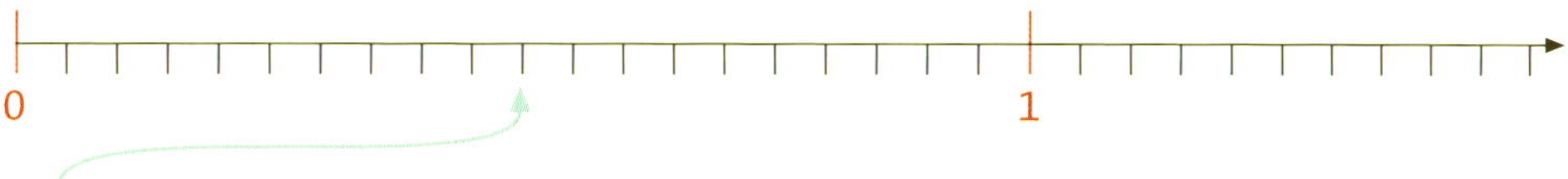

$\frac{10}{20}$

$\frac{1}{2}$ | $\frac{3}{10}$ | $\frac{1}{4}$ | $\frac{2}{5}$ | $\frac{9}{20}$ | $\frac{2}{2}$ | $\frac{4}{5}$ | $\frac{6}{10}$ | $\frac{5}{4}$ | $\frac{17}{20}$ | $\frac{3}{2}$ | $\frac{14}{10}$

ÜBUNG 16 Kürze oder erweitere die beiden Brüche jeweils so, dass sie entweder denselben Zähler haben oder gleichnamig sind. Vergleiche sie anschließend und schreibe < („kleiner als“), > („größer als“) oder = („gleich“) zwischen die Brüche.

a) $\frac{5}{7}$ ☐ $\frac{6}{8}$

b) $\frac{3}{4}$ ☐ $\frac{27}{36}$

c) $\frac{5}{4}$ ☐ $\frac{11}{9}$

d) $\frac{3}{12}$ ☐ $\frac{5}{8}$

e) $\frac{6}{35}$ ☐ $\frac{3}{17}$

f) $\frac{15}{24}$ ☐ $\frac{7}{16}$

g) $\frac{3}{16}$ ☐ $\frac{2}{11}$

h) $\frac{9}{4}$ ☐ $\frac{18}{8}$

i) $\frac{3}{10}$ ☐ $\frac{2}{15}$

8.3 Brüche addieren und subtrahieren

Gleichnamige Brüche werden **addiert**, indem man die Zähler addiert und den gemeinsamen Nenner beibehält.

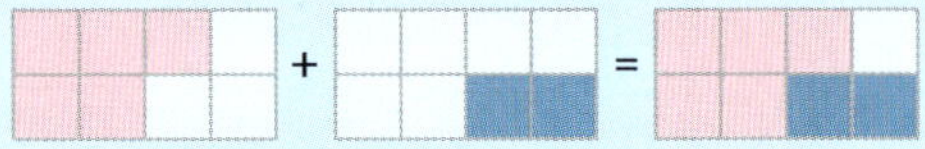

$$\frac{5}{8} + \frac{2}{8} = \frac{7}{8}$$

Gleichnamige Brüche werden **subtrahiert**, indem man die Zähler subtrahiert und den gemeinsamen Nenner beibehält.

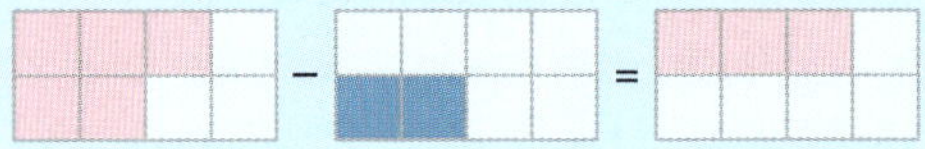

$$\frac{5}{8} - \frac{2}{8} = \frac{3}{8}$$

Um **ungleichnamige** Brüche zu addieren oder zu subtrahieren, muss man sie zuerst gleichnamig machen. Dies geschieht durch geeignetes Erweitern der Brüche. Als gemeinsamen Nenner wählt man dazu das kgV (↑ Kap. 7.3) der beiden Nenner. Dieser kleinste gemeinsame Nenner heißt **Hauptnenner**.

$\frac{1}{3} + \frac{1}{4}$ sollen addiert werden. kgV (3; 4) = 12, der Hauptnenner ist also 12.

Erweitere zunächst auf den Hauptnenner 12.

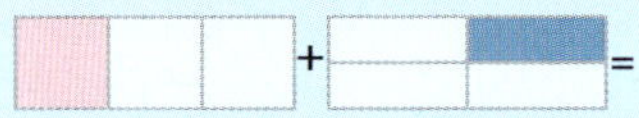

$$\frac{1}{3} + \frac{1}{4}$$

$$\frac{4}{12} + \frac{3}{12} = \frac{7}{12}$$

Das Addieren und Subtrahieren zweier Brüche läuft nach folgendem Schema ab:

Berechne $\frac{7}{8} - \frac{5}{6}$.

1. Bestimme das kgV der beiden Nenner.

kgV (8, 6) = 24

2. Erweitere beide Brüche auf den Hauptnenner (das bereits berechnete kgV).

Erweitere $\frac{7}{8}$ mit 3 und $\frac{5}{6}$ mit 4:

$\frac{7}{8} = \frac{21}{24}$; $\frac{5}{6} = \frac{20}{24}$

3. Addiere (bzw. subtrahiere) die beiden Zähler und behalte den Hauptnenner bei.

Subtrahieren der Zähler ergibt:

$\frac{7}{8} - \frac{5}{6} = \frac{21}{24} - \frac{20}{24} = \frac{1}{24}$

ÜBUNG 17 Addiere bzw. subtrahiere die gleichnamigen Brüche. Schreibe in dein Übungsheft.

a) $\frac{5}{8}+\frac{6}{8}$ b) $\frac{7}{16}-\frac{7}{16}$ c) $\frac{25}{9}-\frac{11}{9}$ d) $\frac{13}{4}+\frac{11}{4}$

e) $\frac{36}{7}-\frac{29}{7}$ f) $\frac{47}{54}+\frac{21}{54}$ g) $\frac{89}{104}+\frac{8}{104}$ h) $\frac{234}{457}-\frac{161}{457}$

ÜBUNG 18 Welche Rechnung ist jeweils bildlich dargestellt? Finde die passenden Brüche und bestimme zeichnerisch das Ergebnis der Rechnung.

ÜBUNG 19 Finde jeweils den Hauptnenner der beiden Brüche und mache sie gleichnamig.

a) $\frac{5}{4}; \frac{6}{8}$ b) $\frac{1}{6}; \frac{7}{36}$

c) $\frac{5}{4}; \frac{10}{9}$ d) $\frac{3}{12}; \frac{5}{8}$

e) $\frac{6}{15}; \frac{3}{20}$ f) $\frac{1}{24}; \frac{3}{16}$

ÜBUNG 20 **Addiere die Brüche aus Übung 19 und kürze das Ergebnis soweit wie möglich.**

ÜBUNG 21 **Addiere bzw. subtrahiere die ungleichnamigen Brüche.**

a) $\frac{5}{16} + \frac{7}{8}$ b) $\frac{9}{4} - \frac{7}{20}$ c) $\frac{25}{18} - \frac{11}{12}$ d) $\frac{1}{24} + \frac{11}{16}$

e) $\frac{9}{7} - \frac{7}{9}$ f) $\frac{11}{27} + \frac{20}{18}$ g) $\frac{9}{140} + \frac{13}{42}$ h) $\frac{30}{45} - \frac{15}{55}$

ÜBUNG 22 **Berechne in deinem Übungsheft.**

a) Die Schüler der Klasse 5b kommen von unterschiedlichen Grundschulen. $\frac{1}{4}$ der Klasse besuchte die Ketteler-Schule, $\frac{3}{8}$ gingen zur Eichendorff-Schule und $\frac{1}{6}$ war zuvor auf der Marienschule. Die restlichen Schüler besuchten andere Grundschulen. Wie groß ist ihr Anteil?

b) Für den Kindergeburtstag hat Frau Neumann rote, grüne und gelbe Luftballons eingekauft. Die Hälfte der Ballons ist rot, $\frac{3}{8}$ der Ballons sind grün. Außerdem hat Frau Neumann 4 gelbe Ballons eingekauft. Wie viele Ballons sind es insgesamt?

c) Gerd gibt $\frac{2}{3}$ seines Taschengeldes für einen neuen Fußball aus. $\frac{1}{4}$ des Taschengeldes kostet der anschließende Kinobesuch. Jetzt bleiben ihm noch 2 Euro. Wie viel Taschengeld hat er bekommen?

ÜBUNG 23 **In einem Zauberquadrat ist die Summe der Zahlen in den Zeilen, Spalten und Diagonalen immer gleich groß. Ergänze die fehlenden Stellen in den Zauberquadraten.**

a)

		$\frac{2}{3}$
$\frac{5}{6}$	$\frac{7}{6}$	
$\frac{5}{3}$		

b)

		$\frac{7}{6}$
	$\frac{4}{3}$	
$\frac{3}{2}$	$\frac{2}{3}$	

c)

$\frac{4}{5}$	$\frac{1}{10}$	$\frac{3}{5}$
	$\frac{1}{2}$	

Klassenarbeit 1

60 Minuten

AUFGABE 1 Ein Kuchen wird in 12 gleiche Teile zerschnitten. Wie viele Kuchenstücke entsprechen den folgenden Anteilen?

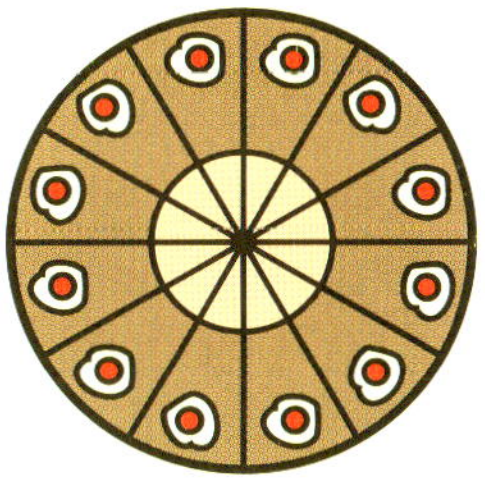

a) $\frac{1}{2}$ Torte b) $\frac{1}{3}$ Torte c) $\frac{3}{4}$ Torte

d) $\frac{5}{6}$ Torte e) $\frac{7}{12}$ Torte f) $\frac{2}{3}$ Torte

AUFGABE 2 Gib den gefärbten Anteil jeweils als Bruch an. Wie groß ist der nicht gefärbte Anteil?

AUFGABE 3 Markiere folgende Brüche auf einem geeigneten Zahlenstrahl.

$\frac{4}{6}; \frac{1}{3}; \frac{3}{4}; \frac{7}{12}; \frac{1}{2}; \frac{7}{6}$

AUFGABE 4 Kürze jeweils vollständig.

a) $\frac{90}{60}$ = ____ b) $\frac{128}{48}$ = ____ c) $\frac{63}{108}$ = ____

AUFGABE 5 Ergänze die fehlenden Zahlen.

a) $\frac{4}{5} = \frac{}{15}$ b) $\frac{7}{8} = \frac{56}{}$ c) $\frac{10}{23} = \frac{}{184}$

TESTEN

AUFGABE 6 **Ergänze die fehlenden Zahlen.**

a) 6 kg sind $\frac{1}{\square}$ von 30 kg. b) 20 m sind $\frac{\square}{\square}$ von 80 m.

c) 20 min sind $\frac{1}{12}$ von ______. d) 6 cm sind $\frac{\square}{\square}$ von 9 cm.

d) ______ sind $\frac{4}{5}$ von 60 t. f) ______ sind $\frac{3}{8}$ von 48 Eiern.

AUFGABE 7 **Berechne jeweils den Wert des Terms.**

a) $\frac{9}{5} + \frac{7}{8} =$ ______

b) $\frac{15}{9} - \frac{11}{12} + \frac{7}{18} =$ ______

AUFGABE 8 **Färbe im abgebildeten Quadrat nacheinander ...**

a) $\frac{1}{4}$ der Fläche rot. b) $\frac{2}{9}$ der Fläche blau. c) $\frac{5}{12}$ der Fläche grün.

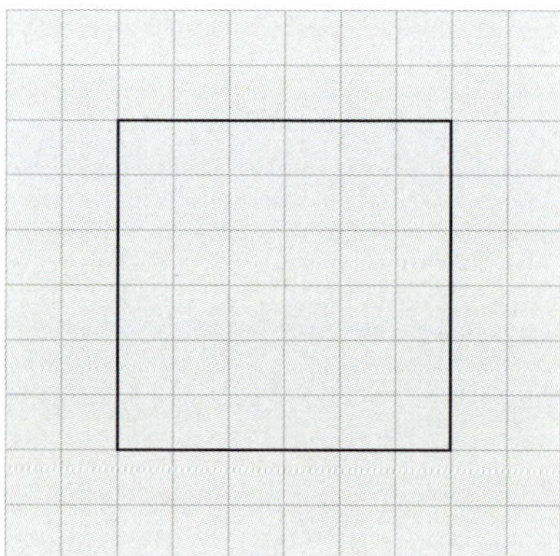

AUFGABE 9 **Jasmin mixt Milchshakes für ihre Sommerparty.**

a) Zu $\frac{6}{8}$ Liter Erdbeersaft mischt sie $\frac{9}{4}$ Liter Milch. Wie viel Liter Milchshake ergibt das insgesamt?

b) Wie viel Erdbeersaft und wie viel Milch müsste sie zusammenmixen, um 4 Liter Milchshake vom selben Mischungsverhältnis wie in a) zu bekommen?

Klassenarbeit 2

60 Minuten

AUFGABE 10 **Die drei Bilderfolgen stellen die Kürzung von Brüchen dar. Übertrage die Bilderfolgen jeweils in die Bruchschreibweise.**

a)

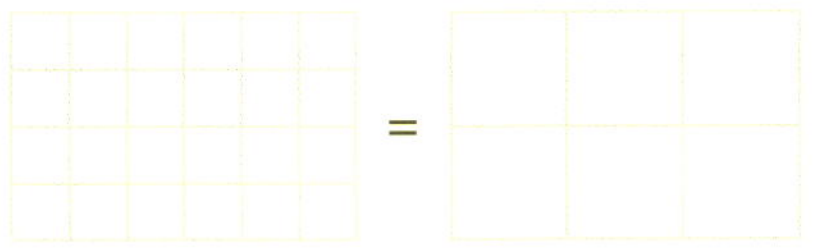

b)

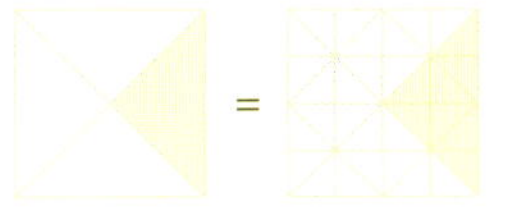

AUFGABE 11 **Notiere zu den Kreisanteilen den entsprechenden unechten Bruch.**

a)

b)

AUFGABE 12 **Zeichne ein Rechteck mit den Seitenlängen a = 6 cm und b = 3 cm.**

a) Färbe erst $\frac{1}{6}$ gelb. b) Färbe dann $\frac{5}{18}$ grün. c) Färbe dann $\frac{1}{2}$ rot.

d) Welcher Anteil der Rechteckfläche wurde noch nicht eingefärbt?

AUFGABE 13 **Welche Brüche sind durch Tintenkleckse verdeckt? Notiere vom kleinsten zum größten Bruch.**

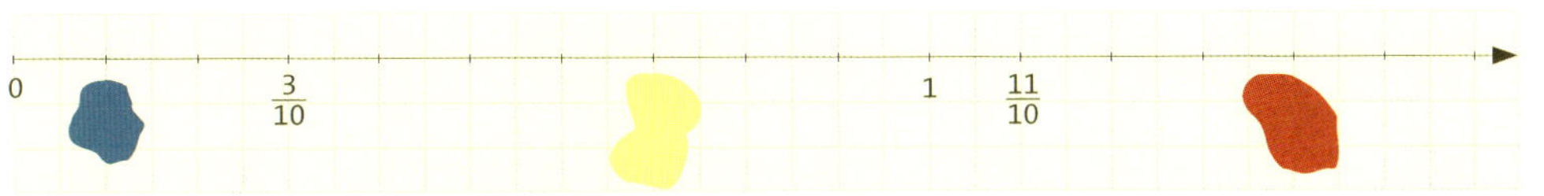

AUFGABE 14 **Kürze so weit wie möglich.**

a) $\frac{15}{21}$ =

b) $\frac{126}{210}$ =

TESTEN

AUFGABE 15 **Erweitere wie angegeben.**

a) mit 5: $\frac{1}{2}$ = ______ b) mit 11: $\frac{7}{12}$ = ______

AUFGABE 16 **Färbe in den Kreisen die Anteile entsprechend der angegebenen Brüche.**

a) $\frac{1}{4}$

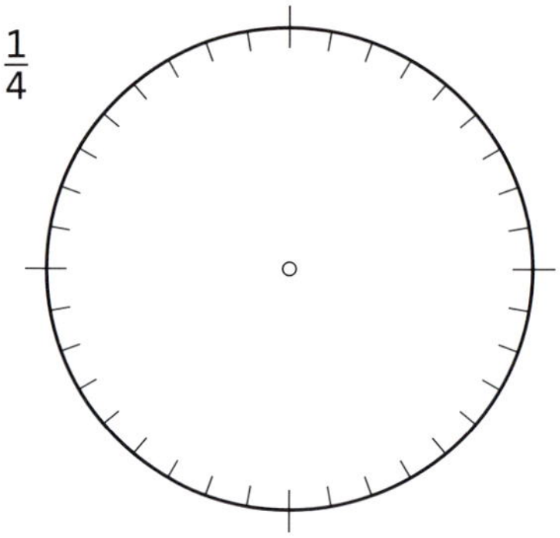

b) $\frac{12}{36}$

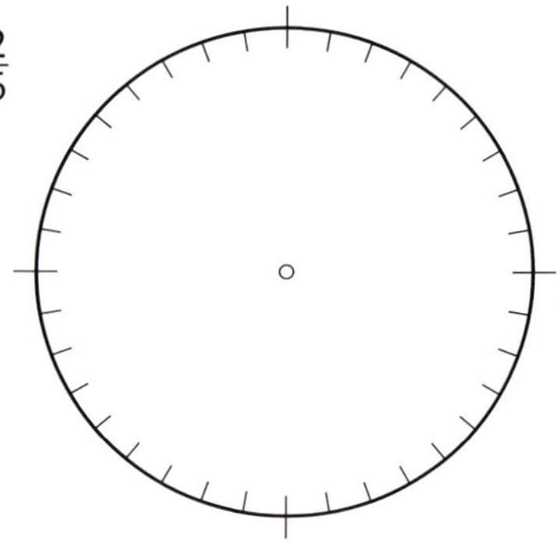

c) $\frac{5}{9}$

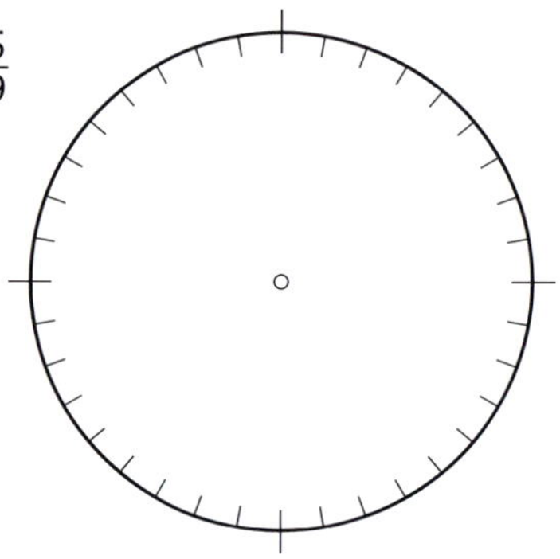

d) $\frac{7}{18}$

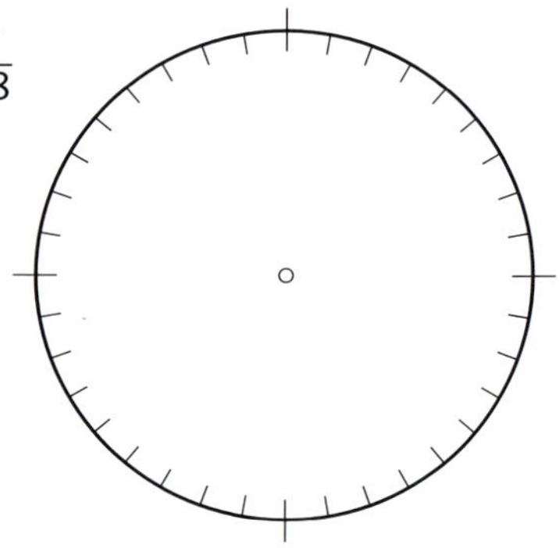

AUFGABE 17 **Addiere bzw. subtrahiere die ungleichnamigen Brüche und kürze das Ergebnis, wenn möglich.**

a) $\frac{3}{4} + \frac{5}{6}$ b) $\frac{1}{6} + \frac{2}{5} + \frac{3}{10}$ c) $\frac{5}{6} - \frac{3}{9}$

AUFGABE 18 **Gib den Längenanteil in der angegebenen Einheit an.**

a) $\frac{1}{2}$ m = ______ cm b) $\frac{1}{8}$ km = ______ m c) $\frac{1}{5}$ cm = ______ mm

AUFGABE 19 **Vergleiche die Bruchzahlen. Verwende die Zeichen <, > oder = in deinem Übungsheft.**

a) $\frac{2}{7}; \frac{3}{7}$ b) $\frac{21}{2}; \frac{21}{7}$ c) $\frac{3}{4}; \frac{8}{9}$

Klassenarbeit 3

60 Minuten

AUFGABE 20 **Gib den jeweils gefärbten Anteil als Bruch an. Wie groß ist der nicht gefärbte Anteil?**

a) 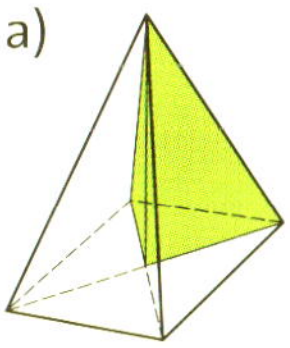

b) 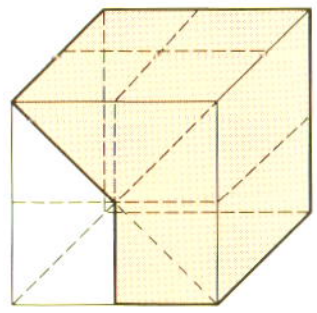

c) 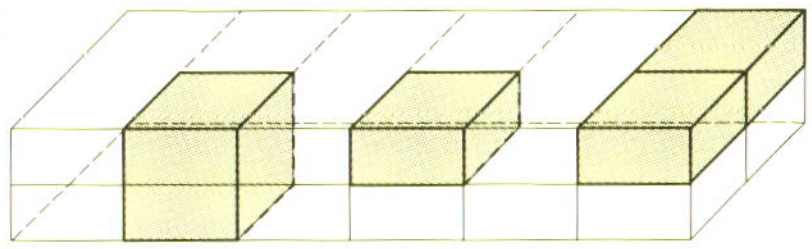

AUFGABE 21 **Bearbeite die folgende Zeichenaufgabe in deinem Übungsheft.**

a) Zeichne ein Quadrat mit einer Kantenlänge von 6 cm.
b) Teile das Quadrat in neun gleiche Teile.
c) Male drei Neuntel mit einer hellen Farbe aus.
d) Teile das Quadrat so, dass achtzehn gleich große Teile entstehen.
e) Was hast du gerade schrittweise durch deine Zeichnung veranschaulicht?
Kreuze an:

☐ $2 \cdot \frac{9}{3}$ ☐ $\frac{1}{2}$ von $\frac{1}{6}$ ☐ $\frac{1}{2}$ von $\frac{3}{9}$ ☐ $2 \cdot \frac{1}{9}$

AUFGABE 22 **Ersetze x durch die im Zähler fehlende Zahl.**

a) $\frac{5}{8} + \frac{2}{16} = \frac{x}{16}$ b) $\frac{3}{4} - \frac{x}{3} = \frac{1}{12}$

AUFGABE 23 **Addiere bzw. subtrahiere die Brüche. Gehe hierzu schrittweise vor, indem du die Tabelle ausfüllst.**

	$\frac{5}{12} + \frac{7}{16}$	$\frac{3}{18} - \frac{5}{60}$
Primfaktorzerlegung	12 = 16 =	18 = 60 =
kgV		
Hauptnenner		
berechne:		

TESTEN

AUFGABE 24 **Berechne jeweils den Wert des Terms.**

a) $\frac{7}{9} + \frac{2}{18}$ b) $\frac{17}{24} - \frac{2}{3}$

AUFGABE 25 **Bearbeite die folgenden Textaufgaben.**

a) Herr Fröhlich kauft auf dem Markt 2 kg Äpfel, $\frac{1}{2}$ kg Kirschen, 700 g Feldsalat, $\frac{5}{2}$ kg Kartoffeln und $\frac{1}{4}$ kg Butter. Sein Einkaufskorb wiegt 320 g. Wie viel muss Herr Fröhlich tragen?

b) In Deutschland werden am Tag pro Person durchschnittlich 120 Liter Trinkwasser verbraucht, hiervon etwa ein Viertel für die Wasserspülung der Toilette. Wie viel verbraucht eine fünfköpfige Familie täglich für die Toilettenspülung?

AUFGABE 26 **Vergleiche die Bruchzahlen. Mache die Brüche, wenn nötig, zuerst gleichnamig und vergleiche sie dann. Füge die Zeichen <, > oder = ein.**

	gleichnamige Brüche	Brüche vergleichen
a) $\frac{2}{5}; \frac{3}{5}$	$\frac{2}{5} = \frac{\square}{\square}$; $\frac{3}{5} = \frac{\square}{\square}$	$\frac{\square}{\square}\ \square\ \frac{\square}{\square}$
b) $\frac{3}{4}; \frac{3}{5}$	$\frac{3}{4} = \frac{\square}{\square}$; $\frac{3}{5} = \frac{\square}{\square}$	$\frac{\square}{\square}\ \square\ \frac{\square}{\square}$
c) $\frac{11}{18}; \frac{55}{90}$	$\frac{11}{18} = \frac{\square}{\square}$; $\frac{55}{90} = \frac{\square}{\square}$	$\frac{\square}{\square}\ \square\ \frac{\square}{\square}$

AUFGABE 27 **In einer Gartenanlage sind die Gärten wie in der Abbildung aufgeteilt. Die Pacht für die gesamte Gartenfläche beträgt 1200 €. Wie kann man die Kosten gerecht aufteilen? Berechne in deinem Übungsheft.**

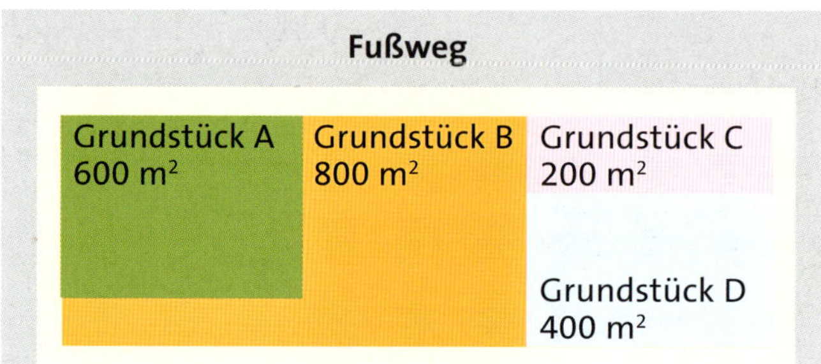

Das 3-fach-Prinzip für bessere Noten:

Wissen • Üben • Testen

„Einfach klasse in" – die Lernhilfe mit den drei Lernbausteinen und echten Klassenarbeiten für eine gezielte Vorbereitung!

Deutsch

Deutsch 5. Klasse
ISBN 978-3-411-72152-8

Deutsch 6. Klasse
ISBN 978-3-411-72162-7

Deutsch 7. Klasse
ISBN 978-3-411-72252-5

Deutsch 8. Klasse
ISBN 978-3-411-72262-4

Deutsch 9. Klasse
ISBN 978-3-411-72412-3

Deutsch 10. Klasse
ISBN 978-3-411-72422-2

Englisch

Englisch 5. Klasse
ISBN 978-3-411-72132-0

Englisch 6. Klasse
ISBN 978-3-411-72142-9

Englisch 7. Klasse
ISBN 978-3-411-72272-3

Englisch 8. Klasse
ISBN 978-3-411-72282-2

Englisch 9. Klasse
ISBN 978-3-411-72592-2

Englisch 10. Klasse
ISBN 978-3-411-72602-8

Mathematik

Mathematik 5. Klasse
ISBN 978-3-411-72172-6

Mathematik 6. Klasse
ISBN 978-3-411-72182-5

Mathematik 7. Klasse
ISBN 978-3-411-72432-1

Mathematik 8. Klasse
ISBN 978-3-411-72442-0

Mathematik 9. Klasse
ISBN 978-3-411-72572-4

Mathematik 10. Klasse
ISBN 978-3-411-72582-3

Französisch

Französisch 1. Lernjahr
ISBN 978-3-411-72742-1

Französisch 2. Lernjahr
ISBN 978-3-411-72752-0

Französisch 3./4. Lernjahr
ISBN 978-3-411-72822-0

Spanisch

Spanisch 1. Lernjahr
ISBN 978-3-411-73821-2

Spanisch 2. Lernjahr
ISBN 978-3-411-73811-3

Latein

Latein 1. Lernjahr
ISBN 978-3-411-72722-3

Latein 2. Lernjahr
ISBN 978-3-411-72732-2

Latein 3./4. Lernjahr
ISBN 978-3-411-72812-1

Jeder Band:

- 128 Seiten (Spanisch 96 Seiten)
- kartoniert
- mit Umschlagklappen

Stichwortfinder

DUDEN

Einfach klasse in

Mathematik

Lösungsheft

5.
Klasse

1 Zahldarstellungen

ÜBUNG 1 **S. 6**

a) von links nach rechts: 5, 15, 30, 45
b) große Teilstriche: 1000er Schritte; kleine Teilstriche: 250er Schritte von links nach rechts: 250, 1625, 2500, 3750, 4375
c) große Teilstriche: 200er Schritte, kleine Teilstriche: 40er Schritte von links nach rechts: 320, 600, 740, 960, 1060, 1400

ÜBUNG 2 **S. 6**

a) 365 > 356
b) 17 234 < 171 234
c) 8799 < 8900
d) 45 : 9 < 23 – 17, da 5 < 6
e) 21 + 31 = 26 · 2, da 52 = 52
f) 108 : 4 < 4 · 7, da 27 < 28

ÜBUNG 3 **S. 6**

a) 776 < 992 < 2211 < 2301 < 3972 < 4567 < 5600
b) 228 < 282 < 288 < 822 < 828 < 882 < 888 < 2222
c) 4545 < 5111 < 5554 < 44 505 < 45 101 < 54 010 < 55 404

ÜBUNG 4 **S. 6**

V	82	559	998	4000	12 398	223 340
Z	83	560	999	4001	12 399	223 341
N	84	561	1000	4002	12 400	223 342

ÜBUNG 5 **S. 6**

a) x > 12; möglich: 13, 14, 15, 16, 17, ...
b) x < 5; möglich: 0, 1, 2, 3, 4
c) 234 < x < 238; möglich: 235, 236, 237
d) 94 > x > 89; möglich: 90, 91, 92, 93

ÜBUNG 6 **S. 7**

a)
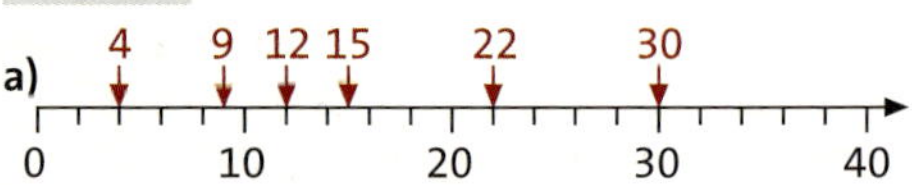

b)
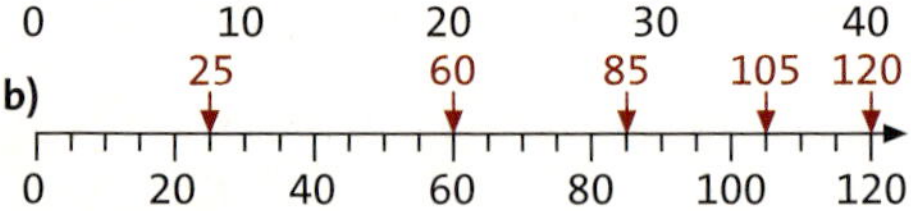

c)
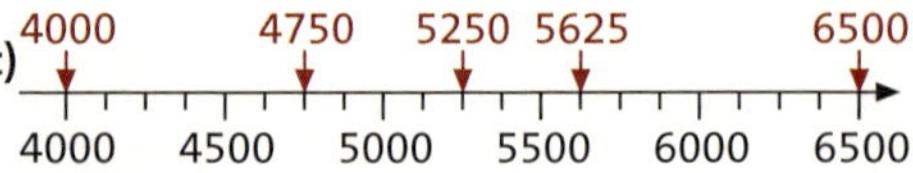

d)
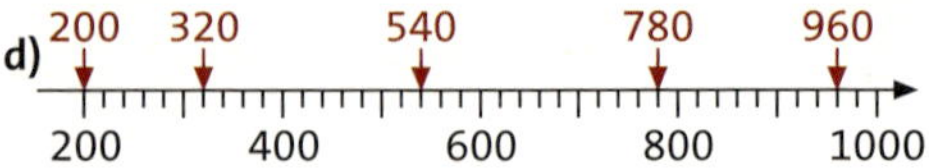

ÜBUNG 7 **S. 7**

Taube: 20 Jahre / Huhn: 16 Jahre / Kohlmeise: 8 Jahre / Eule: 14 Jahre / Strauß: 52 Jahre / Elster: 4 Jahre / Papagei: 70 Jahre / Schwan: 24 Jahre

ÜBUNG 8 **S. 7**

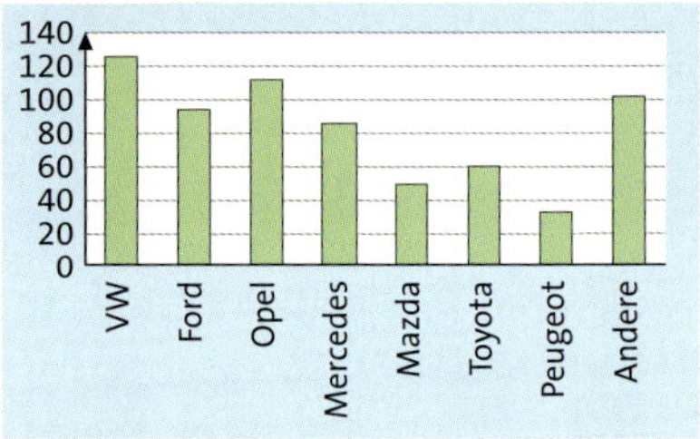

ÜBUNG 9 **S. 9**

a) 1 302 405 116 = eine Milliarde dreihundertzwei Millionen vierhundertfünftausendeinhundertsechzehn
b) 99 762 000 225 = neunundneunzig Milliarden siebenhundertzweiundsechzig Millionen zweihundertfünfundzwanzig
c) 770 001 234 955 = siebenhundertsiebzig Milliarden eine Million zweihundertvierunddreißigtausendneunhundertfünfundfünfzig
d) 52 546 987 = zweiundfünfzig Millionen fünfhundertsechsundvierzigtausendneunhundertsiebenundachtzig
e) 5 001 000 336 000 = fünf Billionen eine Milliarde dreihundertsechsunddreißigtausend
f) 60 000 000 020 022 = sechzig Billionen zwanzigtausendzweiundzwanzig

ÜBUNG 14

Vorgänger	5 999 998	9 999 999	23 001 998	110 011 001 099
Zahl	5 999 999	10^7	23 001 999	110 011 001 100
Nachfolger	6 000 000	10 000 001	23 002 000	110 011 001 101

ÜBUNG 10 **S. 9**

	Bio.			Mrd.			Mio.			Tausend					
	H	Z	E	H	Z	E	H	Z	E	H	Z	E	H	Z	E
a)				8	3	6	9	8	4	0	0	5	0	4	2
b)		1	2	0	0	0	2	5	3	1	0	6	0	1	7
c)					1	5	0	0	0	9	6	6	0	1	1
d)	4	7	2	0	0	0	0	0	0	0	0	1	0	1	2
e)							9	1	6	4	7	0	3	0	4

ÜBUNG 11 **S. 9**

a) 10^2; **b)** 10^6; **c)** 10^{10}; **d)** 10^{11}; **e)** 10^{14}; **f)** 10^{16}

ÜBUNG 12 **S. 9**

a) z. B. 1 135 476 805 < 3 505 114 768 < 3 511 054 768 < 3 547 681 105 < 3 568 110 547

b) größtmögliche Zahl: 6 847 351 105; kleinstmögliche Zahl: 0 511 354 768

ÜBUNG 13 **S. 9**

a) 123 478 999 < 123 487 991

b) 100 390 226 294 > 100 390 216 976

c) 10^{12} < 12 000 000 000 000

d) 10 000 000 = 10^7

e) 99 560 432 < 10^8

f) $3 \cdot 10^5$ < 300 017

ÜBUNG 14 **S. 10**

(siehe oben)

ÜBUNG 15 **S. 10**

a) 80 000 000 = achtzig Millionen

b) 520 000 000 000 = fünfhundertzwanzig Milliarden

c) 3 333 333 = drei Millionen dreihundertdreiunddreißigtausenddreihundertdreiunddreißig

d) 444 444 999 999 = vierhundertvierundvierzig Milliarden vierhundertvierundvierzig Millionen neunhundertneunundneunzigtausendneunhundertneunundneunzig

e) 10 000 000 = 10 Millionen

f) 9 999 999 999 = neun Milliarden neunhundertneunundneunzig Millionen neunhundertneunundneunzigtausendneunhundertneunundneunzig

g) 222 222 468 = zweihundertzweiundzwanzig Millionen zweihundertzweiundzwanzigtausendvierhundertachtundsechzig

h) 9 999 999 = neun Millionen neunhundertneunundneunzigtausendneunhundertneunundneunzig

ÜBUNG 16 **S. 10**

a) Zehntausender; **b)** Hunderttausender; **c)** Tausender; **d)** Milliarden; **e)** Millionen; **f)** Einer

ÜBUNG 17 **S. 10**

a) $7 \cdot 10^6 = 7\,000\,000$

b) $5 \cdot 10^5 + 3 \cdot 10^5 = 500\,000 + 300\,000$
$= 800\,000 = 8 \cdot 10^5$

c) $1000 \cdot 100 \cdot 10\,000 = 1\,000\,000\,000 = 10^9$

d) $10^3 \cdot 10^3 = 1000 \cdot 1000 = 1\,000\,000 = 10^6$

e) $500 \cdot 500 \cdot 500 = 125\,000\,000 = 125 \cdot 10^6$

f) $100 \cdot 100\,000 : 10^6$
$= 10\,000\,000 : 1\,000\,000 = 10$

ÜBUNG 18 **S. 10**

a) 1 Tag = (24 · 60 · 60) Sekunden
= 86 400 Sekunden
1 000 000 : 86 400 = 11 + 49 600 : 86 400
= 11 Tage + 49 600 Sekunden
49 600 : 3600 = 13 + 2800 : 3600
= 13 Stunden + 2800 Sekunden
2800 : 60 = 46 + 40 : 60
= 46 Minuten + 40 Sekunden
Eine Million Sekunden sind also nach etwa $11\frac{1}{2}$ Tagen oder ganz genau nach 11 Tagen, 13 Stunden, 46 Minuten und 40 Sekunden vergangen.

b) 2 000 000 000 mm = 2 000 000 m = 2000 km

ÜBUNG 19 **S. 12**

Runde auf	Hunderter	Tausender	Zehntausender	Hunderttausender
345 788	345 800	346 000	350 000	300 000
1 283 729	1 283 700	1 284 000	1 280 000	1 300 000
19 053 706	19 053 700	19 054 000	19 050 000	19 100 000
35 799 955	35 800 000	35 800 000	35 800 000	35 800 000
299 000	299 000	299 000	300 000	300 000

ÜBUNG 20 **S. 12**

a) Zum Grand Prix kamen etwa 28 000 (oder 30 000) Zuschauer an den Nürburgring.
b) Das Porto für die Wurfsendung beträgt 1436 Euro (exakter Wert!).
c) Der Flug nach Sydney dauerte rund 22 Stunden.
d) Herr Ritter hat im letzten Jahr fast 58 000 Euro verdient.
e) Beim Marathon müssen die Läufer eine Strecke von 42,195 km zurücklegen (exakter Wert!).
f) Das Matterhorn ist fast 4500 m hoch.
g) Mein neuer Regalboden muss 1,18 m breit sein (exakter Wert!).

ÜBUNG 21 **S. 12**

a) 73 874 ≈ 74 000; **b)** 82 973 ≈ 83 000;
c) 132 683 ≈ 130 000; **d)** 763 482 ≈ 763 000;
e) 8876 ≈ 9000; **f)** 2479 ≈ 2000;
g) 74 312 ≈ 74 000; **h)** 55 119 ≈ 55 000;
i) 22 777 ≈ 23 000

ÜBUNG 22 **S. 12**

a) $6780 \cdot 3122 \approx 7000 \cdot 3000 = 21\,000\,000$
b) $178\,641 : 10\,800 \approx 180\,000 : 11\,000 \approx 16$
c) $80\,204 : 109 \approx 80\,000 : 100 = 800$
d) $978\,999 \cdot 977 \approx 1\,000\,000 \cdot 1000$
$= 1\,000\,000\,000$
e) $7531 + 2067 - 5508$
$\approx 7500 + 2000 - 5500 = 4000$
f) $33\,245 - 12\,987 + 25\,196$
$\approx 33\,000 - 13\,000 + 25\,000 = 45\,000$
g) Überschlagen ergibt dies:
6 · 2,50 € + 5 · 1 € + 2 · 1 € = 15 € + 5 € + 2 €
= 22 €. Das Geld reicht also nicht!

ÜBUNG 23 **S. 13**

a) Gerundet wurde auf Tausender, da bei den nächsthöheren Stellen durchgängig Nullen auftauchen.
b) Die Einwohnerzahlen schwanken durch Geburt, Tod und Umzug täglich.
c) $11 + 12 + 3 + 3 + 1 + 6 + 2 + 8 + 18 + 4 = 68$ (Millionen Einwohner)
d) Auf Hunderttausender gerundete und nach Größe sortierte Einwohnerzahlen:

Bremen	700 000
Mecklenburg-Vorpommern	1 700 000
Brandenburg	2 600 000
Berlin	3 400 000
Sachsen	4 300 000
Hessen	6 100 000
Niedersachsen	8 000 000
Baden-Württemberg	10 700 000
Bayern	12 400 000
Nordrhein-Westfalen	18 100 000

ÜBUNG 24 **S. 13**

a) kleinstmögliche Zahl: 99 500;
größtmögliche Zahl: 100 499
b) kleinstmögliche Zahl: 6750;
größtmögliche Zahl: 6849
c) kleinstmögliche Zahl: 7 555 000;
größtmögliche Zahl: 7 564 999
d) kleinstmögliche Zahl: 945;
größtmögliche Zahl: 954

ÜBUNG 25 S. 13

a) Überschlag: 1 000 000 kg : 25 000 kg = 40 (Fahrten)
Es wären etwa 40 Fahrten nötig.
b) Überschlag: $40 \cdot 7$ m = 280 m
Die Autoschlange wäre etwa 280 m lang.
c) Überschlag: $2 \cdot 40 \cdot 17$ min = $2 \cdot 680$ min = 1360 (Der Lkw muss immer hinfahren und wieder zurückfahren.)
Es würde 1360 Minuten, also knapp 23 Stunden, dauern.
d) Überschlag: $1000 \cdot 5{,}20$ € = 5200 €
Der Auftraggeber muss etwa 5200 € bezahlen.

ÜBUNG 26 S. 13

a) auf m: 1 m 53 cm ≈ 2 m
b) auf km: 2 km 80 m ≈ 2 km
c) auf g: 78 g 123 mg ≈ 78 g
d) auf kg: 61 kg 79 g ≈ 61 kg
e) auf h: 7 h 43 min ≈ 8 h

ÜBUNG 27 S. 15

a) 1; 10; 11; 100; 101; 110; 111; 1000; 1001; 1010 (bei 1 begonnen)
b) 10; 100; 110; 1000; 1010; 1100; 1110; 10000; 10010; 10100
Die Verdopplung ergibt sich durch Anhängen einer 0.

ÜBUNG 28 S. 15

(siehe unten)

ÜBUNG 29 S. 15

(siehe unten)

ÜBUNG 30 S. 15

a) $(12)_{10} = (1100)_2$; **b)** $(45)_{10} = (101101)_2$;
c) $(79)_{10} = (1001111)_2$; **d)** $(112)_{10} = (1110000)_2$;
e) $(199)_{10} = (11000111)_2$; **f)** $(333)_{10} = (101001101)_2$

ÜBUNG 28

Zahl im Zweiersystem	Stellenwerttafel des Zweiersystems								Umrechnung ins Zehnersystem
	128	**64**	**32**	**16**	**8**	**4**	**2**	**1**	
$(101)_2$						1	0	1	$1 \cdot 1 + 0 \cdot 2 + 1 \cdot 4 = (5)_{10}$
$(1111)_2$					1	1	1	1	$1 \cdot 1 + 1 \cdot 2 + 1 \cdot 4 + 1 \cdot 8 = (15)_{10}$
$(11101)_2$				1	1	1	0	1	$1 \cdot 1 + 0 \cdot 2 + 1 \cdot 4 + 1 \cdot 8 + 1 \cdot 16 = (29)_{10}$
$(100011)_2$			1	0	0	0	1	1	$32 + 2 + 1 = (35)_{10}$
$(101101)_2$			1	0	1	1	0	1	$32 + 8 + 4 + 1 = (45)_{10}$
$(1101010)_2$		1	1	0	1	0	1	0	$64 + 32 + 8 + 2 = (106)_{10}$
$(1000011)_2$		1	0	0	0	0	1	1	$64 + 2 + 1 = (67)_{10}$
$(11100111)_2$	1	1	1	0	0	1	1	1	$128 + 64 + 32 + 4 + 2 + 1 = (231)_{10}$
$(10100101)_2$	1	0	1	0	0	1	0	1	$128 + 32 + 4 + 1 = (165)_{10}$

ÜBUNG 29

Vorgänger	$(1010)_2$	$(110011)_2$	$(1000110)_2$	$(100110)_2$	$(101101)_2$
Zahl	$(1011)_2$	$(110100)_2$	$(1000111)_2$	$(100111)_2$	$(101110)_2$
Nachfolger	$(1100)_2$	$(110101)_2$	$(1001000)_2$	$(101000)_2$	$(101111)_2$

ÜBUNG 31 **S. 16**

a) 45 = XLV; **b)** 79 = LXXIX; **c)** 119 = CXIX;
d) 248 = CCXLVIII; **e)** 971 = CMLXXI;
f) 1004 = MIV; **g)** 3456 = MMMCDLVI;
h) 46 = XLVI

ÜBUNG 32 **S. 16**

a) XXV = 25; **b)** XIV = 14; **c)** XXXIX = 39;
d) XLVIII = 48; **e)** XLIX = 49; **f)** XCIX = 99;
g) MCMLX = 1960; **h)** MMCMXLIII = 2943

Klassenarbeiten

AUFGABE 1 **S. 17**

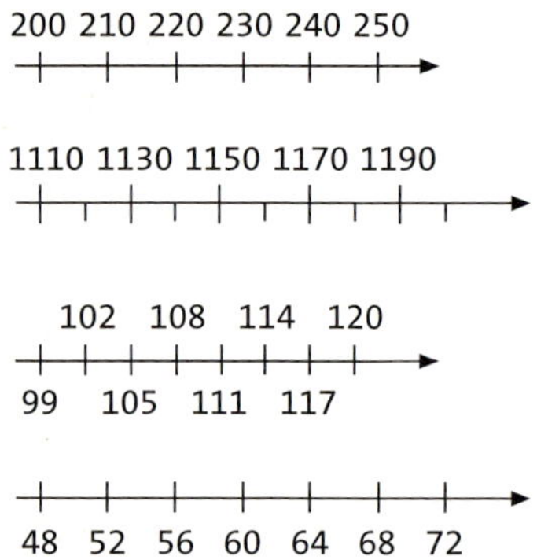

AUFGABE 2 **S. 17**

(siehe unten)

AUFGABE 3 **S. 17**

a) c) So konnte der Autokonzern in diesem Jahr 43 165 073 (≈ 43 Millionen) Fahrzeuge verkaufen. Von diesen gingen 31 703 000 (≈ 32 Millionen) in den Export. Damit stieg der Umsatz von 72 405 000 000 (≈ 72 Milliarden) Euro im letzten Jahr auf jetzt 98 930 000 000 (≈ 99 Milliarden) Euro. Dies ergibt einen Gewinn von 523 050 000 (≈ 523 Millionen) Euro.
b) 99 000 000 000 – 72 000 000 000
= 27 000 000 000

AUFGABE 4 **S. 17**

a) 497 344 ≈ 497 000
Rundung auf Tausender
b) 130 267 543 ≈ 130 000 000
Rundung auf Millionen
c) 59 853 ≈ 59 800
falsche Rundung auf Hunderter
(richtig wäre 59 900)
d) 648 200 534 ≈ 648 000 000
Rundung auf Millionen
e) 756 484 ≈ 756 490
falsche Rundung auf Zehner
(richtig wäre 756 480)
f) 229 995 ≈ 230 000
Rundung auf Zehner, Hunderter, Tausender oder Zehntausender

AUFGABE 5 **S. 18**

a) 5; **b)** 27; **c)** 313

AUFGABE 6 **S. 18**

Vorgänger	6 665 998	10 900 999
Nachfolger	6 666 000	10 901 001

AUFGABE 7 **S. 18**

a) 30 003 003; **b)** 473 300 756 648

AUFGABE 2

Zehner-system	698	51	514	58	1347	447
Zweier-system	$(1010111010)_2$	$(110011)_2$	$(1000000010)_2$	$(111010)_2$	$(10101000011)_2$	$(110111111)_2$
Römische Zahl-zeichen	DCXCVIII	LI	DXIV	LVIII	MCCCXLVII	CDXLVII

AUFGABE 8 S. 18

a) $(111)_2$; b) $(1011)_2$; c) $(100111000)_2$

AUFGABE 9 S. 18

Stein	Preis
1	122
9	153
12	510
73	1019
105	626

Stein	Preis
I	CXXII
IX	CLIII
XII	DX
LXXIII	MXIX
CV	DCXXVI

AUFGABE 10 S. 19

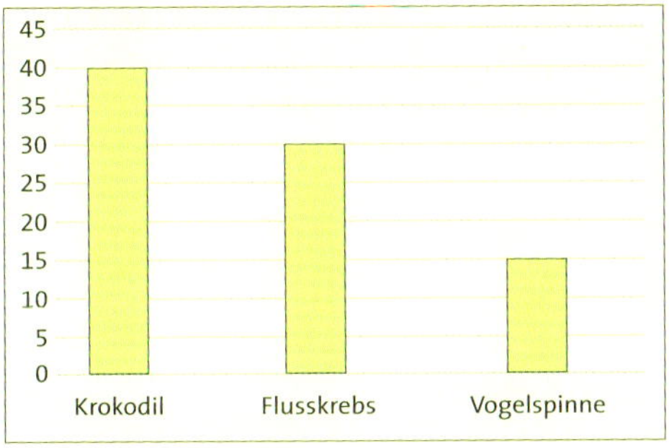

AUFGABE 11 S. 19

a) 133 = 133; b) MMCXXXV < MMCDXCIV;
c) $(10101)_2 < (10110)_2$

AUFGABE 12 S. 19

Vorgänger	$(0)_2$	$(11)_2$	$(1110)_2$
Nachfolger	$(10)_2$	$(101)_2$	$(10\,000)_2$

AUFGABE 13 S. 19

a) Anordnung nach der Stellung im Sonnensystem.
b) Mit den gerundeten Durchmessern in Kilometern 143 000, 121 000, 51 000, 50 000, 13 000, 12 000, 7000, 5000 ergibt sich die Reihenfolge: 1. Jupiter, 2. Saturn, 3. Uranus, 4. Neptun, 5. Erde, 6. Venus, 7. Mars, 8. Merkur.

2 Rechnen mit natürlichen Zahlen

ÜBUNG 1 S. 21

a) 97 + 13 + 24 = 134
b) 43 + (12 + 38) = 93
c) 73 + (96 + 104) = 273
d) 55 + 25 + 13 = 93
e) 97 + 53 + 88 + 22 = 260
f) 106 + 64 + 61 + 19 = 250

ÜBUNG 2 S. 21

1. Summand	2. Summand	Wert der Summe
470	530	1000
2801	4320	**7121**
465	985	**1450**
490	350	840
12 066	10 034	**22 100**

ÜBUNG 3 S.21

Minuend	Subtrahend	Wert der Differenz
470	22	448
2801	1230	**1571**
320	120	**200**
1190	350	840
12 066	10 034	**2032**

ÜBUNG 4 S. 22

a) 719; b) 1122; c) 34 231; d) 134; e) 1330;
f) 1 162 200

ÜBUNG 5 S. 22

a)

1 000 000
478 912 | 521 088
367 024 | 111 888 | 409 200
260 691 | 106 333 | 5555 | 403 645

b)

500000			
352024	147976		
317523	34501	113475	
307516	10007	24494	88981

ÜBUNG 6 **S. 22**

a) 195; **b)** 1772; **c)** 882; **d)** 372; **e)** 10 569;
f) 43 955

ÜBUNG 7 **S. 23**

a) 600 000 – (72 009 + 311 777) = 216 214
b) (8954 – 6294) + 3459 = 6119
c) (7654 + 449) – (7654 – 449)
= 8103 – 7205 = 898

ÜBUNG 8 **S. 23**

0 + 1 + 2 + 3 + 4 + 5 + 6 + 7 + 8 + 9 + 10
= (0 + 10) + (1 + 9) + (2 + 8) + (3 + 7) + (4 + 6) + 5
= 10 + 10 + 10 + 10 + 10 + 5 = 55

ÜBUNG 9 **S. 23**

(siehe unten)

ÜBUNG 10 **S. 23**

600 – 75 – 57 – 245 + 120 – 86 – 63 = 194;
194 – 82 = 112
112 kg Bananen konnte der Händler am Samstag noch absetzen.

ÜBUNG 11 **S. 25**

a) 5 · 7 = 35; **b)** 3 · 20 = 60;
c) 3 · 20 + 2 · 10 = 60 + 20 = 80

ÜBUNG 12 **S. 25**

a) 20 · 3 = 60; **b)** 12 · 6 = 72;
c) 117 · 2 = 234; **d)** 117 · 20 = 2340;
e) 1258 · 0 · 20 = 0; **f)** 212 · 3 · 2 = 1272

ÜBUNG 13 **S. 25**

6			
2	12	96	
4	8	96	9216
3	12		

ÜBUNG 14 **S. 25**

a) 1; 4; 9; 16; 25; 36; 49; 64; 81; 100; 121; 144; 169; 196; 225
b) $2^5 = 2 \cdot 2 \cdot 2 \cdot 2 \cdot 2 = 32$; $3^3 = 3 \cdot 3 \cdot 3 = 27$;
$4^4 = 4 \cdot 4 \cdot 4 \cdot 4 = 256$
c) $6^3 \cdot 5^3 \cdot 7^3 = 216 \cdot 125 \cdot 343 = 9\,261\,000$

ÜBUNG 15 **S. 25**

a) 60 · 70 000 = 4 200 000
b) 7153 · 6 = 42 918
c) 7003 · 8623 = 60 386 869
d) 3 · 2487 · 100 = 746 100
e) 90 000 · 120 000 = 10 800 000 000
f) 18 · 9603 = 172 854
g) 3444 · 9529 = 32 817 876
h) 1000 · 5661 · 4 = 22 644 000

ÜBUNG 16 **S. 26**

a) Beispielsweise:
39 (Wochen) · 30 (Stunden pro Woche) · 45 (Minuten) = 52 650 Minuten
Dies ergibt z. B. 52 650 Minuten Unterricht pro Schuljahr.

ÜBUNG 9

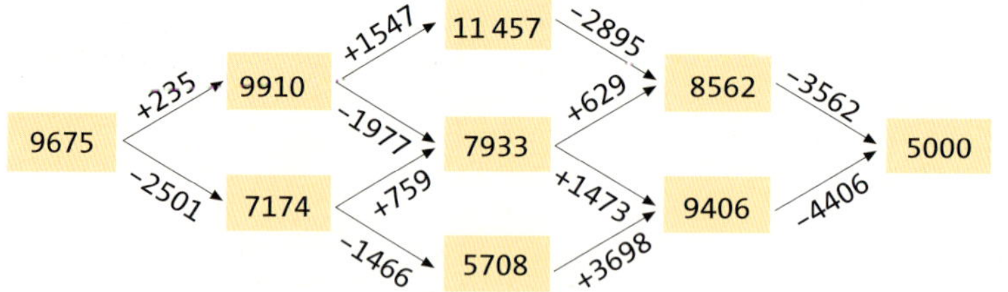

b) $1700 = 17 \cdot 100$ km; $17 \cdot 8$ Liter = 136 Liter
Man benötigt 136 Liter.
c) 65 Kisten · 13 = 845 Kisten
An diesem Tag wurden 845 Kisten ausgefahren.
d) 6 Eier · 4500 = 27 000 Eier (pro Tag);
30 · 27 000 = 810 000 Eier (pro Monat)
In einem Monat mit 30 Tagen werden 810 000 Eier verpackt.

ÜBUNG 17 S. 26
a) 60; **b)** 90; **c)** 66; **d)** 63; **e)** 72; **f)** 80; **g)** 54;
h) 448; **i)** 144; **j)** 702; **k)** 135; **l)** 623; **m)** 117;
n) 6783; **o)** 100

ÜBUNG 18 S. 27
a) 675; **b)** 102; **c)** 104; **d)** 11 716; **e)** 651 625;
f) 2 304 820

ÜBUNG 19 S. 27
a) 7000; **b)** 7; **c)** 90; **d)** 1100; **e)** 700

ÜBUNG 20 S. 28

Waagerecht	Senkrecht
1) 24	**1)** 284
2) 9	**2)** 1455
3) 512	**3)** 633
4) 40	**4)** 18
5) 3850	

ÜBUNG 21 S. 28
a) 5040; **b)** 3006; **c)** 1800; **d)** 10 020;
e) 206 + 6 : 19; **f)** 493 + 17 : 20; **g)** 458 + 11 : 23;
h) 744 + 15 : 36

ÜBUNG 22 S. 28
a) $(15 \cdot 3) \cdot (866 : 2) = 45 \cdot 433 = 19\,485$
b) $(60 : 12) \cdot 80 = 5 \cdot 80 = 400$
c) $(35 \cdot 18) : 45 = 630 : 45 = 14$

ÜBUNG 23 S. 28
a) $79\,200 : 6 = 13\,200$;
$79\,200 : 11 = 7200$; $79\,200 : 15 = 5280$
Wenn die Tippgemeinschaft 6 (11, 15) Mitglieder hat, gewinnt jeder 13 200 (7200, 5280) €.
b) $598 : 2 = 299$; $299 : 23 = 13$
Der einfache Weg ist 13 km lang.

ÜBUNG 24 S. 31
a) $(15 + 3) : 6 = 18 : 6 = 3$
b) $12 - (7 + 2) = 12 - 9 = 3$
c) $74 - [8 \cdot (5 + 3)] = 74 - [8 \cdot 8]$
$= 74 - 64 = 10$
d) $(15 + 6) : (18 - 11) = 21 : 7 = 3$
e) $12 + 8 : 4 - 5 = 12 + 2 - 5 = 9$
f) $15 \cdot 2 + 20 : 5 = 30 + 4 = 34$
g) $24 + 2 \cdot (9 - 6) = 24 + 2 \cdot 3 = 24 + 6 = 30$
h) $(24 - 2 \cdot 4) : 8 = (24 - 8) : 8 = 16 : 8 = 2$

ÜBUNG 25 S. 31
a) $15 + x = 67 \Rightarrow x = 67 - 15 = 52$
b) $x - 12 = 144 \Rightarrow x = 144 + 12 = 156$
c) $8 \cdot x = 72 \Rightarrow x = 72 : 8 = 9$
d) $x : 15 = 6 \Rightarrow x = 6 \cdot 15 = 90$

ÜBUNG 26 S. 31
a) $5 \cdot (11 + 8) = 55 + 40 = 95$
b) $(10 - 1) \cdot 25 = 250 - 25 = 225$
c) $6 \cdot 17 + 6 \cdot 3 = 6 \cdot (17 + 3) = 120$
d) $(48 + 36) : 12 = 48 : 12 + 36 : 12 = 4 + 3 = 7$
e) $91 : 13 - 78 : 13 = (91 - 78) : 13 = 1$
f) $26 \cdot 11 - 11 = (26 - 1) \cdot 11 = 25 \cdot 11 = 275$

ÜBUNG 27 S. 31
a) $(12 \cdot 9) + 34 = 108 + 34 = 142$
b) $(35 + 25) : (35 - 25) = 60 : 10 = 6$
c) $(999 \cdot 100) - 195 = 99\,900 - 195 = 99\,705$
d) $(120 : 24) \cdot (45 - 29) = 5 \cdot 16 = 80$
e) $5^3 - (19 + 6^2) = 125 - (19 + 36)$
$= 125 - 55 = 70$

ÜBUNG 28 S. 31
a) $0 : (4834 - 2376) = 0$
b) $666 \cdot (36 : 6 - 6) = 666 \cdot 0 = 0$
c) $(45 - 23) : (56 - 7 \cdot 8)$ ist nicht berechenbar, denn der Divisor $(56 - 7 \cdot 8)$ ist 0.
d) $[24 - 8 \cdot (12 - 9)] : 120 = 0 : 120 = 0$
e) $[(35 - 4 \cdot 7 - 7) : 59] \cdot 75 = (0 : 59) \cdot 75 = 0$
f) $19 + 56 : (29 + 16 - 5 \cdot 9)$ ist nicht berechenbar, der Divisor $(29 + 16 - 5 \cdot 9)$ ist 0.

ÜBUNG 29 S. 32
Ergebnisse:
a) $x = 1$; **b)** $x = 321$; **c)** $x = 1$; **d)** $x = 1$; **e)** $x = 0$;
f) Division durch 0: Es gibt keine Lösung!

ÜBUNG 30 **S. 32**

a) $x = 29 + 7 \Rightarrow x = 36$
b) $x \cdot 6 + 35 = 53 \Rightarrow x \cdot 6 = 18 \Rightarrow x = 3$
c) $49 : x + 14 = 21 \Rightarrow 49 : x = 7 \Rightarrow x = 7$
d) $(x - 3) \cdot 2 = 12 \Rightarrow x - 3 = 6 \Rightarrow x = 9$

ÜBUNG 31 **S. 32**

a) $x : 8 + 16 = 25 \Rightarrow x = (25 - 16) \cdot 8$
$= 9 \cdot 8 = 72$
b) $50 \cdot x - 48 = 152 \Rightarrow x = (152 + 48) : 50$
$= 200 : 50 = 4$
c) $x \cdot 16 - 12 = 68 \Rightarrow x = (68 + 12) : 16$
$= 80 : 16 = 5$
d) $76 : x + 91 = 110 \Rightarrow 76 : x = 110 - 91$
$\Rightarrow 76 : x = 19 \Rightarrow x = 4$
e) $x - 27 + 45 = 52 \Rightarrow x = 52 - 45 + 27 = 34$
f) $x \cdot 6 + 24 = 60 \Rightarrow x = (60 - 24) : 6$
$= 36 : 6 = 6$

ÜBUNG 32 **S. 32**

a) $x : 6 + 95 = 114 \Rightarrow x = (114 - 95) \cdot 6$
$= 19 \cdot 6 = 114$
Tom besaß 114 Briefmarken.
b) $x \cdot 74 - 16 = 206 \Rightarrow x = (206 + 16) : 74 = 3$
Martina hat jeweils 3 € eingeworfen.

Klassenarbeiten

AUFGABE 1 **S. 33**

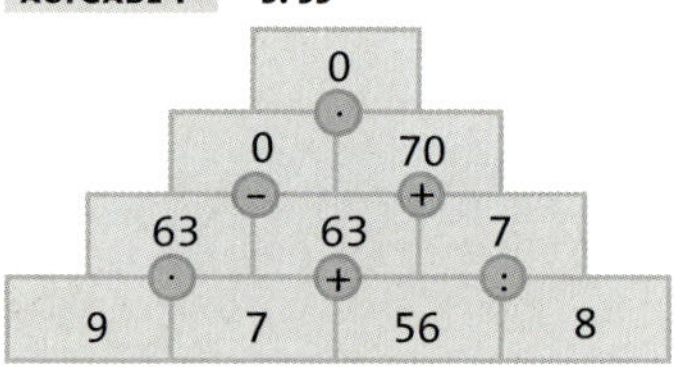

AUFGABE 2 **S. 33**

a) $34 + 493 : 17 = 34 + 29 = 63$
b) $17 \cdot 29 + 17 \cdot 71 = 17 \cdot (29 + 71)$
$= 17 \cdot 100 = 1700$
c) $123 \cdot 12^3 - 4144 : 56$
$= 123 \cdot 1728 - 4144 : 56$
$= 212\,544 - 74 = 212\,470$
d) $[(25 + 91) \cdot 7] : (504 - 476)$
$= [116 \cdot 7] : 28 = 812 : 28 = 29$

AUFGABE 3 **S. 33**

erster Rechenbaum:
$80 + [48 : (36 - 24)] \cdot 22 = 80 + [48 : 12] \cdot 22$
$= 80 + 4 \cdot 22 = 80 + 88 = 168$
zweiter Rechenbaum:
$(320 - 56) : (15 + 7) = 264 : 22 = 12$
In Worten: Dividiere die Differenz aus 320 und 56 durch die Summe aus 15 und 7.

AUFGABE 4 **S. 33**

a) $x \cdot 3 - 18 = 25 + 59 \Rightarrow x \cdot 3 - 18 = 84$
$\Rightarrow x \cdot 3 = 102 \Rightarrow x = 34$
b) $x : 2 + 89 = 128 \Rightarrow x : 2 = 39$
$\Rightarrow x = 39 \cdot 2 \Rightarrow x = 78$
c) $x : 42 = 20^2 - 64 \Rightarrow x : 42 = 336$
$\Rightarrow x = 336 \cdot 42 \Rightarrow x = 14\,112$

AUFGABE 5 **S. 34**

a) 2374; **b)** 486 551; **c)** 10 860 282; **d)** 10 670; **e)** 101 335; **f)** 8 560 473

AUFGABE 6 **S. 34**

a) 5346; **b)** 2609; **c)** 20 204; **d)** 221; **e)** 22 366; **f)** 536 808

AUFGABE 7 **S. 34**

a) 64 € + 2 · 39 € = 142 €
Familie Wiese muss 142 € bezahlen.
b) Stundenlohn ohne Anfahrtskosten:
220 € – 64 € = 156 €; 156 € : 39 € = 4
Der Installateur hat für die Reparatur 4 Stunden benötigt.

AUFGABE 8 **S. 34**

Potenz	Basis	Exponent	Gleichung
8^3	8	3	$8 \cdot 8 \cdot 8 = 512$
10^7	10	7	$10 \cdot 10 \cdot 10 \cdot 10 \cdot 10 \cdot 10 \cdot 10 = 10\,000\,000$
2^9	2	9	$2 \cdot 2 \cdot 2 \cdot 2 \cdot 2 \cdot 2 \cdot 2 \cdot 2 \cdot 2 = 512$
5^4	5	4	$5 \cdot 5 \cdot 5 \cdot 5 = 625$
3^5	3	5	$3 \cdot 3 \cdot 3 \cdot 3 \cdot 3 = 243$

AUFGABE 9 **S. 35**

	a)	b)					c)
f)	3	1	1	d)/g)	3	3	3
h)	7	4	e)	8	i)	1	7
	9	j)	2	0	0		5
	k)	1	5	6	0	0	

AUFGABE 10 **S. 35**

Der Händler verkauft an den Wochentagen:
84 kg + 12 kg + 72 kg + 68 kg + 92 kg = 328 kg;
mit seinem Rest am Samstag sind dies:
328 kg + 12 kg = 340 kg.
Auf dem Markt hat er 460 kg – 340 kg = 120 kg Äpfel verkauft.

AUFGABE 11 **S. 35**

a) $82 - 18 = 64$; **b)** $5 \cdot (10 - 3) \cdot 4 = 140$;
c) $48 - 5 \cdot (7 - 3) = 28$; **d)** $(117 - 28) \cdot 2 = 178$;
e) $12 \cdot (5 - 3) + 17 = 10 \cdot 4 + 1$;
f) $5 \cdot (13 - 8) - 25 = 0$

AUFGABE 12 **S. 36**

Wert der Summe: 47 + 83 = 130
2. Summand: 412 – 209 = 203
1. Summand: 756 – 555 = 201
Wert der Summe: 211
2. Summand: 1039 + 843 = 1882

AUFGABE 13 **S. 36**

Wert der Differenz: 83 – 20 = 63
Subtrahend: 401 – 199 = 202
Minuend: 892 + 108 = 1000
Wert der Differenz: 2007
Subtrahend: 4876 – 1640 = 3236

AUFGABE 14 **S. 36**

$27 \cdot 5 - (13 + 48) = 135 - 61 = 74$

AUFGABE 15 **S. 36**

a) 206; **b)** 38; **c)** 46; **d)** 21 Rest 118

AUFGABE 16 **S. 36**

a) $38 \cdot 22 = (40 - 2) \cdot 22$
$= 40 \cdot 22 - 2 \cdot 22 = 880 - 44 = 836$
b) $4 \cdot 19 + 4 \cdot 6 = 4 \cdot (19 + 6) = 4 \cdot 25 = 100$
c) $(100 - 2) \cdot 30 = 3000 - 60 = 2940$

d) $(80 - 24) : 8 = 80 : 8 - 24 : 8 = 10 - 3 = 7$
e) $96 : 12 - 36 : 12 = (96 - 36) : 12 = 60 : 12 = 5$
f) $14 \cdot 15 - 6 \cdot 15 = (14 - 6) \cdot 15 = 8 \cdot 15 = 120$

AUFGABE 17 **S. 37**

5	**2**	4	·	5	1	1
	2	6	2	0	**0**	**0**
			5	**2**	4	**0**
				5	2	**4**
	2	**6**	**7**	**7**	**6**	**4**

AUFGABE 18 **S. 37**

a) $63 : 7 + 123 = 132$
Addiere zum Quotienten aus 63 und 7 die Zahl 123.
b) $(19 - 7) \cdot (7 + 5) = 12 \cdot 12 = 144$
Multipliziere die Differenz von 19 und 7 mit der Summe aus 7 und 5.
c) $(101 - 48) - 7 \cdot 5 = 53 - 7 \cdot 5 = 53 - 35 = 18$
Subtrahiere von der Differenz von 101 und 48 das Produkt aus 7 und 5.

AUFGABE 19 **S. 37**

a) $4 \cdot x + 17 = 65 \Rightarrow$
$x = (65 - 17) : 4 = 48 : 4 = 12$
b) $89 \cdot x - 320 = 1015 \Rightarrow (1015 + 320) : 89$
$= 1335 : 89 = 15$
c) $x : 5 + 16 \cdot 4 = 114 \Rightarrow x : 5 + 64 = 114 \Rightarrow$
$(114 - 64) \cdot 5 = 250$

AUFGABE 20 **S. 37**

a) $54 + (62 - 38) = 78$
b) $(96 - 17) - (36 + 17) = 79 - 53 = 26$
c) $398 - [218 - (184 - 93 + 11)] + 51$
$= 398 - [218 - 102] + 51 = 398 - 116 + 51 = 333$

AUFGABE 21 **S. 37**

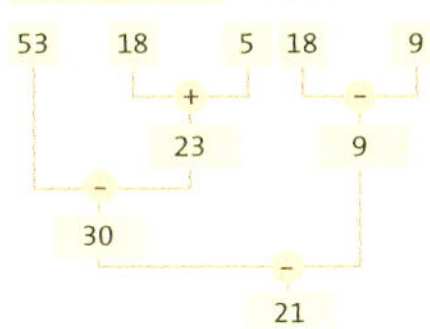

Wert des Terms: 21

AUFGABE 22 **S. 37**

Ein mögliche Lösung ist 84 + 84 = 168

3 Rechnen mit Größen

ÜBUNG 1 **S. 39**

Beträge in Cent: 700 ct; 1240 ct; 3404 ct; 5708 ct; 16 917 ct
Beträge in Euro: 1,65 €; 45,17 €; 5,05 €; 0,07 €; 19,34 €

ÜBUNG 2 **S. 39**

0,75 € < 1,23 € < 10,03 € < 10,23 € < 12,30 € < 23,10 €

ÜBUNG 3 **S. 39**

a) 1 ct + 2 ct + 5 ct + 10 ct + 20 ct + 50 ct + 1 € + 2 € = 3 € 88 ct = 3,88 €
b) 10 € – 3,88 € = 6,12 €
c) Beispielsweise:
6,52 € = 2 € + 2 € + 1 € + 1 € + 20 ct + 20 ct + 10 ct + 2 ct

ÜBUNG 4 **S. 39**

a) 3,45 € + 32,24 € = 35,69 €
b) 7,60 € + 1,22 € = 8,82 €
c) 23,81 € + 40,31 € + 6,44 € = 70,56 €
d) 139,40 € + 55 € + 7,99 € = 202,39 €
e) 6,67 € + 5,01 € + 9,22 € = 20,90 €
f) 45,12 € – 12,67 € – 25,99 € = 6,46 €
g) 470 € – 225,85 € – 207,77 € = 36,38 €
h) 8903,42 € – 3412 € – 29,77 € – 199 € = 5262,65 €

ÜBUNG 5 **S. 39**

a) 326 € + 31,29 € – 197,23 € – 50 € – 20 € = 90,06 €; es fehlen noch 90,06 €.
b) 90,06 : 3 ≈ 30; sie muss etwa 30 Wochen sparen.

ÜBUNG 6 **S. 39**

Gebühren in Dollar: 1600 US$ + 750 US$ + 1200 US$ = 3550 US$
Umrechnung: 3550 · 77 ct = 273 350 ct = 2733,50 €
Gesamtpreis: 2733,50 € + 1230 € = 3963,50 €
Der gesamte Urlaub hat 3963,50 € gekostet.

ÜBUNG 7 **S. 41**

a) 65 000 kg = 65 t; **b)** 17 g = 17 000 mg;
c) 178 000 g = 178 kg; **d)** 135 t = 135 000 kg;
e) 45 kg = 45 000 000 mg;
f) 1 111 000 kg = 1111 t; **g)** 11 t = 11 000 000 g;
h) 235 000 mg = 235 g;
i) 73 kg = 73 000 000 mg;
j) 8 t = 8 000 000 000 mg

ÜBUNG 8 **S. 41**

(siehe unten)

ÜBUNG 9 **S. 41**

a) 567,1 kg = 0,5671 t; **b)** 2,347 g = 2347 mg;
c) 51,9 t = 51 900 kg; **d)** 965,7 mg = 0,9657 g;
e) 1,3 t = 1 300 000 g; **f)** 365,78 g = 0,365 78 kg

ÜBUNG 10 **S. 41**

a) 23 000 kg + 456 kg = 23 456 kg
b) 50 000 g + 2500 g + 348 g = 52 848 g = 52,848 kg

ÜBUNG 8

t		kg			g			mg			
Z	E	H	Z	E	H	Z	E	H	Z	E	Kommaschreibweise
			4	5	0	1	2				45 kg 12 g = 45,012 kg
	1	0	0	3	2	5	0				1 t 3250 g = 1,003 25 t
						2	4	0	0	7	24 g 7 mg = 24,007 g
				3	0	0	4	0	3	5	3 kg 4 g 35 mg = 3,004 035 kg
	6	0	2	4	3	2	0				6 t 24 kg 320 g = 6,024 32 t
			1	5	0	0	0	2	5	6	15 kg 256 mg = 15,000 256 kg

c) 678 000 mg + 780 900 mg + 14 398 mg
= 1 473 298 mg = 1473,298 g = 1,473 298 kg
d) 650 g + 97,860 g = 747,86 g
e) 78 000 g + 12 567 g = 90 567 g = 90,567 kg
f) 300 mg + 1 000 000 mg + 7 mg
= 1 000 307 mg = 1000,307 g = 1,000 307 kg
g) 0,005 t - 3 000 000 mg = 2 kg
h) 76 kg - 760 g - 940 000 mg = 74,3 kg
i) 0,7 t - 3 kg = 697 kg
j) 23 g - 23 mg = 22 977 mg
k) 22 t + 17 kg - 30 mg = 22,016 999 97 t
l) 14 mg + 13 mg + 1 kg = 1,000 027 kg

ÜBUNG 11 **S. 42**
a) 5 · 6100 g = 30 500 g = 30,5 kg
b) 2 · 3400 mg = 6800 mg = 6,8 g
c) 7 · 1950 kg = 13 650 kg = 13,65 t
d) 8 · 900 mg = 7200 mg = 7,2 g
e) 15 · 5700 mg = 85 500 mg = 85,5 g
f) 25 · 1300 kg = 32 500 kg = 32,5 t
g) 4 · 190 620 mg = 762 480 mg = 762,48 g
h) 365 · 7800 g = 2 847 000 g = 2847 kg

ÜBUNG 12 **S. 42**
a) 2100 g : 3 = 700 g = 0,7 kg
b) 3500 mg : 5 = 700 mg = 0,7 g
c) 1800 kg : 6 = 300 kg
d) 750 mg : 15 = 50 mg = 0,05 g
e) 4200 mg : 7 = 600 mg = 0,6 g
f) 12 100 kg : 11 = 1100 kg = 1,1 t
g) 187 500 mg : 25 = 7500 mg = 7,5 g
h) 35 250 g : 3 = 11 750 g = 11,75 kg

ÜBUNG 13 **S. 42**
a) 760 g + 3 · 560,8 g + 282 g + 2,78 kg
+ 1,5 kg + 580 g
= 760 g + 1682,4 g + 282 g + 2780 g + 1500 g
+ 580 g = 7584,4 g = 7,5844 kg
Herrn Ungers Einkaufskorb wiegt jetzt 7,5844 kg.
b) 18 t - 5800 kg = 12 200 kg
12 200 : 50 = 244
Die Ladung darf höchstens 12 200 kg schwer sein. Also kann der Lastwagen maximal 244 Säcke Zement auf einmal transportieren.

ÜBUNG 14 **S. 44**
a) 14 h = 840 min; **b)** 50 min = 3000 s;
c) 240 s = 4 min; **d)** 7 d = 168 h;
e) 2880 min = 2 d; **f)** 21 600 s = 6 h;
g) 3 d = 4320 min; **h)** 62 min = 3720 s

ÜBUNG 15 **S. 44**

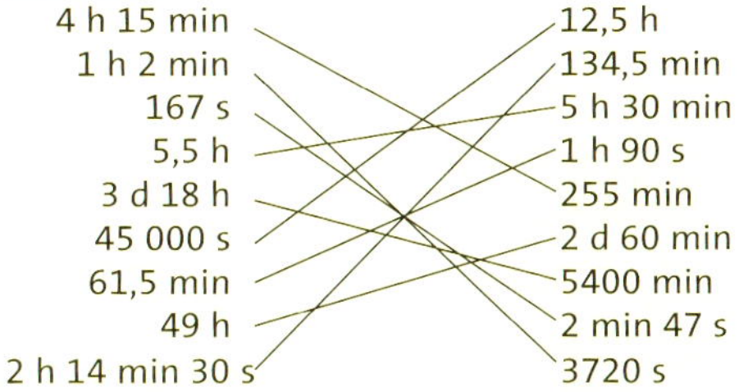

ÜBUNG 16 **S. 44**
a) 32,5 h; **b)** 188 h = 7 d 20 h; **c)** 11h 30 min;
d) 99 h 31 min; **e)** 115 h; **f)** 2 Wochen 5 d 18 h

ÜBUNG 17 **S. 45**

Uhrzeit beim Schlafengehen	Uhrzeit beim Aufstehen	Zeitspanne im Bett
20.35 Uhr	7.45 Uhr	11 h 10 min
21.42 Uhr	9.05 Uhr	11 h 23 min
19.55 Uhr	7.34 Uhr	11 h 39 min
21.22 Uhr	8.50 Uhr	11 h 28 min
22.10 Uhr	9.27 Uhr	11 h 17 min

ÜBUNG 18 **S. 45**
a) Die Uhr muss insgesamt 12 Stunden nachgehen, um wieder einmal die richtige Zeit anzuzeigen: 12 Stunden = 720 Minuten
= 43 200 Sekunden.
Da sie pro Tag 2 Sekunden nachgeht, muss sie 21 600 Tage lang nachgehen,
denn 43 200 : 2 = 21 600.
Nach 21 600 Tagen geht die Uhr also wieder einmal richtig.
b) Das Herz eines Kindes schlägt 4800-mal in der Stunde. Das sind 115 200 Schläge pro Tag bzw. 806 400 Schläge pro Woche.
c) 240 min - 2 h 12 min 45 s
= 240 min - 132 min 45 s = 107 min 15 s

Auf dem Band bleiben noch 107 min 15 s Zeit für Jens' Lieblingsserie. Er kann also noch 3 Sendungen zu je 32 Minuten aufnehmen.
Auf dem Band bleibt ein Rest von
107 min 15 s – 96 min = 11 min 15 s.
d) Um 16.50 Uhr ist Unterrichtsbeginn.
Die 1. Stunde endet um 17.35 Uhr.
Die 2. Stunde endet um 18.25 Uhr.
Die 3. Stunde endet um 19.15 Uhr.
Die **4. Stunde beginnt um 19.35 Uhr** und endet um 20.20 Uhr.
Die **5. Stunde** beginnt um 20.25 Uhr und **endet um 21.10 Uhr**.

ÜBUNG 19 **S. 45**
a) Die Zeitdifferenzen gegenüber der Siegzeit betragen:
1 min 47 s; 7 min 1 s; 10 min 8 s; 11 min 35 s
b) Der Zug fährt am Sonntag um 17.35 Uhr Ortszeit in Wladiwostok ab, das entspricht in Moskau der Uhrzeit 10.35 Uhr. Er erreicht Moskau am darauffolgenden Samstag um 16.44 Uhr Ortszeit. Der Zug ist also 6 Tage, 6 Stunden und 9 Minuten unterwegs.

Klassenarbeiten

AUFGABE 1 **S. 46**
a) 7 kg = 7 000 000 mg; **b)** 4500 ct = 45,00 €;
c) 10 800 s = 3 h; **d)** 0,5 kg 12 g = 512 g;
e) 200 € 2 ct = 200,02 €; **f)** 2 d 60 h = 4,5 d;
g) 124,4 kg = 0,1244 t; **h)** 12,13 € = 1213 ct;
i) 3,5 d = 5040 min

AUFGABE 2 **S. 46**
a) 6 t 122 kg = 6,122 t; **b)** 7 € 13 ct = 7,13 €;
c) 3 d 12 h = 3,5 d; **d)** 45 g 2 mg = 45,002 g;
e) 96 € 2 ct = 96,02 €; **f)** 45 min 30 s = 45,5 min

AUFGABE 3 **S. 46**
a) 23,5 kg = 23 500 g; **b)** 23,5 € = 2350 ct;
c) 23,5 d = 564 h; **d)** 52,06 g = 52 060 mg;
e) 1234,02 € = 123 402 ct; **f)** 6,25 min = 375 s

AUFGABE 4 **S. 46**
a) 45 min + 143 min – 6 min = 182 min
b) 12,98 € – 3,70 € + 4,12 € = 13,40 €
c) 23 000 kg + 4567 kg – 5327 kg = 22 240 kg
d) 250 mg + 345 mg – 500 mg = 95 mg
e) 6700 kg – 34 kg – 12 kg = 6654 kg
f) 3600 min + 1249 min + 57 min = 4426 min = 3 d 1 h 46 min

AUFGABE 5 **S. 46**
a) Mineralwasser:
3 · 4,55 € + 3 · 1,50 € + 36 · 0,15 € = 23,55 €
Saft: 5,98 € + 1,50 € + 6 · 0,15 € = 8,38 €
Rückgabe: 1,50 € + 22 · 0,15 € = 4,80 €
Wechselgeld: 100 € – 23,55 € – 8,38 € + 4,80 € = 72,87 €
Herr Schneider erhält 72,87 € Wechselgeld.
b) Jeder bekommt 24,29 €.
c) Elea und Rico haben zusammen 2 · 24,29 € = 48,58 €. 125,56 € + 48,58 € = 174,14 €

AUFGABE 6 **S. 47**
(siehe unten)

AUFGABE 7 **S. 47**
a) 700 cm; **b)** 12 000 g; **c)** 0,03 g; **d)** 721 ct;
e) 0,0175 km; **f)** 12,34 €; **g)** 42 000 kg; **h)** 1200 m

AUFGABE 6

km		m			dm	cm	mm	
Z	E	H	Z	E				
				2	**0**	**7**		2 m 7 cm = **2,07 m**
		3	0	0	4			**300 m 4 dm = 0,3004 km**
					7	**8**	**2**	**7 dm 8 cm 2 mm** = 782 mm
						4	7	**4 cm 7 mm = 0,47 dm**

AUFGABE 8 **S. 47**

a) 12 km + 175 m = 12 000 m + 175 m = 12 175 m
b) 4 m 25 cm + 37 m 8 dm = 400 cm + 25 cm + 3700 cm + 80 cm = 4205 cm
c) 2 t + 17 kg + 522 g = 2 000 000 g + 17 000 g + 522 g = 2 017 522 g

AUFGABE 9 **S. 47**

394 cm + 140 dm + 2000 mm + 400 cm + 6,1 m + 33 cm = 394 cm + 1400 cm + 200 cm + 400 cm + 610 cm + 33 cm = 3037 cm = 30,37 m

AUFGABE 10 **S. 47**

a) Fahrtzeit IC 543: 46 min (1 min bis 6.00 Uhr; 45 min bis 6.45 Uhr); E 3035: 56 min (47 min bis 12.00 Uhr; 9 min bis 12.09 Uhr)
b) Er kommt um 11.55 Uhr in Köln an.

AUFGABE 11 **S. 48**

a) 12,45 € + 2,04 € = 14,49 €
b) 0,45 ct + 104 ct = 0,45 ct + 1,04 € = 1,49 €
c) 7 € 19 ct + 234 ct + 12,01 € = 7,19 € + 2,34 € + 12,01 € = 21,54 €
d) 234,67 € – 82 € – 82 ct = 234,67 € – 82,00 € – 0,82 € = 151,85 €

AUFGABE 12 **S. 48**

Abfahrt	Fahrtdauer	Ankunft
17.30 Uhr	2 h 15 min	19.45 Uhr
23.46 Uhr	1 h 7 min	0.53 Uhr
3.39 Uhr	5 h 27 min	9.06 Uhr
21.45 Uhr	3 h 55 min	1.40 Uhr
22.10 Uhr	15 h 10 min	13.20 Uhr

AUFGABE 13 **S. 48**

a) Der „kürzeste" Tag des Jahres ist 7 h 52 min lang. (25 min bis 9.00 Uhr; 7 h bis 16.00 Uhr; 27 min bis 16.27 Uhr)
b) Juri Gagarin landet um 10.55 Uhr. (53 min bis 10.00 Uhr; 55 min bis 10.55 Uhr)

AUFGABE 14 **S. 48**

b) ist falsch, denn:
3 t – 30 kg = 3000 kg – 30 kg = 2970 kg;
c) und **d)** sind richtig;
e) ist falsch, denn: 23,52 € – 0,53 € = 22,99 €

4 Geometrische Grundbegriffe

ÜBUNG 1 und 2 **S. 50**

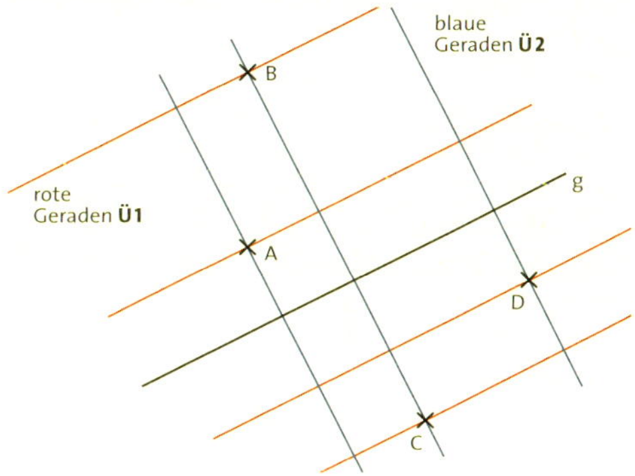

ÜBUNG 3 **S. 50**

a) schwarze Geraden; **b)** blaue Geraden;
c) rote Geraden

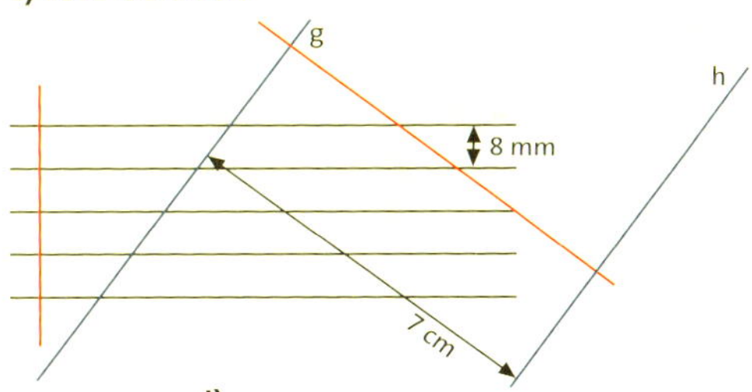

d)

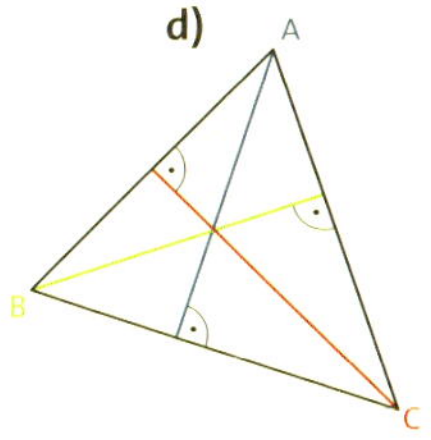

ÜBUNG 4 **S. 51**

a) parallele Seiten:
AB||DC; AD||BC ; KL||HG; KJ||FG; JI||EF; IH||LE; OP||MN; PM||ON; QT||RS; UV||XW; UX||VW
senkrechte Seiten:
DC ⊥ AD; AD ⊥ AB; AB ⊥ BC; BC ⊥ CD; BD ⊥ AC; UX ⊥ WX; WX ⊥ VW; VW ⊥ UV; UV ⊥ UX

b) Quadrat: 2,3 cm; Achteck: 2,3 cm bzw. 2,15 cm; Parallelogramm: 2,6 cm bzw. 1,9 cm; Trapez: 1,5 cm; Rechteck: 1,5 cm bzw. 2,65 cm

c) Der Abstand beträgt etwa 1,15 cm.

d) Der Abstand beträgt etwa 1,3 cm bzw. 0,95 cm.

e) Der Abstand beträgt etwa 2,4 cm.

ÜBUNG 5 **S. 53**

A (1|0); B (1|5); C (2|7); D (6|5); E (4|4); F (2|3); G (3|2); H (6|3); I (9|2); J (9|0); K (7|2); L (5|2)

ÜBUNG 6 **S. 53**

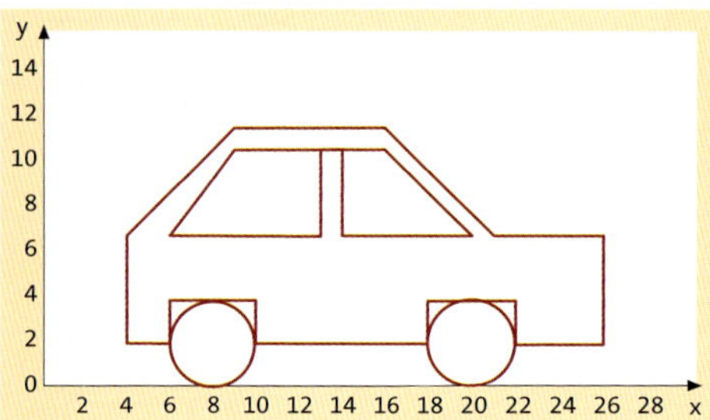

ÜBUNG 7 **S. 54**

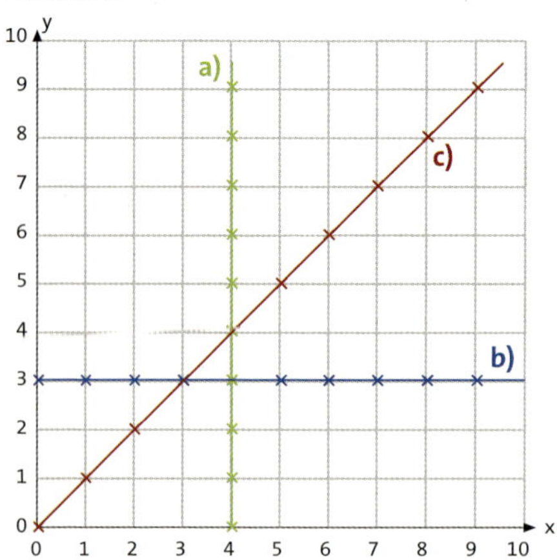

ÜBUNG 8 **S. 54**

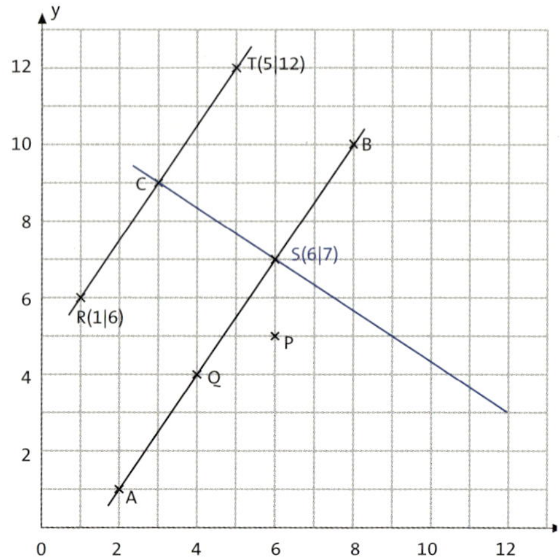

a) Q liegt auf der Geraden durch A und B; P nicht.

b) Der Schnittpunkt S hat die Koordinaten S (6|7).

c) Die Punkte R (1|6) und T (5|12) liegen z. B. ebenfalls auf der Parallelen zu AB.

ÜBUNG 9 **S. 54**

a) A (0|0); B (2|1); C (4|2); D (8|4); E (14|7); F (20|10)

b) A (1|16); B (7|4); C (3|12); D (8|2); E (3|12)

c) A (15|8); B (8|1); C (13|6); D (12|5); E (7|0); F (24|17)

ÜBUNG 10 **S. 54**

a)

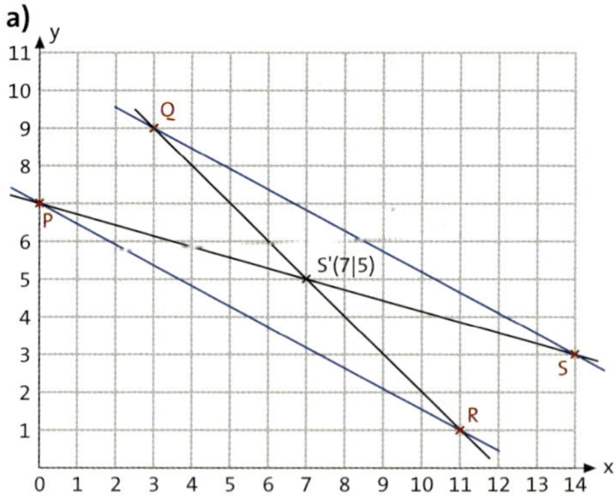

b) PR und QS verlaufen parallel; PS und QR schneiden sich.
c) S' hat die Koordinaten (7|5).

ÜBUNG 11 **S. 56**
a), **b)** und **f)** stellen jeweils ein Würfelnetz dar.

ÜBUNG 12 **S. 56**
(Maßstab 1 : 2)
a)
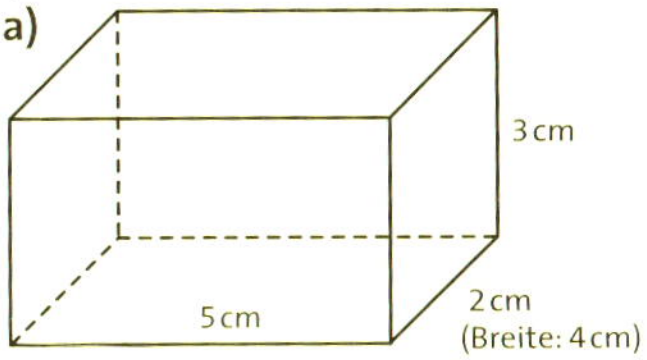

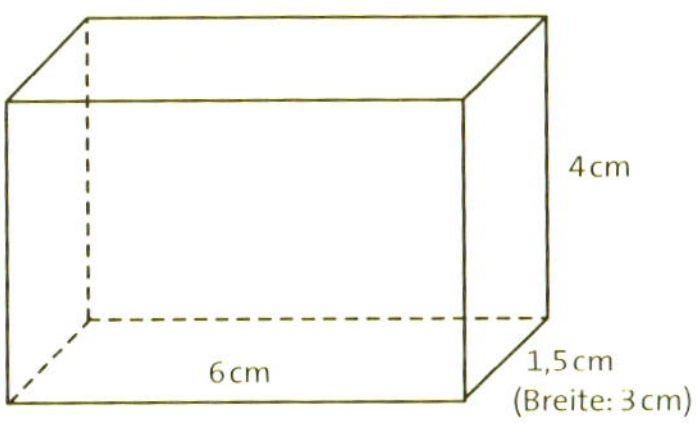

c)
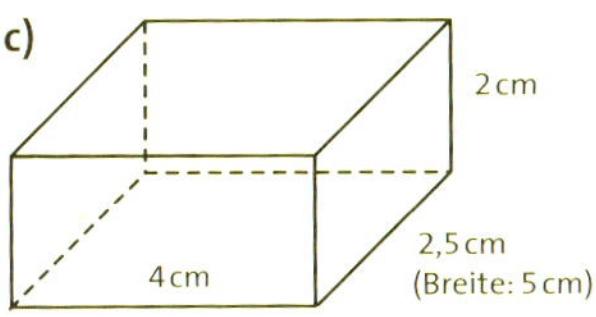

ÜBUNG 13 **S. 56**
a)
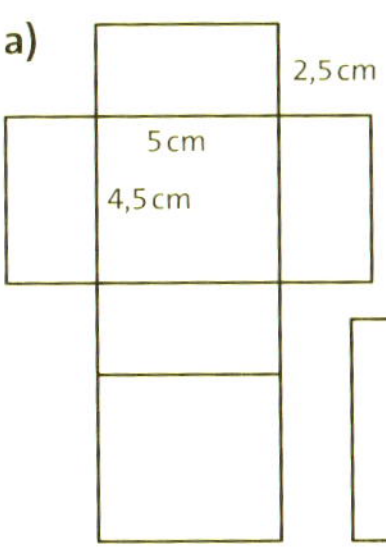

b)
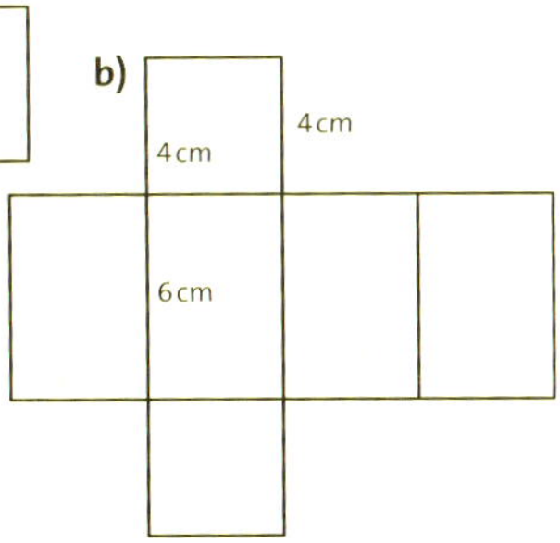

c)
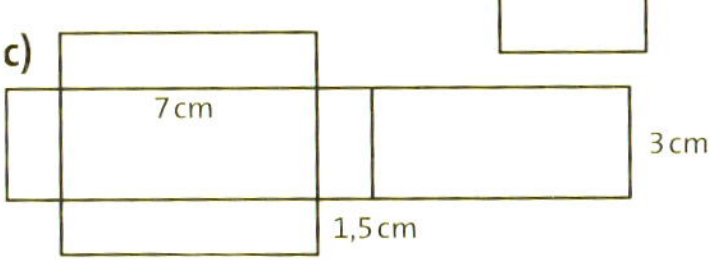

ÜBUNG 14 **S. 56**
Blaue Linien müssen parallel verlaufen, grüne Linien müssen gleich lang sein!

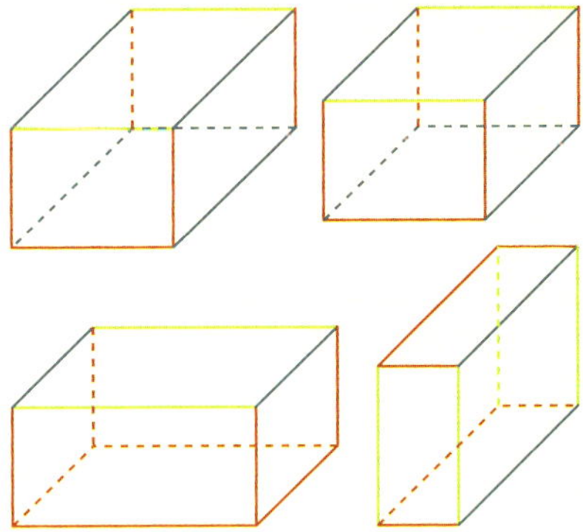

ÜBUNG 15 **S. 57**
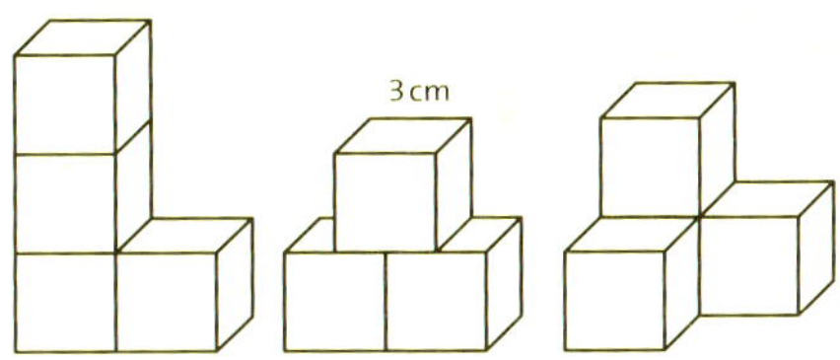

ÜBUNG 16 **S. 57**
Folgende Netze und Würfel gehören zusammen: 1 und b; 2 und c; 3 und a.

ÜBUNG 17 **S. 59**

Symmetrie	**Nummer der Verkehrszeichen**
nur achsensymmetrisch	1 / 9 / 10 / 14 / 16
nur punkt- oder drehsymmetrisch	4 / 12
punkt-, dreh- und achsensymmetrisch	2 / 5 / 8 / 13 / 15
keine Symmetrie	3 / 6 / 7 / 11

ÜBUNG 18 **S. 59**

ÜBUNG 19 **S. 60**

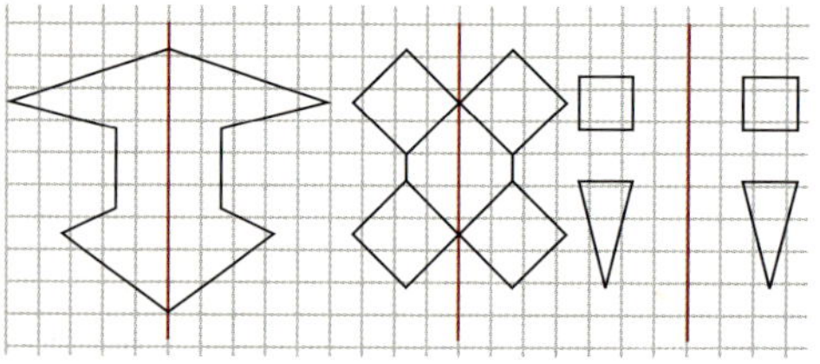

ÜBUNG 20 **S. 60**

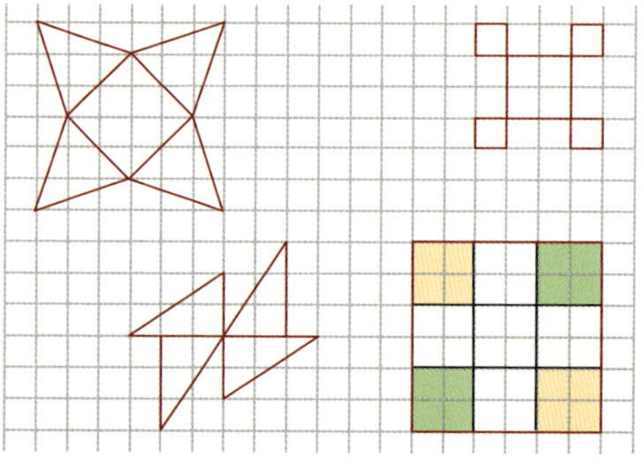

AUFGABE 2 **S. 61**

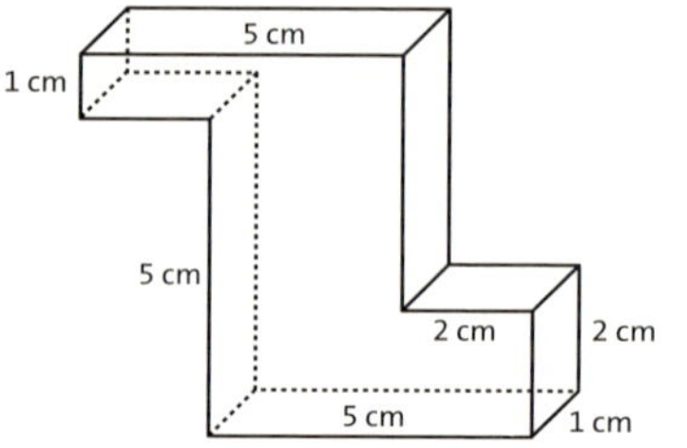

AUFGABE 3 **S. 62**

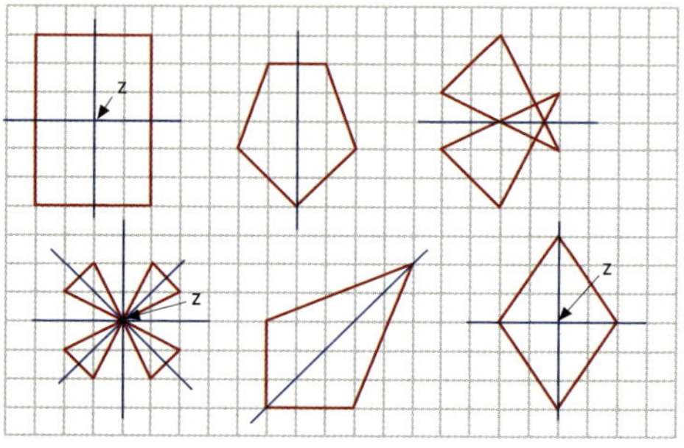

AUFGABE 4 **S. 62**

a) – d)

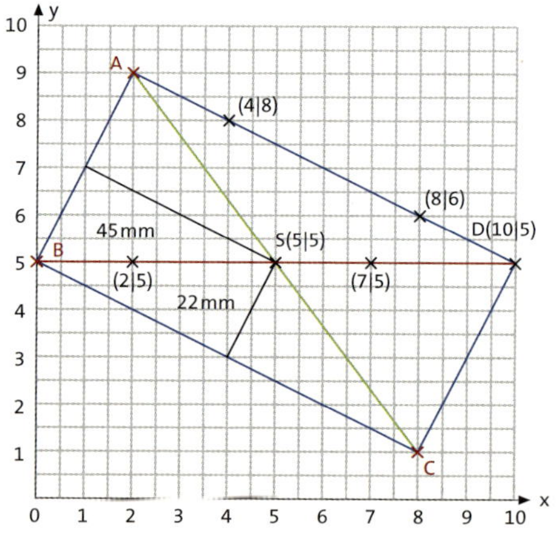

Klassenarbeiten

AUFGABE 1 **S. 61**

Parallele Geraden: a||d; e||g

Senkrechte Geraden: a⊥e; a⊥g; e⊥d; g⊥d; c⊥f

AUFGABE 5 **S. 63**

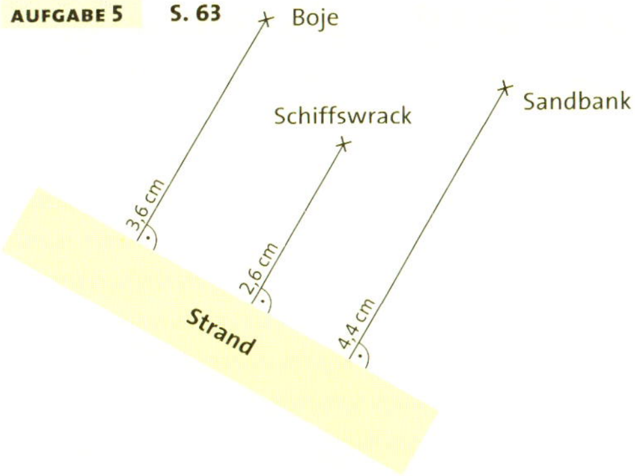

a) Entfernung Strand – Boje: 3,6 cm;
Strand – Schiffswrack 2,6 cm;
Strand – Sandbank 4,4 cm
Da 1 cm auf der Karte in der Wirklichkeit 10 m entspricht, gilt: 3,6 cm ≙ 36 m; 2,6 cm ≙ 26 m; 4,4 cm ≙ 44 m.
b) Leo kann nur die Boje und das Schiffswrack gefahrlos erreichen, die Entfernung zur Sandbank ist mit 44 m zu groß.

AUFGABE 6 **S. 63**

a)

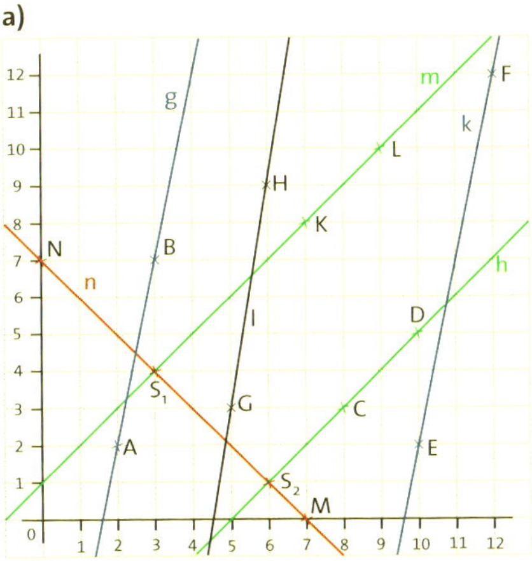

b) Es ist g II k und m II h; n ⊥ m und n ⊥ h.
c) S_1 (3|4); S_2 (6|1)

AUFGABE 7 **S. 64**

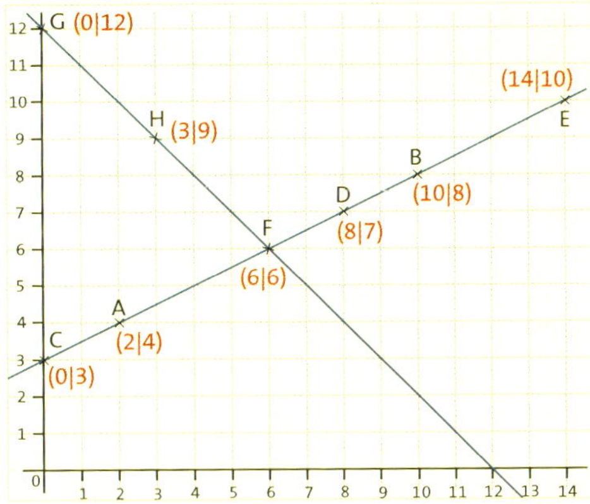

a) C (0|3); **b)** D (8|7); E (14|10); F (6|6); **c)** Gerade siehe Abbildung; S (6|6); **d)** Die Geraden g und h schneiden sich nicht in einem rechten Winkel.

AUFGABE 8 **S. 64**

1) und 2) sind keine Netze von Quadern:
Bei 1) gibt es 7 Flächen und bei 2) ist die Kantenlänge zweier Flächen falsch; nur aus 3) könnte ein Quader hergestellt werden.

AUFGABE 9 **S. 64**

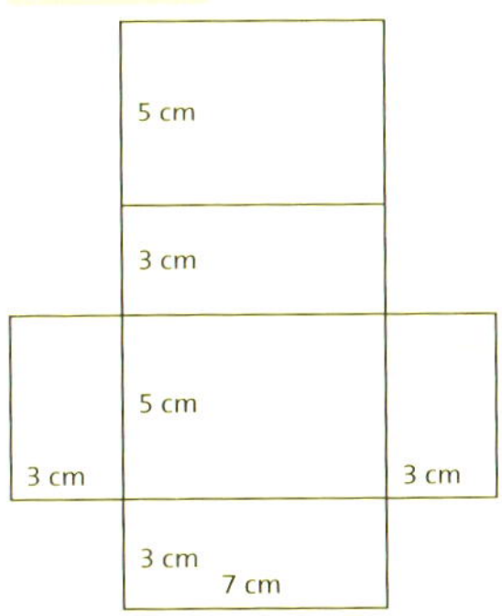

AUFGABE 10 **S. 64**

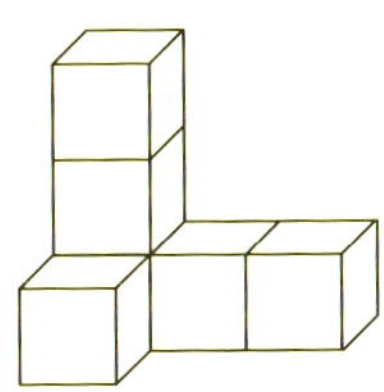

AUFGABE 11 **S. 65**

a)

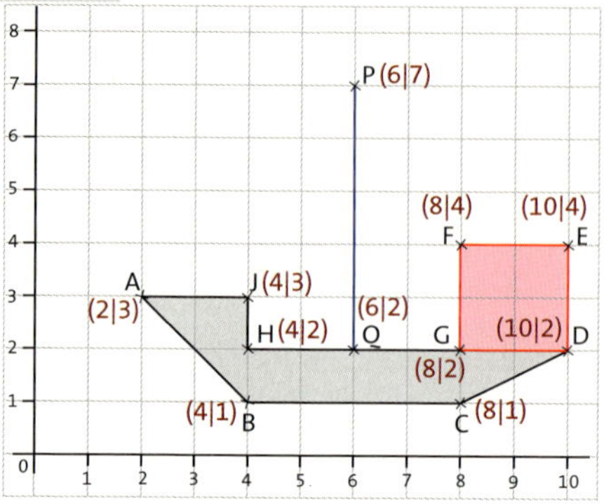

b) Ein Schiff ohne Mast.

c) Der Mast muss in Q (6|2) verankert werden.

d) Das eingefärbte Viereck ist ein Quadrat.

AUFGABE 12 **S. 66**

a)

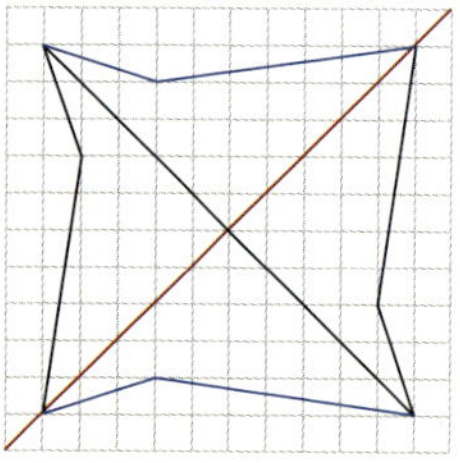

b)

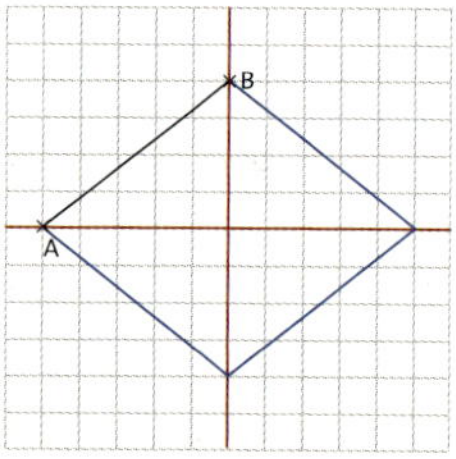

AUFGABE 13 **S. 66**

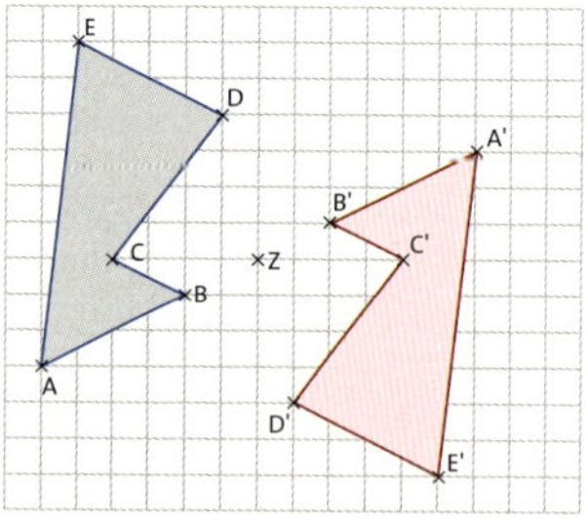

5 Längen, Flächen, Rauminhalte

ÜBUNG 1 **S. 69**

a) 56 dm; **b)** 92 000 m; **c)** 783 cm; **d)** 990 m

ÜBUNG 2 **S. 69**

a) 25 a; **b)** 8700 ha; **c)** 66 m^2; **d)** 950 000 dm^2

ÜBUNG 3 **S. 69**

a) 401 000 dm^3; **b)** 560 l; **c)** 90 000 mm^3;
d) 479 cm^3

ÜBUNG 4 **S. 69**

a) 65 000 cm^2; **b)** 9500 m; **c)** 123 000 000 mm^3;
d) 450 km^2; **e)** 10,5 m; **f)** 375 800 m^2

ÜBUNG 5 **S. 70**

a) 6 a 87 m^2 = 687 m^2; 687 · 215 € = 147 705 €
Das Grundstück kostet 147 705 €.
b) 1 ha 40 a = 10 000 m^2 + 4000 m^2
= 14 000 m^2; 14 000 m^2 – 2400 m^2
= 11 600 m^2; 11 600 m^2 : 40 = 290 m^2
Die einzelnen Grundstücke werden 290 m^2 groß.

ÜBUNG 6 **S. 70**

a) 56,4 cm (564 mm) < 6,6 dm (660 mm)
< 780 mm
b) 0,002 dm^3 (2 cm^3) < 23 000 mm^3 (23 cm^3)
< 87 cm^3 < 0,1 l (100 cm^3)
c) 8,5 a (850 m^2) < 0,3 ha (3000 m^2) < 5430 m^2
d) 3,5 l (3500 cm^3) < 3561 ml (3561 cm^3)
< 3790 cm^3 < 3,8 dm^3 (3800 cm^3)
e) 654 m < 0,87 km (870 m) < 189 000 cm
(1890 m)
f) 21 670 mm^2 (216,7 cm^2) < 27,5 dm^2
(2750 cm^2) < 5030 cm^2 < 0,66 m^2 (6600 cm^2)

ÜBUNG 7 **S. 70**

a) 56,3 km + 120 m + 8908,3 m
= 56 300 m + 120 m + 8908,3 m = 65 328,3 m
b) 3420,4 cm + 10,5 m – 5679 mm = 34 204 mm
+ 10 500 mm – 5679 mm = 39 025 mm
c) 45,5 m^2 + 1,23 a – 36 m^2
= 45,5 m^2 + 123 m^2 – 36 m^2 = 132,5 m^2
d) 690 000 mm^2 – 4,2 dm^2 + 350,8 cm^2
= 690 000 mm^2 – 42 000 mm^2 + 35 080 mm^2
= 683 080 mm^2

e) $80\ cm^3 + 0{,}02\ dm^3 + 6720\ mm^3$
$= 80\,000\ mm^3 + 20\,000\ mm^3 + 6720\ mm^3$
$= 106\,720\ mm^3$
f) $5002\ dm^3 + 1{,}05\ m^3 - 470\,000\ cm^3 =$
$= 5\,002\,000\ cm^3 + 1\,050\,000\ cm^3 - 470\,000\ cm^3$
$= 5\,582\,000\ cm^3$

ÜBUNG 8 **S. 70**
a) 0,3 km + 4592,1 m
= 300 m + 4592,1 m = 4892,1 m = 4,8921 km
b) $230\ m^2 + 6{,}7\ a = 230\ m^2 + 670\ m^2$
$= 900\ m^2 = 9\ a$
c) $9000\ dm^3 - 7{,}5\ m^3 = 9000\ dm^3 - 7500\ dm^3$
$= 1500\ dm^3 = 1{,}5\ m^3$
d) $78{,}6\ l + 34{,}4\ cm^3 - 4500\ ml$
= 78 600 ml + 34,4 ml − 4500 ml
= 74 134,4 ml = 74,1344 l
e) 4,06 m + 75 cm − 2006 mm
= 4060 mm + 750 mm − 2006 mm
= 2804 mm = 2,804 m
f) $55\ ha - 478\ a + 6500\ m^2$
$= 550\,000\ m^2 - 47\,800\ m^2 + 6500\ m^2$
$= 508\,700\ m^2 = 50{,}87\ ha$

ÜBUNG 9 **S. 70**
a) 86 cm − 81 mm = 779 mm
b) 12 km − 7650 m = 4350 m
c) $78\ m^2 + 220\,000\ cm^2 = 100\ m^2$
d) $400\ a + 70\,000\,000\ m^2 = 7004\ ha$
e) $600\ cm^3 + 500\ ml = 1{,}1\ l$
f) $50{,}08\ cm^3 - 8790\ mm^3 = 41{,}29\ cm^3$

ÜBUNG 10 **S. 70**
a) 6754 mm; **b)** $89\,005\ dm^2$; **c)** 93 310 a;
d) 5 600 335 cm; **e)** $6\,402\,290\ m^2$; **f)** $34\,200\ cm^3$

ÜBUNG 11 **S. 71**
a) 56,82 m; **b)** 9,035 km; **c)** 4,2 dm; **d)** $6{,}04\ m^2$;
e) 50,23 ha; **f)** $40{,}02\ dm^2$; **g)** $72{,}053\ m^3$;
h) 7,0006 a

ÜBUNG 12 **S. 71**
a) $945\ dm^2\ 61\ cm^2$; **b)** 32 km 840 m;
c) $4\ m^3\ 780\ dm^3$; **d)** 77 km 450 m;
e) $854\ cm^3\ 290\ mm^3$; **f)** 10 ha 95 a;
g) $934\ dm^3\ 550\ cm^3$; **h)** 1 km 78 cm

ÜBUNG 13 **S. 73**

	Flächeninhalt A	Umfang U
a)	$108\ cm^2$	42 cm
b)	$9\ m^2$	12 m
c)	$240\ cm^2 = 2{,}4\ dm^2$	92 cm = 9,2 dm
d)	$600\ mm^2 = 6\ cm^2$	124 mm = 12,4 cm
e)	$675\ cm^2 = 6{,}75\ dm^2$	120 cm = 12 dm
f)	$64\,325\ cm^2$	1140 cm = 114 dm

ÜBUNG 14 **S. 73**
a) b = 5 cm; U = 22 cm
b) b = 5 dm; U = 26 dm
c) b = 5 m; U = 34 m
d) b = 4 m; U = 4008 m

ÜBUNG 15 **S. 73**
a) $29\ cm \cdot 5000\ cm = 145\,000\ cm^2 = 14{,}5\ m^2$
Die Fläche, die bedeckt werden kann, ist $14{,}5\ m^2$ groß.
b) $18\ m \cdot 27\ m = 486\ m^2$; 486 · 162 €
= 78 732 €
Der erzielte Preis beträgt 78 732 €.

ÜBUNG 16 **S. 73**
a) a = 2 cm; $A = 12\ cm^2$
b) a = 4 dm; $A = 32\ dm^2$
c) a = 12 m; $A = 144\ m^2$
d) a = 500 m; $A = 1\,000\,000\ m^2 = 1\ km^2$

ÜBUNG 17 **S. 73**
a) Weidefläche: $140\ m \cdot 56\ m = 7840\ m^2$; Zaunlänge: 2 · 140 m + 2 · 56 m = 392 m
Die Weidefläche ist $7840\ m^2$ groß, der Zaun muss 392 m lang sein.
b) Platten: $A = 8\ m \cdot 5\ m = 40\ m^2 = 400\,000\ cm^2$; pro m^2 werden 4 Steine benötigt: 4 · 40 = 160; Kantensteine: U = 2 · 8 m + 2 · 5 m = 26 m
Es werden 160 Platten und 26 Kantensteine benötigt.

ÜBUNG 18 **S. 73**
a) (90 cm + 40 cm) · (175 cm + 40 cm)
$= 130\ cm \cdot 215\ cm = 27\,950\ cm^2 = 2{,}795\ m^2$
Frau Otte muss $2{,}795\ m^2$ Stoff einkaufen.
b) 2 · 130 cm + 2 · 215 cm = 690 cm = 6,9 m
Das gesamte Band muss 6,9 m lang sein.

ÜBUNG 19 **S. 74**

a) A = 5 m · 4 m + 2 m · 10 m + 2 m · 8 m
= 56 m^2
U = 8 m + 4 m + 2 m + 5 m + 4 m + 5 m
+ 4 m + 2 m + 2 m + 2 m = 38 m
b) A = 2 dm · 3 dm + 2 dm · 6 dm
+ 1 dm · 9 dm + 3 dm · 7 dm = 48 dm^2
U = 7 dm + 4 dm + 3 dm + 5 dm + 2 dm
+ 3 dm + 4 dm + 3 dm + 2 dm + 3 dm = 36 dm
c) A = 3 m · 10 m + 3 m · 6 m + 3 m · 8 m
+ 2 m · 4 m = 80 m^2
U = 10 m + 3 m + 4 m + 3 m + 2 m + 3 m
+ 4 m + 2 m + 4 m + 11 m = 46 m
d) A = 6 cm · 1,5 cm + 1 cm · 4 cm
+ 1 cm · 3 cm + 2 cm · 5 cm = 26 cm^2
U = 6 cm + 1,5 cm + 2 cm + 2 cm + 2 cm
+ 2 cm + 5 cm + 3 cm + 1 cm + 2,5 cm = 27 cm

ÜBUNG 20 **S. 74**

a) 35 m · 22 000 m = 770 000 m^2 = 7700 a
= 77 ha
14 m · 22 000 m = 308 000 m^2 = 3080 a = 30,8 ha
Es müssen 77 ha Wald gerodet werden, um eine 22 km lange Autobahnstrecke zu bauen. Um eine ebenso lange Bahnstrecke zu bauen, müssen 30,8 ha Wald gerodet werden.
b) 7700 : 3080 = 2 + 1540 : 3080
Für eine 22 km lange Autobahnstrecke wird also mehr als 2-mal so viel Platz benötigt wie für eine ebenso lange Bahnstrecke.
c) 1540 a + 7700 a = 9240 a
9240 : 3080 = 3
Unter diesen Voraussetzungen wird für die Autobahnstrecke sogar 3-mal so viel Platz benötigt wie für die Bahnstrecke.

ÜBUNG 21 **S. 74**

a) 300 cm · 250 cm = 75 000 cm^2
2 · 9 · 75 000 cm^2 = 1 350 000 cm^2 = 135 m^2
135 : 6 = 22 + 3 : 6
Frau Horstmann benötigt 23 Dosen Farbe.
b) 2 · 250 cm + 2 · 300 cm = 1100 cm
9 · 1100 cm = 9900 cm = 99 m
Frau Horstmann benötigt insgesamt 99 m Holzleisten.

ÜBUNG 22 **S. 75**

Die gesamte Wand ist
3450 mm · 2520 mm = 8 694 000 mm^2 groß.
Nebeneinander passen 37 Bierdeckel, denn
3450 mm : 93 mm = 37 + 9 : 93. Daher bleibt ein dünner Streifen von etwa 9 mm unbeklebt.
Übereinander passen 27 Deckel, denn
2520 mm : 93 mm = 27 + 9 : 93. Auch hier bleibt also ein etwa 9 mm breiter Streifen frei.
Insgesamt werden also 27 · 37 = 999 Bierdeckel benötigt, um die gesamte Wand damit zu tapezieren.
Mit 888 Bierdeckeln kann Helmut nur
888 · 93 mm · 93 mm = 888 · 8649 mm^2
= 7 680 312 mm^2 tapezieren.
Es bleibt also eine Fläche von 8 694 000 mm^2
– 7 680 312 mm^2 = 1 013 688 mm^2
= 1,013 688 m^2 frei.

ÜBUNG 23 **S. 75**

1) 3 · 25 a = 75 a = 7500 m^2
7500 m^2 : 120 m = 750 000 dm^2 : 1200 dm
= 625 dm = 62,5 m
2) 3 · 1,22 ha = 3,66 ha = 36 600 m^2
36 600 m^2 : 120 m = 305 m
Das Feld war mindestens 62,5 m und höchstens 305 m lang.

ÜBUNG 24 **S. 75**

Der Flächeninhalt ...
a) wird doppelt so groß. **b)** wird halbiert.
c) wird auf ein Viertel verkleinert.
d) bleibt gleich. **e)** beträgt das 4-Fache.
f) beträgt das 4-Fache. **g)** beträgt das 16-Fache.
h) verdoppelt sich.
Der Umfang ...
a) erhöht sich um das Zweifache dieser Seitenlänge.
b) verringert sich um diese Seitenlänge.
c) halbiert sich.
d) beträgt U = a + 4 · b.
e) verdoppelt sich.
f) beträgt U = 2a + 8b.
g) wird 4-mal so groß.
h) beträgt U = a + 8 · b.

ÜBUNG 25 **S. 77**

Volumen	Oberfläche
a) 423 cm^3	384 cm^2
b) 27 m^3	54 m^2
c) 1200 cm^3	940 cm^2
d) 1350 cm^3 = 1,35 dm^3	1590 cm^2 = 15,9 dm^2
e) 20 584 000 cm^3 = 20,584 m^3	493 450 cm^2 = 49,3450 m^2

ÜBUNG 26 **S. 77**

a) V = 300 cm^3; c = 5 cm; A_O = 280 cm^2;
b) V = 400 dm^3; c = 10 dm; A_O = 340 dm^2;
c) V = 6 000 000 dm^3; c = 10 000 dm; A_O = 2 501 200 dm^2;
d) V = 18 000 m^3; c = 3 m; A_O = 24 018 m^2

ÜBUNG 27 **S. 77**

a) 10 m · 6 m · 2,5 m = 150 m^3
150 m^3 : 25 = 6 m^3; für jeden Schüler stehen 6 m^3 Luft zur Verfügung.
b) 630 000 l = 630 000 dm^3
15 m · 12 m = 180 m^2 = 18 000 dm^2
630 000 dm^3 : 18 000 dm^2 = 35 dm = 3,5 m
Der Teich muss mindestens 3,5 m tief sein.

ÜBUNG 28 **S. 77**

a) 1700 cm · 120 cm · 25 cm
= 5 100 000 cm^3
240 mm · 125 mm · 120 mm = 3 600 000 mm^3
= 3600 cm^3
5 100 000 : 3600 = 1416 + 2400 : 3600
Herr L. braucht nach dieser Rechnung also mindestens 1417 Steine (der abgeschlagene Überstand der Steine wird wiederverwendet).
Oder: In der Breite (Dicke) passen 2 Steine, in der Höhe 10 Steine nebeneinander.
20 Steine ergeben eine 24 cm lange Mauer.
1700 : 24 = 70 + 20 : 24
Man benötigt in der Länge 71 Reihen.
71 · 20 = 1420 Steine (der Überstand wird hier nicht verwendet).
b) 30 dm · 20 dm · 15 dm = 9000 dm^3;
9000 : 10 = 900
Man muss 900 10-Liter-Eimer füllen, um den Teich zu leeren.
Anstrichfläche: 1 · (3 m · 2 m)
+ 2 · (2 m · 1,5 m) + 2 · (1,5 m · 3m) = 21 m^2
Die Fläche, die gestrichen werden muss, ist 21 m^2 groß.

ÜBUNG 29 **S. 77**

12 cm · 15 cm · 500 cm = 90 000 cm^3
a) 90 000 · 7800 mg = 702 000 000 mg
= 702 kg
Es ist ein Kran erforderlich, um den Stahlträger zu heben, da dieser 702 kg wiegt!
b) 2 · 12 cm · 15 cm + 2 · 12 cm · 500 cm
+ 2 · 15 cm · 500 cm = 27 360 cm^2 = 2,736 m^2
Eine Dose Farbe ist ausreichend.

ÜBUNG 30 **S. 78**

a) Außenquader: 2 dm · 2 dm · 3 dm = 12 dm^3
Ausgeschnittener Würfel: 1 dm^3
Gesamtvolumen: 12 dm^3 – 1 dm^3 = 11 dm^3
b) linker Quader: 1 m · 2 m · 2 m = 4 m^3
mittlerer Quader: 1 m · 3 m · 2 m = 6 m^3
rechter Quader: 2 m · 1 m · 2 m = 4 m^3
Gesamtvolumen: 4 m^3 + 6 m^3 + 4 m^3 = 14 m^3
c) linker Quader: 2 cm · 4 cm · 7 cm = 56 cm^3
mittlerer Quader: 3 cm · 4 cm · 2 cm = 24 m^3
rechter Quader: 1 cm · 4 cm · 4 cm = 16 cm^3
Gesamtvolumen: 56 cm^3 + 24 m^3 + 16 cm^3 = 96 cm^3

ÜBUNG 31 **S. 78**

2 · (30 cm · 18 cm + 30 cm · 11 cm
+ 18 cm · 11 cm + 2 cm · 30 cm + 2 cm · 18 cm)
= 2328 cm^2
20 cm · 30 cm = 600 cm^2
2328 : 600 = 3 + 528 : 600
Man benötigt also mindestens 4 Zeitungsseiten.

ÜBUNG 32 **S. 78**

Fläche: 30 dm · 26 dm + 35 dm · 41 dm
= 2215 dm^2 = 221 500 cm^2
Volumen Torf: 221 500 cm^2 · 8 cm
= 1 772 000 cm^3 = 1772 l
1772 : 80 = 22 + 12 : 80
Man muss 23 Säcke Torf kaufen.

ÜBUNG 33 **S. 78**

a) 216 m^2 : 6 = 36 m^2
Die Kantenlänge muss 6 m betragen, da 6 m · 6 m = 36 m^2.

$V = 6\ m \cdot 6\ m \cdot 6\ m = 216\ m^3$
Das Volumen beträgt 216 m^3.
b) $170\ m^2 - 2 \cdot 25\ m^2 = 120\ m^2$
$120\ m^2 : 4 = 30\ m^2$
Der Flächeninhalt einer rechteckigen Seitenfläche beträgt 30 m^2. Da die kürzere Seite dieser Fläche 5 m lang ist, muss die längere $30\ m^2 : 5\ m = 6\ m$ lang sein.
$V = 5\ m \cdot 5\ m \cdot 6\ m = 150\ m^3$
Das Volumen beträgt also 150 m^3.

Klassenarbeiten

AUFGABE 1 **S. 79**
a) 5 km + 2000 m – 1,5 km = 5,5 km
b) 23 m 6 cm + 4 dm 5 cm
= 2306 cm + 45 cm = 2351 cm
c) $9\ dm^3 : 36 = 9000\ cm^3 : 36 = 250\ cm^3$
d) $5000\ cm^3$ + 5 l = 5 l + 5 l = 10 l

AUFGABE 2 **S. 79**
a) $110\ m \cdot 80\ m = 8800\ m^2 = 88\ a$
88 : 2 = 44
Der Platzwart braucht 44 Minuten, um den Rasen zu mähen.
b) $2 \cdot 110\ m + 2 \cdot 80\ m = 380\ m$
Die weiße Linie ist insgesamt 380 m lang.
c) $16{,}5\ m \cdot 40\ m = 165\ dm \cdot 400\ dm$
$= 66\,000\ dm^2 = 660\ m^2$
Die Fläche, in der der Torwart den Ball in die Hand nehmen darf, ist 660 m^2 groß.

AUFGABE 3 **S. 79**
a) 0,7 km; **b)** 480 000 cm^2; **c)** 4250 mm^3;
d) 85,2 m^2; **e)** 5,6 ml; **f)** 8,056 km

AUFGABE 4 **S. 79**
a) U = 160 cm, A = 1344 cm^2
b) a = 4 cm, A = 24 cm^2
c) b = 3 m, U = 22 m
d) $V = 210\,600\ cm^3 = 210{,}6\ dm^3$,
$A_O = 22\,210\ cm^2 = 2{,}221\ m^2$
e) c = 4 m, $A_O = 238\ m^2$

AUFGABE 5 **S. 80**
a) 987 654 mm = 987 m 6 dm 5 cm 4 mm
b) 456,5 cm = 4 m 5 dm 6 cm 5 mm
c) 345 678 dm^2 = 34 a 56 m^2 78 dm^2
d) 570 034 m^2 = 57 ha 34 m^2

AUFGABE 6 **S. 80**
a) $400 \cdot 10\ m^2 + 10\ a = 4000\ m^2 + 10\ a$
$= 40\ a + 10\ a = 50\ a = 5000\ m^2$
Der Parkplatz muss 5000 m^2 bzw. 50 a groß werden.
b) $5000\ m^2 : 100\ m = 50\ m$;
also $U = 2 \cdot 50\ m + 2 \cdot 100\ m = 300\ m$
Die gesamte Umzäunung ist 300 m lang.

AUFGABE 7 **S. 80**
a) $80\ cm \cdot 40\ cm \cdot 25\ cm = 80\,000\ cm^3$ = 80 l
Hans kann 10 Fische in das Aquarium aufnehmen.
b) 10 l = $10\ dm^3 = 10\,000\ cm^3$
$80\ cm \cdot 40\ cm = 3200\ cm^2$
10 000 : 3200 = 3 + 400 : 3200
Das Wasser steht etwas mehr als 3 cm hoch.
c) 80 l = $80\,000\ cm^3 = 80\,000\,000\ mm^3$;
$12\ m^2 = 120\,000\ cm^2 = 12\,000\,000\ mm^2$
$80\,000\,000\ mm^3 : 12\,000\,000\ mm^2$
$= 6\ mm + (8 : 12)\ mm$
Das Wasser steht etwas mehr als 6 mm hoch.
d) $2 \cdot 80\ cm \cdot 30\ cm + 2 \cdot 40\ cm \cdot 30\ cm = 7200\ cm^2$
Die Glasoberfläche (also ohne Boden und Deckel) des Aquariums ist 7200 cm^2 groß.

AUFGABE 8 **S. 80**
Es entstehen 27 kleine Würfel:
8 Eckwürfel mit je 3 ungestrichenen Flächen; 12 Kantenwürfel mit je 4 ungestrichenen Flächen; 6 mittlere Würfel mit je 5 ungestrichenen Flächen; 1 Innenwürfel mit 6 ungestrichenen Flächen. 24 + 48 + 30 + 6 ungestrichene Flächen ergeben 108 m^2 Gesamtfläche.

AUFGABE 9 **S. 81**
1 l = $1\ dm^3 = 1000\ cm^3 = 1\,000\,000\ mm^3$;
$7 \cdot 1\,000\,000\ mm^3 = 7\,000\,000\ mm^3$. Da ein Tropfen ein Volumen von 1 mm^3 hat, befinden sich etwa 7 Millionen Wassertropfen im Eimer.

AUFGABE 10 **S. 81**

a) Für jeden Würfel mit der Kantenlänge 1 m gilt: $V = 1\ m^3$. Der Körper besteht aus 25 Würfeln, somit ist das Gesamtvolumen $V = 25 \cdot 1\ m^3 = 25\ m^3$.

b) Geschickt sollte man erst das Volumen des Würfels berechnen:
$V_W = 4\ m \cdot 4\ m \cdot 4\ m = 64\ m^3$
Für den Ergänzungskörper ergibt sich dann:
$V_E = V_W - 25\ m^3 = 64\ m^3 - 25\ m^3 = 39\ m^3$.
Das Volumen des Ergänzungskörpers beträgt $V_E = 39\ m^3$, das des Würfels $V_W = 64\ m^3$.

AUFGABE 11 **S. 81**

a)

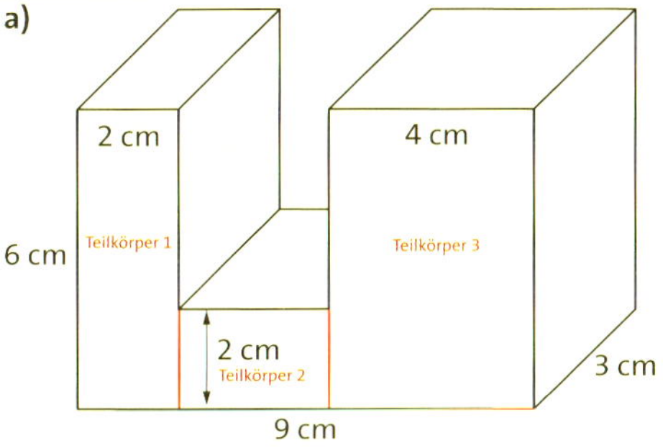

Volumina der einzelnen Teilkörper berechnen:
Teilkörper 1: $V = 2\ cm \cdot 6\ cm \cdot 3\ cm = 36\ cm^3$;
Teilkörper 2: Berechnung der fehlenden Seitenlänge: $9\ cm - 2\ cm - 4\ cm = 3\ cm$;
$V = 3\ cm \cdot 2\ cm \cdot 3\ cm = 18\ cm^3$;
Teilkörper 3: $V = 4\ cm \cdot 6\ cm \cdot 3\ cm = 72\ cm^3$;
Gesamtvolumen: $V = 36\ m^3 + 18\ cm^3 + 72\ cm^3 = 126\ cm^3$

b)

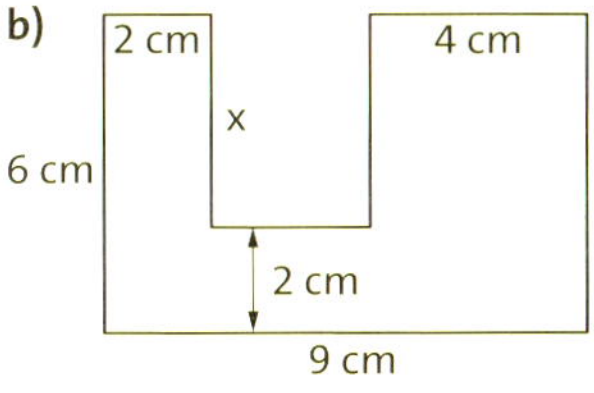

c) Bestimmen der Seitenlänge x:
$x = 6\ cm - 2\ cm = 4\ cm$;
$U = 9\ cm + 6\ cm + 4\ cm + 4\ cm + 3\ cm + 4\ cm + 2\ cm + 6\ cm = 2 \cdot 9\ cm + 2 \cdot 6\ cm + 2 \cdot 4\ cm = 38\ cm$.

AUFGABE 12 **S. 82**

Gesamtvolumen $V = 12\ m \cdot 8\ m \cdot 7\ m = 672\ m^3$;
Volumen der Aussparung: $V = 5\ m \cdot 4\ m \cdot 7\ m = 140\ m^3$;
Volumen des Körpers
$V = 672\ m^3 - 140\ m^3 = 532\ m^3$

AUFGABE 13 **S. 82**

a) Grundstücksgröße 3,4 a = 340 m^2; Flächen für Haus, Weg, Terrasse und Autostellplatz:
$A = 70\ m^2 + 12\ m^2 + 25\ m^2 + 22\ m^2 = 129\ m^2$;
Wiesenfläche $A = 340\ m^2 - 129\ m^2 = 211\ m^2$. Für die Spielwiese bleibt eine Fläche von 211 m^2.

b) 1020 € : 120 = 8,50 €. Familie Bedorf muss 8,50 € Miete pro Quadratmeter bezahlen.

c) 9,2 ha = 920 a, 2 ha = 200 a;
920 a + 320 a + 200 a + 45 a
= 1485 a = 148 500 m^2 = 0,1485 km^2

AUFGABE 14 **S. 82**

a) Grundstück A: $A = 24\ m \cdot 12\ m = 288\ m^2$;
Grundstück B: Das Grundstück B kann in 2 Teilflächen A_1 und A_2 aufgeteilt werden.
$A_1 = 9\ m \cdot 18\ m = 162\ m^2$; zur Berechnung der Fläche A_2 müssen die Seitenlängen c und d bestimmt werden: $c = 18\ m - 9\ m = 9\ m$ und $d = 21\ m - 12\ m = 9\ m$; $A_2 = 81\ m^2$; Gesamtfläche $B = 243\ m^2$;
Grundstück C: Das Grundstück C kann in 2 Teilflächen A_3 und A_4 aufgeteilt werden. Bestimmung der Seitenlängen e und f: $e = 24\ m - c = 15\ m$ und $f = 27\ m - e = 12\ m$.
$A_3 = e \cdot d = 135\ m^2$; $A_4 = 21\ m \cdot f = 252\ m^2$;
Gesamtfläche $C = 387\ m^2$

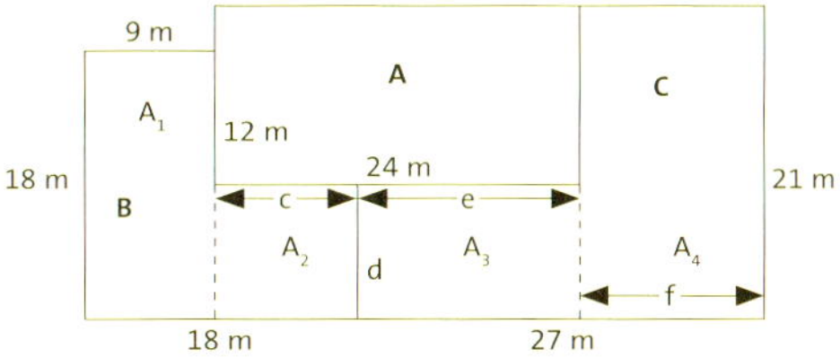

b) Die Kosten für Grundstück A:
288 · 250 € = 72 000 €; für Grundstück B:
243 · 250 € = 60 750 €; für Grundstück C:
387 · 250 € = 96 750 €
Familie Neustadt kann insgesamt

25 000 € + 45 000 € = 70 000 € aufbringen. Sie kann Grundstück B somit sofort erwerben, für Grundstück A müsste sie noch 2000 € sparen, Grundstück C ist zu teuer.

6 Ganze Zahlen

ÜBUNG 1 **S. 84**

1. Zahlenstrahl von links:
–475; –350; –225; –175; –100; 25
2. Zahlenstrahl von links:
–64; –54; –38; –30; –18; –4; 8

ÜBUNG 2 **S. 84**

a) –1762 > –1765; **b)** –450 < 0; **c)** –2934 < 46; **d)** 44 153 < 44 163; **e)** 8799 > –8900; **f)** –78 > –87

ÜBUNG 3 **S. 84**

a) –43 < –23 < –12 < 11 < 27 < 34
b) –2223 < –1310 < –1299 < –414 < 2411 < 3100
c) –157 099 < –76 455 < –67 677 < –17 344 < 11 033

ÜBUNG 4 **S. 84**

V.	–84	–561	–1	–100	–11 600	–2
Z.	–83	–560	0	–99	–11 599	–1
N.	–82	–559	1	–98	–11 598	0

ÜBUNG 5 **S. 84**

a) z. B. –15; –6; 1; 27; 100; **b)** z. B. 0; –1; –15; –39; –1298; **c)** –682; –681; –680; –679; **d)** z. B. –90; –92; –93; –95

ÜBUNG 6 **S. 85**

(siehe unten)

ÜBUNG 7 **S. 85**

Zahl	Gegenzahl	Betrag
–5	**5**	**5**
13	**–13**	**13**
–3,5	**3,5**	**3,5**
12 345	**–12 345**	**12 345**
–1 003 942	**1 003 942**	**1 003 942**

ÜBUNG 8 **S. 85**

Die Punkte A bis F: A(3|4); B(–1|3); C(–4|1); D(–5|–2); E(2|–2); F(4|–5)
Die Punkte G bis L im Koordinatensystem:

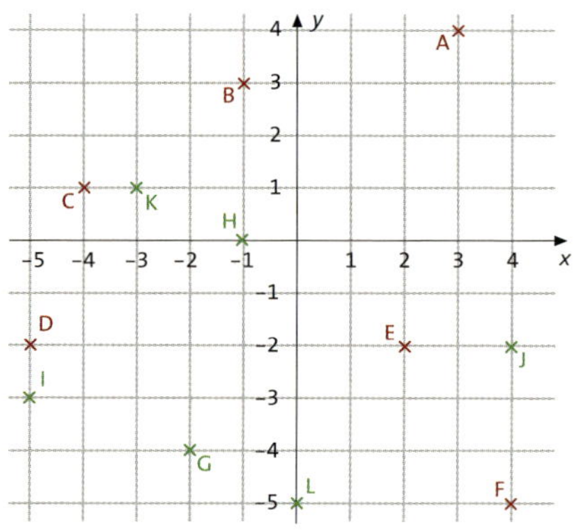

ÜBUNG 6

a)
b)
c)
d)

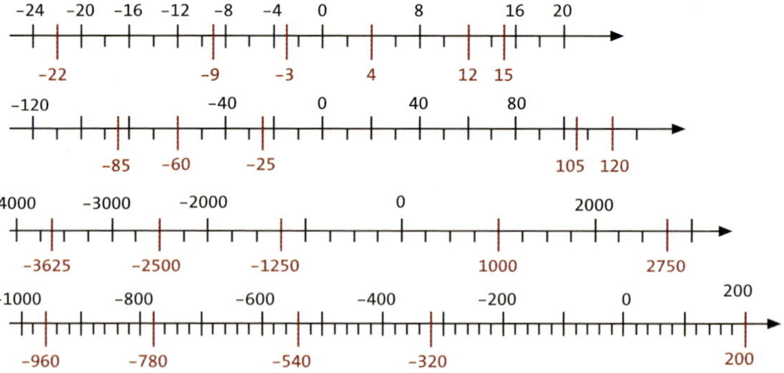

ÜBUNG 9 **S. 85**

a) A(0|0); B(2|1); C(−4|−2); D(−8|−4); E(−12|−6); F(−10|−5)
b) A(−1|5); B(7|−7); C(5|−4); D(9|−10);E(−5|11)
c) A(−6|−5); B(4|10); C(−4|−2); D(0|4); E(−8|−8); F(−10|−11)

ÜBUNG 10 **S. 87**

a) (−3) + (+5) = (+2); **b)** (+4) + (−7) = (−3);
c) (−6) + (−2) = (−8); **d)** (+8) + (+1) = (+9);
e) (+10) + (−7) = (+3); **f)** (−2) + (−9) = (−11)

Pfeildarstellung:

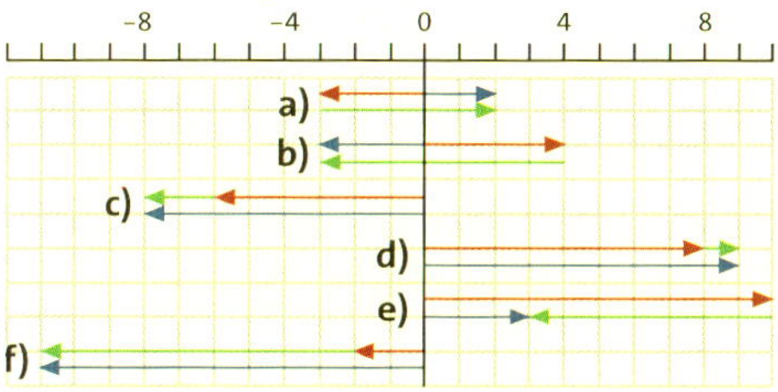

ÜBUNG 11 **S. 87**

a) (−3) − (+5) = (−3) + (−5) = (−8)
b) (+4) − (−7) = (+4) + (+7) = (+11)
c) (−6) − (−2) = (−6) + (+2) = (−4)
d) (+8) − (+1) = (+8) + (−1) = (+7)
e) (+10) − (+7) = (+10) + (−7) = (+3)
f) (−6) − (−8) = (−6) + (+8) = (+2)

Pfeildarstellung:

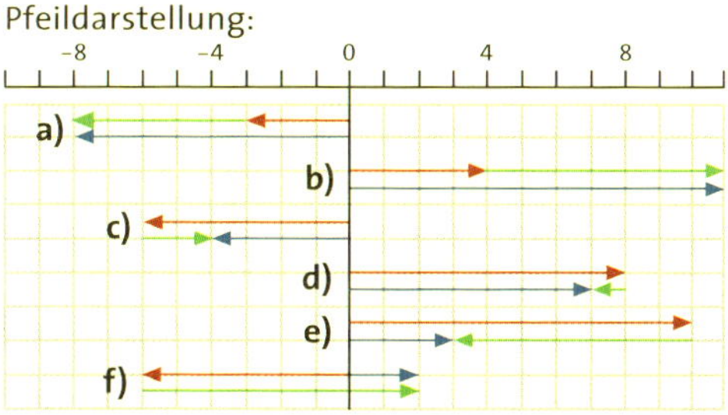

ÜBUNG 12 **S. 87**

a) (−12) + (+18) = (+6); **b)** (+15) + (−17) = (−2);
c) (−26) + (−21) = (−47); **d)** (+38) + (+41) = (+79);
e) (−195) + (−234) = (−429);
f) (−2649) + (+5468) = (+2819)

ÜBUNG 13 **S. 87**

−41				
−33	−8			
−22	−11	3		
−25	3	−14	17	
−13	−12	15	−29	46

ÜBUNG 14 **S. 88**

a) (−13) − (+15) = (−13) + (−15) = (−28)
b) (+24) − (−17) = (+24) + (+17) = (+41)
c) (−61) − (−29) = (−61) + (+ 29) = (−32)
d) (+78) − (+31) = (+78) + (−31) = (+47)
e) (−854) − (−632) = (−854) + (+632) = (−222)
f) (−34) − (+2007) = (−34) + (−2007) = (−2041)

ÜBUNG 15 **S. 88**

a) x = (−12); **b)** x = (−80); **c)** x = (+ 40);
d) x = (−25); **e)** x = (−126); **f)** x = (−20)

ÜBUNG 16 **S. 88**

a) (−12) + (−32) − (+45) = (−44) + (−45) = (−89)
b) (+38) − (−20) + (+59) = (+97) + (+20) = (+117)
c) (−27) + (+199) − (−87) = (+172) + (+87) = (+259)
d) (+176) − (+459) − (−66) = (−283) + (+66) = (−217)
e) (+100) + (+561) − (−333) = (+661) + (+333) = (+994)
f) (−2344) − (−987) − (−3001) = (−1357) + (+3001) = (+1644)

ÜBUNG 17 **S. 88**

a) (−85) + (+540) = (+455)
Der Ballon befindet sich 455 m über NN.
b) (+932) + (−150) + (−397) + (+58) = (+443)
Frau Siegels Konto weist anschließend ein Guthaben von 443 € auf.
c) Erde: (+54) − (−89) = (+143);
Mond: (+118) − (−153) = (+271)
Der maximal mögliche Temperaturunterschied auf der Erde beträgt 143 °C; der maximal mögliche Temperaturunterschied auf dem Mond beträgt 271 °C.

ÜBUNG 18 **S. 88**

a) x – 67 = (–32); x = 35
b) x – 218 = –x; x = 109
c) x – (–24) = 56; x = 32
d) x + (–77) = (–99); x = (–22)
e) x – (–x) = 184; x = 92

ÜBUNG 19 **S. 90**

a) (–3) · 5 = (–15); **b)** 4 · (–7) = (–28);
c) (–6) · (–2) = 12; **d)** (–34) · 12 = (–408);
e) 101 · (–7) = (–707); **f)** (–460) · (–15) = 6900

ÜBUNG 20 **S. 90**

a) (–20) : 5 = (–4); **b)** 42 : (–7) = (–6);
c) (–26) : (–2) = 13; **d)** 81 : (–9) = (–9);
e) (–120) : (–6) = 20; **f)** (–364) : (–14) = 26

ÜBUNG 21 **S. 90**

·	(–2)	5	(–10)	(–12)	20
3	(–6)	15	(–30)	(–36)	60
(–4)	8	(–20)	40	48	(–80)
6	(–12)	30	(–60)	(–72)	120
(–8)	16	(–40)	80	96	(–160)
10	(–20)	50	(–100)	(–120)	200

ÜBUNG 22 **S. 90**

:	(–2)	3	(–4)	(–5)	6
720	(–360)	240	(–180)	(–144)	120
(–120)	60	(–40)	30	24	(–20)
600	(–300)	200	(–150)	(–120)	100
(–840)	420	(–280)	210	168	(–140)
1320	(–660)	440	(–330)	(–264)	220

ÜBUNG 23 **S. 90**

(siehe unten)

ÜBUNG 24 **S. 91**

a) (–5) · (–10) · 8 = (–40) · (–10) = 400
b) 15 · (–9) · 2 = 30 · (–9) = (–270)
c) (–12) · 11 · 5 = (–60) · 11 = (–660)
d) (–25) · (–4) · 3 = 100 · 3 = 300
e) (–12) · (–7) · (–8) = (–12) · 56 = (–672)
f) 9 · (–2) · (–50) = 9 · 100 = 900

ÜBUNG 25 **S. 91**

(siehe unten)

ÜBUNG 23

a) (–1) · (+1) · (–1) · (+1) · (–1) · (+1) · (–1) · (+1) · (–1) · (+1) = –1
b) (–2) · (–2) · (+2) · (+2) · (–2) · (–2) · (+2) · (+2) · (–2) · (–2) = 1024
c) (–1) · (+1) · (+1) · (–1) · (+1)· (+1) · (–1) · (+1) · (+1) · (–1) = 1
d) (–2) · (–2) · (+2) · (–2) · (–2) · (+2) · (–2) · (–2) · (+2) · (–2) = –1024
e) (+10) · (–10) · (+10) · (–10) · (+ 10) · (–10) · (+10) · (–10) · (+ 10) · (–10) = –10 000 000 000
f) (–1) · (–2) · (+1) · (+ 2) · (–1) · (–2) · (+1) · (+2) · (– 1) · (–2) = 32
g) (–1) · (+3) · (–1) · (+3) · (–1) · (+3) · (–1) · (+3) · (–1) · (+3) = –243

ÜBUNG 25

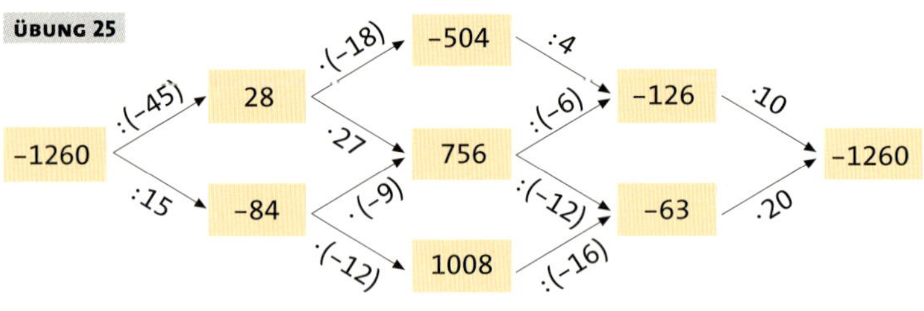

ÜBUNG 26 **S. 91**

a) (−12) · x = (−24); x = 2
b) (−80) : x = 2; x = (−40)
c) x · (−60) = (−300); x = 5
d) x : 5 = (−9); x = (−45)
e) x · (−115) = (−690); x = 6
f) 20 : x = 10; x = 2

ÜBUNG 27 **S. 91**

a) [(−14) + (−5)] · (−8) = (−19) · (−8) = 152
b) 56 : (−7) + 79 = (−8) + 79 = 71
c) [(−68) − (+47)] : (−5) = (−115) : (−5) = 23
d) [(−7) + (−21)] + (−7) · (−21)
= (−28) + 147 = 119
e) (−120) : (−6) − 39 = 20 − 39 = (−19)

ÜBUNG 28 **S. 92**

a) (−3) · (5 − 2) + 8 = (−1)
b) (−3) · 5 − 2 + 8 = (−9)
c) (−3) · (5 − 2 + 8) = (−33)
d) (−3) · 5 − (2 + 8) = (−25)
e) − (3 · 5 − 2) + 8 = (−5)
f) − (3 · 5 − 2 + 8) = (−21)

ÜBUNG 29 **S. 92**

a) (−25) · [(−20) + 2] = 500 + (−50) = 450
b) 37 · [10 + (−1)] = 370 + (−37) = 333
c) [30 + 5] · (−8) = (−240) + (−40) = (−280)
d) 15 · [40 + (−3)] = 600 + (−45) = 555
e) (−2) · [(−32) + (−5)] = 64 + 10 = 74
f) [25 − (−60)] · (−4) = (−100) − (+240) = (−340)

ÜBUNG 30 **S. 92**

a) (−11) · 4 + (−11) · 26
= (−11) · [4 + 26] = (−11) · 30 = (−330)
b) 17 · (−28) + 17 · (−2)
= 17 · [(−28) + (−2)] = 17 · (−30) = (−510)
c) 13 · 24 + (−3) · 24
= 24 · [13 + (−3)] = 24 · 10 = 240
d) (−14) · (−25) + (−25) · (−6)
= (−25) · [(−14) + (−6)] = (−25) · (−20) = 500
e) 63 · (−16) + (−16) · 3
= (−16) · [63 + 3] = (−16) · 66 = (−1056)
f) (−12) · (−15) + (−12) · 35
= (−12) · [(−15) + 35] = (−12) · (20) = (−240)

Klassenarbeiten

AUFGABE 1 **S. 93**

Von links: −4250; −3375; −2750; −1500; −750; 500

AUFGABE 2 **S. 93**

a) (−24) + (−23) = (−47)
b) 7 − (−67) + 86 = 7 + 67 + 86 = 160
c) (−255) + 3 · (−128) − 56
= −255 − 384 − 56 = −695
d) 887 + (−2) · (−25 + 133)
= 887 + (−2) · 108 = 887 − 216 = 671

AUFGABE 3 **S. 93**

a) (−120); **b)** 1200; **c)** 4; **d)** 0

AUFGABE 4 **S. 93**

a) (−5) + x = 13; x = 18
b) x · (−3) = (−27); x = 9
c) [(−18) + (−64)] − 79 = x; x = −161
d) x : (−3) = 81; x = −243
e) x + [(−13) − (−12)] = 0; x = 1

AUFGABE 5 **S. 93**

a) x = 27; **b)** x = 17

AUFGABE 6 **S. 93**

a) x = −8; **b)** x = −72; **c)** x = −1

AUFGABE 7 **S. 94**

a)	−65	−55	−45	−35	−25	−15	−5	5	15	25	35
b)	−210	−180	−150	−120	−90	−60	−30	0	30	60	90
c)	−48	−36	−24	−12	0	12	24	36	48	60	72

AUFGABE 8 **S. 94**

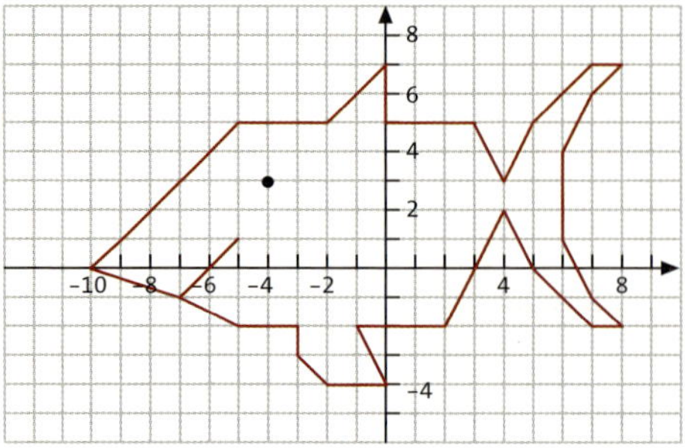

AUFGABE 9 **S. 94**

a) (–4) · [18 + (–16)] = (–72) + 64 = (–8)
b) (–17) · 6 + 4 · (–17) = (–17) · [6 + 4]
= (–17) · 10 = (–170)

AUFGABE 10 **S. 95**

a)

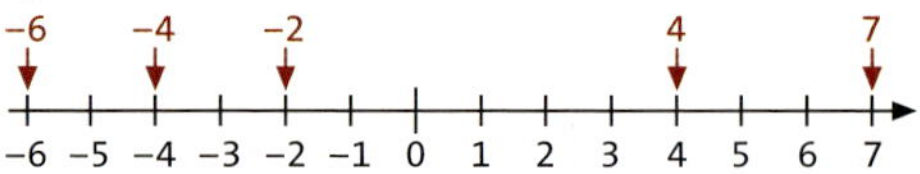

b)

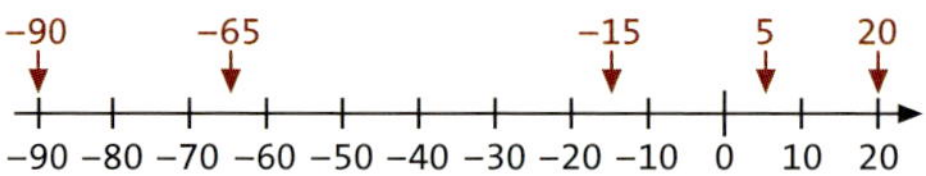

AUFGABE 11 **S. 95**

a) –33 < –4 < –2 < 2 < 3 < |–13| = 13 < 34
b) –22 < –21 < –2 < –1 < 2 < 20 < 22

AUFGABE 12 **S. 95**

a) –3222; +27 °C; +1245; –124 €; +253 €
b)

19.00 Uhr	2 °C
1.00 Uhr	2 °C – 7 °C = –5 °C
7.00 Uhr	–5 °C + 3 °C = –2 °C
12.00 Uhr	–2 °C + 11 °C = 9 °C
17.00 Uhr	9 °C – 4 °C = 5 °C

c)

Tag	Kontostand (+ / –)
Beginn	**+70 €**
1. Tag	+70 € – 85 € = **–15 €**
2. Tag	–15 € – 45 € = **–60 €**
3. Tag	–60 € + 40 € = **–20 €**
4. Tag	–20 € + 30 € = **+10 €**

AUFGABE 13 **S. 95**

a) –3; **b)** –5; **c)** 12; **d)** –10 000; **e)** 178

AUFGABE 14 **S. 96**

a) x = 5; **b)** x = –13; **c)** x = 7

AUFGABE 15 **S. 96**

–375
–321 | –54
–226 | –95 | 41
–105 | –121 | 26 | 15
12 | –117 | –4 | 30 | –15

AUFGABE 16 **S. 96**

a) A (–4|0); B (3|4); C (1|1); D (6|5); E (6|1); F (11|1); **b)** (rot) und **c)** (blau)

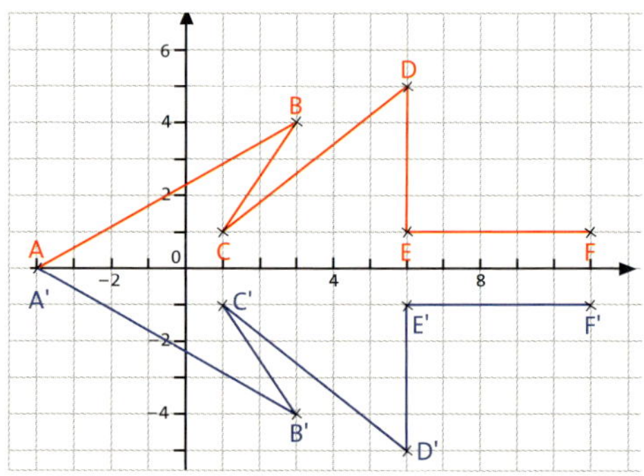

d) A' (4|0); B' (3|–4); C' (1|–1); D' (6|–5); E' (6|–1); F (11|–1)
e) Die y-Koordinaten der gespiegelten Punkte sind die Gegenzahlen der ursprünglichen y-Koordinaten. Die Zahl Null hat keine Gegenzahl und bleibt y-Koordinate.

AUFGABE 17 **S. 97**

a) 0; **b)** –1; 0; 1; 2; 3; 4; **c)** –6;
d) Zwischen |–12| und |12| liegt keine ganze Zahl, weil |–12| = |12| = 12.

AUFGABE 18 **S. 97**

a) +15 + (–3) = 12; **b)** –15 – (–27) = 12;
c) –120 – (–53) = –67; **d)** +120 + (–53) = 67

AUFGABE 19 **S. 97**

a) (–2) · [(–25) + (+3)] = (–2) · (–25) + (–2) · 3
= 50 + (–6) = 50 – 6 = 44
b) 12 · [(17) – (–13)] = 12 · 17 – 12 · (–13)
= 204 – (–156) = 204 + 156 = 360
c) [32 – (–16)] · (–4) = 32 · (–4) – (–16) · (–4)
= (–128) – 64 = –192

AUFGABE 20 **S. 97**

a) (12 + 154) – (73 – 24) = 166 – 49 = 117
b) |23 – 52| + (–2) · 10 = |–29| + (–20)
= 29 – 20 = 9
c) (–144) : [(–17) – (–5)] = (–144) : [(–17) + 5]
= (–144) : (–12) = 12

AUFGABE 21 **S. 97**

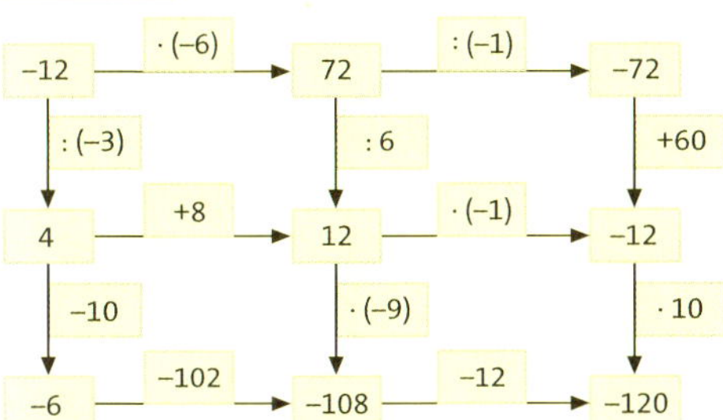

AUFGABE 22 **S. 98**

a) (blau)
b) (grün) A' (–2|6), B' (–6|5), C' (–6|4), D' (–3|4), E' (–3|–2), F' (–2|–2)
c) (rot) A'' (–4|6), B'' (–8|5), C'' (–8|4), D'' (–5|4), E'' (–5|–2), F'' (–4|–2)

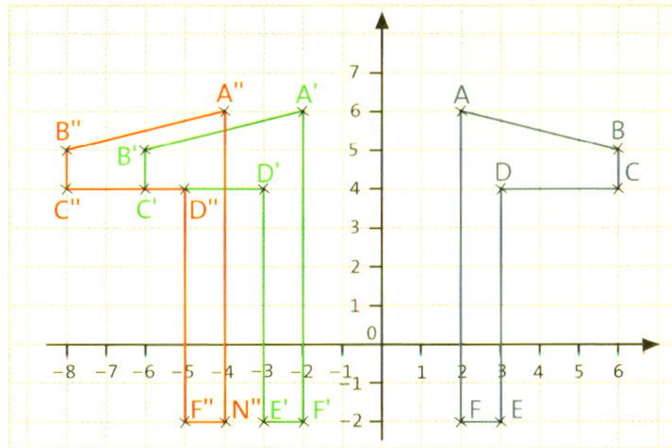

AUFGABE 23 **S. 98**

a) (x + 13) · 2 = –24 ⇒ x = –25
b) x : ((–2) – (–4)) = –25 ⇒ x : 2 = –25 ⇒ x = –50
c) (x + 8) · (x + (–8)) = –48 ⇒ (x + 8) · (x – 8)
= –48 ⇒ x = 4

AUFGABE 24 **S. 98**

8	–5	–6	5
–3	**2**	3	0
1	–2	**–1**	4
–4	7	**6**	–7

7 Teilbarkeit der natürlichen Zahlen

ÜBUNG 1 **S. 100**

a) 91 : 7 = 13; 91 : 11 = 8 + 3 : 11;
91 : 13 = 7; also gilt: 7|91 und 13|91.
b) 646 : 14 = 46 + 2 : 14; 646 : 17 = 38;
646 : 19 = 34; also gilt: 17|646 und 19|646.
c) 336 : 16 = 21; 336 : 18 = 18 + 12 : 18;
336 : 21 = 16; also gilt: 16|336 und 21|336.
d) 5589 : 23 = 243; 5589 : 27 = 207;
5589 : 29 = 192 + 21 : 29; also gilt: 23|5589 und 27|5589.
e) 1066 : 24 = 44 + 10 : 24; 1066 : 26 = 41;
1066 : 32 = 33 + 10 : 32; also gilt: 26|1066.

ÜBUNG 2 **S. 100**

a) Durch 2 teilbar sind: 538; 12 006; 27 444; 92; 345 678.
b) Durch 3 teilbar sind: 30 045; 29 475; 2784; 93 510.
c) Durch 4 teilbar sind: 18 836; 348; 2892; 23 540.
d) Durch 5 teilbar sind: 59 755; 45 340 850; 6970; 12 765.
e) Durch 6 teilbar sind: 274 854; 90; 3546; 100 002.
f) Durch 8 teilbar sind: 646 576; 12 448; 8816.
g) Durch 10 teilbar sind: 1180; 715 200; 900.

ÜBUNG 3 **S. 100**

a) $T_{28} = \{1; 2; 4; 7; 14; 28\}$
b) $T_{36} = \{1; 2; 3; 4; 6; 9; 12; 18; 36\}$
c) $T_{60} = \{1; 2; 3; 4; 5; 6; 10; 12; 15; 20; 30; 60\}$
d) $T_{95} = \{1; 5; 19; 95\}$
e) $T_{240} = \{1; 2; 3; 4; 5; 6; 8; 10; 12; 15; 16; 20; 24; 30; 40; 48; 60; 80; 120; 240\}$
f) $T_{450} = \{1; 2; 3; 5; 6; 9; 10; 15; 18; 25; 30; 45; 50; 75; 90; 150; 225; 450\}$

ÜBUNG 4 **S. 101**

44		105		140	
1	44	1	105	1	140
2	22	3	35	2	70
4	11	5	21	4	35
		7	15	5	28
				7	20
				10	14
				14	10

ÜBUNG 5 **S. 101**

a) w; **b)** f; **c)** w; **d)** f; **e)** w; **f)** w; **g)** w; **h)** f; **i)** w; **j)** f

ÜBUNG 6 **S. 101**

a) $35 \mid 3570$, denn $35 \mid 3500$ und $35 \mid 70$.
b) $15 \mid 1575$, denn $15 \mid 1500$ und $15 \mid 75$.
c) $13 \mid 1287$, denn $13 \mid 1300$ und $13 \mid 13$.
d) $800 \nmid 8080$, denn $800 \mid 8000$ aber $800 \nmid 80$.
e) $12 \mid 23\,976$, denn $12 \mid 24\,000$ und $12 \mid 24$.
f) $45 \nmid 44\,960$, denn $45 \mid 45\,000$ aber $45 \nmid 40$.

ÜBUNG 7 **S. 103**

a) 23, 29, 31, 37, 41, 43, 47
b) 71, 73, 79, 83, 89, 97
c) 101, 103, 107, 109, 113

ÜBUNG 8 **S. 103**

a) $42 = 2 \cdot 3 \cdot 7$; **b)** $90 = 2 \cdot 3 \cdot 3 \cdot 5$;
c) $165 = 3 \cdot 5 \cdot 11$; **d)** $390 = 2 \cdot 3 \cdot 5 \cdot 13$;
e) $2695 = 5 \cdot 7 \cdot 7 \cdot 11$; **f)** $2750 = 2 \cdot 5 \cdot 5 \cdot 5 \cdot 11$

ÜBUNG 9 **S. 103**

a) 419, 443, 461, 467, 499
b) 601, 613, 631, 647, 683
c) 829, 853, 859, 863, 887

ÜBUNG 10 **S. 103**

a) $56 = 2^3 \cdot 7$; **b)** $77 = 7 \cdot 11$; **c)** $89 = 89$;
d) $110 = 2 \cdot 5 \cdot 11$; **e)** $125 = 5^3$; **f)** $168 = 2^3 \cdot 3 \cdot 7$;
g) $549 = 3^2 \cdot 61$; **h)** $608 = 2^5 \cdot 19$;
i) $764 = 2^2 \cdot 191$; **j)** $847 = 7 \cdot 11^2$; **k)** $864 = 2^5 \cdot 3^3$;
l) $1260 = 2^2 \cdot 3^2 \cdot 5 \cdot 7$; **m)** $4000 = 2^5 \cdot 5^3$;
n) $13\,230 = 2 \cdot 3^3 \cdot 5 \cdot 7^2$; **o)** $15\,125 = 5^3 \cdot 11^2$

ÜBUNG 11 **S. 104**

a) $30 = 2 \cdot 3 \cdot 5$;
$T_{30} = \{1; 2; 3; 5; 6; 10; 15; 30\}$
b) $70 = 2 \cdot 5 \cdot 7$;
$T_{70} = \{1; 2; 5; 7; 10; 14; 35; 70\}$
c) $147 = 3 \cdot 7 \cdot 7$;
$T_{147} = \{1; 3; 7; 21; 49; 147\}$
d) $220 = 2 \cdot 2 \cdot 5 \cdot 11$;
$T_{220} = \{1; 2; 4; 5; 10; 11; 20; 22; 44; 55; 110; 220\}$
e) $315 = 3 \cdot 3 \cdot 5 \cdot 7$;
$T_{315} = \{1; 3; 5; 7; 9; 15; 21; 35; 45; 63; 105; 315\}$

ÜBUNG 12 **S. 104**

a) Eine Zahl, die aus zwei verschiedenen Primfaktoren besteht, hat vier Teiler.
b) Eine Zahl, die aus drei verschiedenen Primfaktoren besteht, hat acht Teiler.
c) Eine Zahl, die aus drei Primfaktoren besteht, die nicht alle verschieden sind, hat sechs Teiler, wenn sie zwei gleiche Primfaktoren hat. Sie hat vier Teiler, wenn sie drei gleiche Primfaktoren hat.

ÜBUNG 13 **S. 104**

a) $4 = 2 + 2$; $6 = 3 + 3$; $8 = 3 + 5$; $10 = 3 + 7$;
$12 = 5 + 7$; $14 = 7 + 7$; $16 = 5 + 11$;
$18 = 5 + 13$; $20 = 7 + 13$; $22 = 17 + 5$;
$24 = 19 + 5$; $26 = 19 + 7$; $28 = 17 + 11$;
$30 = 17 + 13$

b) $11 = 1 + 10 = 2 + 9 = 3 + 8 = 4 + 7 = 5 + 6$
Man findet für die Zahl 11 keine Zerlegung in eine Summe, die aus genau zwei Primzahlen besteht. Aber es gilt z. B. $11 = 3 + 3 + 5$ und es gilt $15 = 5 + 5 + 5$.

ÜBUNG 14 **S. 106**

a) $V_6 = \{6; 12; 18; 24; ...\}$; $V_8 = \{8; 16; 24; ...\}$
kgV (6; 8) = 24

b) $V_3 = \{3; 6; 9; 12; 15; ...\}$; $V_{15} = \{15; 30; ...\}$
kgV (3; 15) = 15

c) $V_{12} = \{12; 24; 36; 48; 60; 72; 84; 96; 108; 120; 132; 144; 156; 168; 180; 192; 204; 216; 228; 240; 252; ...\}$
$V_{18} = \{18; 36; 54; 72; 90; 108; 126; 144; 162; 180; 198; 216; 234; 252; ...\}$
$V_{21} = \{21; 42; 63; 84; 105; 126; 147; 168; 189; 210; 231; 252; ...\}$
kgV (12; 18; 21) = 252

d) $V_9 = \{9; 18; 27; 36; ...\}$; $V_{12} = \{12; 24; 36; ...\}$
$V_{18} = \{18; 36; ...\}$
kgV (9; 12; 18) = 36

e) $V_{10} = \{10; 20; 30; 40; 50; 60; 70; 80; 90; 100; 110; 120; 130; 140; 150; ...\}$
$V_{15} = \{15; 30; 45; 60; 75; 90; 105; 120; 135; 150; ...\}$
$V_{25} = \{25; 50; 75; 100; 125; 150; ...\}$
kgV (10; 15; 25) = 150

f) $V_6 = \{6; 12; 18; 24; 30; 36; 42; ...\}$;
$V_{14} = \{14; 28; 42; ...\}$; $V_{21} = \{21; 42; ...\}$
kgV (6; 14; 21) = 42

ÜBUNG 15 **S. 106**

a) $T_8 = \{1; 2; 4; 8\}$; $T_{15} = \{1; 3; 5; 15\}$
ggT (8; 15) = 1; d.h., 8 und 15 sind teilerfremd.

b) $T_3 = \{1; 3\}$; $T_{15} = \{1; 3; 5; 15\}$
ggT (3; 15) = 3

c) $T_{12} = \{1; 2; 3; 4; 6; 12\}$; $T_{18} = \{1; 2; 3; 6; 9; 18\}$;
$T_{30} = \{1; 2; 3; 5; 6; 10; 15; 30\}$
ggT (12; 18; 30) = 6

d) $T_{24} = \{1; 2; 3; 4; 6; 8; 12; 24\}$;
$T_{40} = \{1; 2; 4; 5; 8; 10; 20; 40\}$;
$T_{56} = \{1; 2; 4; 7; 8; 14; 28; 56\}$
ggT (24; 40; 56) = 8

e) $T_{55} = \{1; 5; 11; 55\}$; $T_{22} = \{1; 2; 11; 22\}$;
$T_{60} = \{1; 2; 3; 4; 5; 6; 10; 12; 15; 20; 30; 60\}$
ggT (55; 22; 60) = 1

f) $T_{90} = \{1; 2; 3; 5; 6; 9; 10; 15; 18; 30; 45; 90\}$;
$T_{70} = \{1; 2; 5; 7; 10; 14; 35; 70\}$;
$T_{63} = \{1; 3; 7; 9; 21; 63\}$
ggT (90; 70; 63) = 1

ÜBUNG 16 **S. 106**

a) $48 = 2^4 \cdot 3$; $108 = 2^2 \cdot 3^3$
kgV (48; 108) = $2^4 \cdot 3^3 = 432$

b) $20 = 2^2 \cdot 5$; $162 = 2 \cdot 3^4$
kgV (20; 162) = $2^2 \cdot 3^4 \cdot 5 = 1620$

c) $75 = 3 \cdot 5^2$; $95 = 5 \cdot 19$
kgV (75; 95) = $3 \cdot 5^2 \cdot 19 = 1425$

d) $125 = 5^3$; $325 = 5^2 \cdot 13$
kgV (125; 325) = $5^3 \cdot 13 = 1625$

e) $10 = 2 \cdot 5$; $15 = 3 \cdot 5$; $18 = 2 \cdot 3^2$
kgV (10; 15; 18) = $2 \cdot 3^2 \cdot 5 = 90$

f) $32 = 2^5$; $45 = 3^2 \cdot 5$; $50 = 2 \cdot 5^2$
kgV (32; 45; 50) = $2^5 \cdot 3^2 \cdot 5^2 = 7200$

ÜBUNG 17 **S. 106**

a) $V_{75} = \{75; 150; 225; 300; ...\}$; $300 : 60 = 5$;
kgV (60; 75) = 300

b) $V_{40} = \{40; 80; 120; 160; ...\}$; $160 : 32 = 5$;
kgV (40; 32) = 160

c) $V_{55} = \{55; 110; 165; 220; ...\}$; $220 : 20 = 11$;
kgV (20; 55) = 220

d) $V_{120} = \{120; 240; 360; 480; 600; ...\}$
$600 : 100 = 6$
kgV (120; 100) = 600;

e) $V_{240} = \{240; 480; 720; ...\}$; $720 : 180 = 4$;
kgV (180; 240) = 720

f) $V_{600} = \{600; 1200; 1800; ...\}$; $1800 : 450 = 4$
kgV (600; 450) = 1800

ÜBUNG 18 **S. 107**

a) $28 = 2^2 \cdot 7$; $126 = 2 \cdot 3^2 \cdot 7$
ggT (28; 126) = $2 \cdot 7 = 14$

b) $510 = 2 \cdot 3 \cdot 5 \cdot 17$; $570 = 2 \cdot 3 \cdot 5 \cdot 19$
ggT (510; 570) = 30

c) $28 = 2^2 \cdot 7$; $84 = 2^2 \cdot 3 \cdot 7$; $140 = 2^2 \cdot 5 \cdot 7$
ggT (28; 84; 140) = $2^2 \cdot 7 = 28$

d) $78 = 2 \cdot 3 \cdot 13$; $156 = 2^2 \cdot 3 \cdot 13$; $208 = 2^4 \cdot 13$
ggT (78; 156; 208) $= 2 \cdot 13 = 26$
e) $18 = 2 \cdot 3^2$; $72 = 2^3 \cdot 3^2$; $192 = 2^6 \cdot 3$;
$210 = 2 \cdot 3 \cdot 5 \cdot 7$
ggT (18; 72; 192; 210) $= 2 \cdot 3 = 6$
f) $66 = 2 \cdot 3 \cdot 11$; $132 = 2^2 \cdot 3 \cdot 11$;
$165 = 3 \cdot 5 \cdot 11$; $363 = 3 \cdot 11^2$
ggT (66; 132; 165; 363) $= 3 \cdot 11 = 33$

ÜBUNG 19 **S. 107**
kgV (70; 40) = 280; 280 : 70 = 4; 280 : 40 = 7
Der Vater macht 4 Schritte und der Sohn macht 7 Schritte, bis ihre Füße wieder auf gleicher Höhe sind.
b) kgV (20; 25) = 100
Nach 1 m gibt es eine gemeinsame Schnittstelle.

ÜBUNG 20 **S. 107**
a) 35|350 und 50|350; außerdem **35|490**.
30, 40 und 45 sind keine Teiler von 350 und keine Teiler von 490. Also kommen nur Teppichfliesen mit der Kantenlänge 35 cm infrage.
b) 35|350 und **50|350;** außerdem **50|500**.
30, 40 und 45 sind keine Teiler von 350 und keine Teiler von 500. Also kommen nur Teppichfliesen mit der Kantenlänge 50 cm infrage.

ÜBUNG 21 **S. 107**
a) 4895 – 4235 = 660
4235 – 660 = 3575
3575 – 660 = 2915
2915 – 660 = 2255
2255 – 660 = 1595
1595 – 660 = 935
935 – 660 = 275
660 – 275 = 385
385 – 275 = 110
275 – 110 = 165
165 – 110 = 55
110 – 55 = 55
55 – 55 = 0 $\Rightarrow$ ggT (4895; 4235) = 55
b) 1628 – 1332 = 296
1332 – 296 = 1036
1036 – 296 = 740
740 – 296 = 444
444 – 296 = 148
296 – 148 = 148
148 – 148 = 0 $\Rightarrow$ ggT (1332; 1628) = 148
c) 3283 – 2499 = 784
2499 – 784 = 1715
1715 – 784 = 931
931 – 784 = 147
784 – 147 = 637
637 – 147 = 490
490 – 147 = 343
343 – 147 = 196
196 – 147 = 49
147 – 49 = 98
98 – 49 = 49
49 – 49 = 0 $\Rightarrow$ ggT (3283; 2499) = 49
d) 4455 – 3795 = 660
3795 – 660 = 3135
3135 – 660 = 2475
2475 – 660 = 1815
1815 – 660 = 1155
1155 – 660 = 495
660 – 495 = 165
495 – 165 = 330
330 – 165 = 165
165 – 165 = 0 $\Rightarrow$ ggT (3795; 4455) = 165

Klassenarbeiten

AUFGABE 1 **S. 108**
Die Menge ist V = {16; 32; 48; 64; 80; 96}.

AUFGABE 2 **S.108**
3|77 304, da die Quersumme (21) durch 3 teilbar ist.
4|77 304, da die letzten beiden Ziffern (04) eine durch 4 teilbare Zahl darstellen.
$5 \nmid 77\,304$, da die letzte Ziffer keine 5 und keine 0 ist.
6|77 304, da die Zahl durch 2 und durch 3 teilbar ist.
8|77 304, da die letzten drei Ziffern (304) eine durch 8 teilbare Zahl darstellen.
$9 \nmid 77\,304$, da die Quersumme (21) nicht durch 9 teilbar ist.
$10 \nmid 77\,304$, da die letzte Ziffer keine 0 ist.

AUFGABE 3 **S. 108**

a) $38 | (3800 - 190)$, denn $38 | 3800$ und $38 | 190$.
b) $45 | (90 + 450)$, denn $45 | 90$ und $45 | 450$.
c) $31 \nmid (620 + 95)$, denn $31 | 620$ aber $31 \nmid 95$.

AUFGABE 4 **S. 108**

$126 = 2 \cdot 3 \cdot 3 \cdot 7$
$T_{126} = \{1; 2; 3; 6; 7; 9; 14; 18; 21; 42; 63; 126\}$

AUFGABE 5 **S. 108**

a) $70 = 2 \cdot 5 \cdot 7$; $105 = 3 \cdot 5 \cdot 7$
ggT $(70; 105) = 5 \cdot 7 = 35$
b) $132 = 2^2 \cdot 3 \cdot 11$; $308 = 2^2 \cdot 7 \cdot 11$
ggT $(132; 308) = 2 \cdot 2 \cdot 11 = 44$

AUFGABE 6 **S. 108**

a) $28 = 2^2 \cdot 7$; $44 = 2^2 \cdot 11$
kgV $(28; 44) = 2^2 \cdot 7 \cdot 11 = 308$
b) $60 = 2^2 \cdot 3 \cdot 5$; $175 = 5^2 \cdot 7$
kgV $(60; 175) = 2^2 \cdot 3 \cdot 5^2 \cdot 7 = 2100$

AUFGABE 7 **S. 108**

ggT (4 869 228; 5 093 550; 2 347 884)
$= 2 \cdot 3 \cdot 7^2$
kgV (4 869 228; 5 093 550; 2 347 884)
$= 2^2 \cdot 3^3 \cdot 5^2 \cdot 7^4 \cdot 11^3 \cdot 13^2$

AUFGABE 8 **S. 109**

a) Ja; **b)** ja; **c)** nein: Die Quersumme $5 + 6 + 8 = 19$ ist nicht durch 3 teilbar;
d) ja; **e)** nein: Drei Ziffern ergeben jeweils die Quersumme 15, die durch 3 teilbar ist. Teilt man die Stellen in „3er-Päckchen" auf, so bleiben zwei Stellen übrig; $5 + 5 = 10$ ist aber nicht durch 3 teilbar.

AUFGABE 9 **S. 109**

$4 | 24$; $4 \nmid 63$; $4 | 88$; $4 | 184$; $4 \nmid 186$; $4 \nmid 46\,131$;
$4 | 745\,278\,001\,762\,324$

AUFGABE 10 **S. 109**

a)
$24 = \mathbf{2} \cdot \mathbf{2} \cdot 2 \cdot \mathbf{3}$
$36 = \mathbf{2} \cdot \mathbf{2} \cdot \mathbf{3} \cdot 3$
ggT $(24; 36) = \mathbf{2} \cdot \mathbf{2} \cdot \mathbf{3} = 12$
$24 = \mathbf{2} \cdot \mathbf{2} \cdot \mathbf{2} \cdot \mathbf{3}$
$36 = 2 \cdot 2 \cdot 3 \cdot \mathbf{3}$
kgV $(24; 36) = \mathbf{2} \cdot \mathbf{2} \cdot \mathbf{2} \cdot \mathbf{3} \cdot \mathbf{3} = 72$

b)
$36 = \mathbf{2} \cdot \mathbf{2} \cdot \mathbf{3} \cdot 3$
$60 = \mathbf{2} \cdot \mathbf{2} \cdot \mathbf{3} \cdot 5$
$84 = \mathbf{2} \cdot \mathbf{2} \cdot \mathbf{3} \cdot 7$
ggT $(36; 60; 90) = \mathbf{2} \cdot \mathbf{2} \cdot \mathbf{3} = 12$
$36 = \mathbf{2} \cdot \mathbf{2} \cdot \mathbf{3} \cdot \mathbf{3}$
$60 = 2 \cdot 2 \cdot 3 \cdot \mathbf{5}$
$84 = 2 \cdot 2 \cdot 3 \cdot \mathbf{7}$
kgV $(36; 60; 84) = \mathbf{2} \cdot \mathbf{2} \cdot \mathbf{3} \cdot \mathbf{3} \cdot \mathbf{5} \cdot \mathbf{7} = 1260$

AUFGABE 11 **S. 109**

Alle gemeinsamen Teiler von 78 und 66 sind auch Teiler von $78 - 66 = 12$. Unter den Teilern von 12 erkennt man 6 als den ggT (66; 78).

AUFGABE 12 **S. 109**

a)

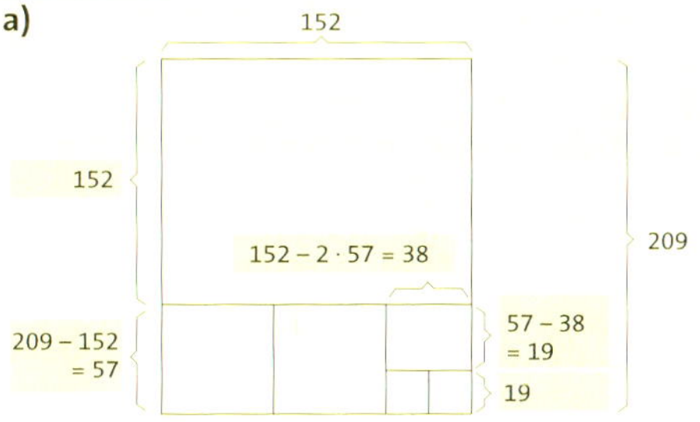

ggT $(209; 125) = 19$
b) ggT $(209; 152)$; $209 - 152 = 57$
ggT $(152; 57)$; $152 - 57 = 95$
ggT $(95; 57)$; $95 - 57 = 38$
ggT $(57; 38)$; $57 - 38 = 19$
Die Kantenlängen der schrittweise eingezeichneten Quadrate ergeben sich auch bei der Anwendung des euklidischen Algorithmus.

AUFGABE 13 **S. 110**

Teiler von 196: 2; 4; 14; 28; 49

AUFGABE 14 **S. 110**

a) Das Element 1 gehört zu jeder Teilermenge.
b) Wenn 2 und 3 Teiler der Zahl sind, dann ist auch $2 \cdot 3 = 6$ ein Teiler. Das Element 6 fehlt in der Teilermenge.

AUFGABE 15 **S. 110**

a) $T_{21} = \{1, 3, 7, 21\}$
b) $T_{18} = \{1, 2, 3, 6, 9, 18\}$
c) $V_8 = \{8, 16, 24, 32, 40, 48, 56, 64, \ldots\}$

AUFGABE 16 **S. 110**

a) Primfaktorzerlegungen: $12 = 2 \cdot 2 \cdot 3$;
$54 = 2 \cdot 3 \cdot 3 \cdot 3$; $90 = 2 \cdot 3 \cdot 3 \cdot 5$

b) Die ersten 4 Primfaktoren sind 2, 3, 5, 7,
also $2 \cdot 3 \cdot 5 \cdot 7 = 210$

c) Beispiele:
n: $4 \cdot n$
4: $4 \cdot 4 = 16$; 4 ist Teiler von 16
7: $4 \cdot 7 = 28$; 4 ist Teiler von 28
23: $4 \cdot 23 = 92$; 4 ist Teiler von 92
Die nächste durch 4 teilbare Zahl nach $4 \cdot n$ ist $4 \cdot n + 4$.

AUFGABE 17 **S. 110**

a) $V_3 = \{3, 6, 9, 12, 15, 18, 21, ...\}$ und
$V_7 = \{7, 14, 21, ...\}$, somit ist kgV (3; 7) = 21
Nach 21 Zehntelsekunden hört man beide Metronome wieder gleichzeitig.

b) Primfaktorzerlegungen von 15 und 24 sind
$15 = 3 \cdot 5$; $24 = 2 \cdot 2 \cdot 2 \cdot 3$;
kgV (15; 24) $= 2 \cdot 2 \cdot 2 \cdot 3 \cdot 5 = 120$
Da $120 : 15 = 8$ und $120 : 24 = 5$, muss sich das kleine Zahnrad achtmal, das große Zahnrad fünfmal drehen.

8 Brüche

ÜBUNG 1 **S. 112**

a) $\frac{2}{6}$; **b)** $\frac{4}{6}$; **c)** $\frac{1}{6}$; **d)** $\frac{6}{12}$; **e)** $\frac{3}{9}$; **f)** $\frac{5}{16}$; **g)** $\frac{1}{4}$; **h)** $\frac{3}{8}$; **i)** $\frac{3}{9}$

ÜBUNG 2 **S. 112**

von links nach rechts:
$\frac{1}{12}$; $\frac{3}{12} = \frac{1}{4}$; $\frac{4}{12} = \frac{1}{3}$; $\frac{6}{12} = \frac{1}{2}$; $\frac{9}{12} = \frac{3}{4}$; $\frac{11}{12}$

ÜBUNG 3 **S. 112**

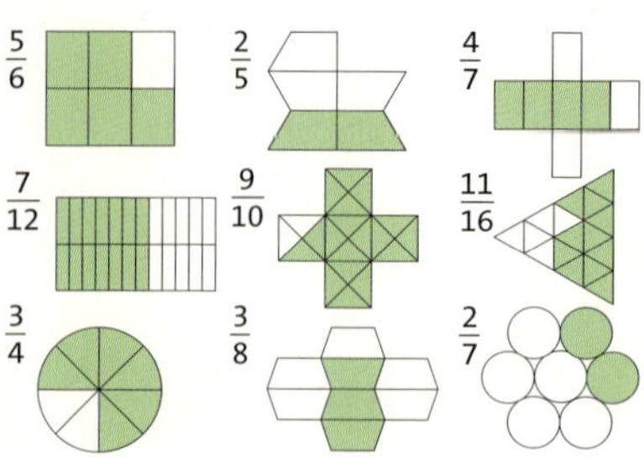

ÜBUNG 4 **S. 113**

a) $\frac{6}{8}$ l; **b)** $\frac{3}{8}$ l; **c)** $\frac{7}{8}$ l; **d)** $\frac{4}{8}$ l; **e)** $\frac{1}{8}$ l

ÜBUNG 5 **S. 113**

a) $\frac{1}{6}$; **b)** $\frac{3}{6}$; **c)** $\frac{2}{6}$; **d)** $\frac{3}{6}$; **e)** $\frac{2}{6}$; **f)** $\frac{4}{6}$; **g)** $\frac{2}{6}$; **h)** $\frac{6}{6}$

ÜBUNG 6 **S. 113**

Zu einem Ganzen fehlt:
a) $\frac{1}{4}$; **b)** $\frac{4}{7}$; **c)** $\frac{6}{11}$; **d)** $\frac{16}{25}$; **e)** $\frac{72}{117}$; **f)** $\frac{54}{91}$; **g)** $\frac{56}{125}$;
h) $\frac{109}{193}$

ÜBUNG 7 **S. 113**

a) $\frac{1}{2}$ l; **b)** $\frac{1}{4}$ kg; **c)** $\frac{3}{4}$ h; **d)** $\frac{1}{2}$ m; **e)** $\frac{1}{2}$ cm; **f)** $\frac{1}{8}$ l

ÜBUNG 8 **S. 114**

a) 14 kg; **b)** 9 m; **c)** 21 Kinder;
d) 24 000 Zuschauer; **e)** 20 Äpfel; **f)** 39 min

ÜBUNG 9 **S. 114**

Die 30 Schüler der Klasse 5b machen einen Fahrradausflug. Natürlich kommen 3 von ihnen 15 Minuten zu spät. Nachdem sie 12 km der 32 km langen Strecke zurückgelegt haben, verlangen bereits 24 Schüler eine Pause. Die Lehrerin verspricht, dass nur noch 6 km der Strecke bewältigt werden müssen, bis sie zu einem Gasthof kommen. Dort angekommen, gibt Markus direkt 10 € von seinen 12 € Taschengeld aus, um sich ordentlich zu stärken. Wie unvernünftig, denn immerhin liegen noch 14 km vor ihnen!

ÜBUNG 10 **S. 114**

a) $\frac{3}{2}$ h; **b)** $\frac{5}{2}$ kg; **c)** $\frac{5}{4}$ min; **d)** $\frac{7}{4}$ l; **e)** $\frac{17}{8}$ t; **f)** $\frac{2}{1}$ h

ÜBUNG 11 **S. 116**

a) $\frac{2}{4} < \frac{4}{4} < \frac{7}{4} < \frac{11}{4} < \frac{23}{4} < \frac{25}{4} < \frac{37}{4}$

b) $\frac{15}{144} < \frac{15}{67} < \frac{15}{56} < \frac{15}{41} < \frac{15}{24} < \frac{15}{9} < \frac{15}{4}$

c) $\frac{13}{113} < \frac{23}{113} < \frac{27}{113} < \frac{97}{133} < \frac{101}{113} < \frac{117}{113} < \frac{402}{113}$

d) $\frac{7}{66} < \frac{7}{32} < \frac{7}{13} < \frac{7}{12} < \frac{7}{7} < \frac{7}{4} < \frac{7}{1}$

ÜBUNG 12 **S. 116**

Die folgenden Brüche gehören nicht in die jeweilige Reihe:

a) $\frac{6}{25}$; b) $\frac{35}{24}$; c) $\frac{2}{5}$; d) $\frac{8}{10}$

Der erste Bruch der jeweiligen Reihe wurde nacheinander folgendermaßen gekürzt bzw. erweitert:

a) mit 4 gekürzt; mit 12 gekürzt; mit 2 erweitert.
b) mit 3 gekürzt; mit 2 gekürzt; mit 3 erweitert.
c) mit 3 erweitert; mit 2 gekürzt; mit 2 erweitert.
d) mit 5 gekürzt; mit 2 erweitert; mit 9 erweitert.

ÜBUNG 13 **S. 116**

a) $\frac{3}{5}=\frac{6}{10}$; Faktor: 2; b) $\frac{6}{7}=\frac{18}{21}$; Faktor: 3;
c) $\frac{13}{4}=\frac{65}{20}$; Faktor: 5; d) $\frac{9}{4}=\frac{27}{12}$; Faktor: 3;
e) $\frac{8}{5}=\frac{48}{30}$; Faktor: 6; f) $\frac{3}{14}=\frac{9}{42}$; Faktor: 3;
g) $\frac{18}{11}=\frac{180}{110}$; Faktor: 10; h) $\frac{15}{2}=\frac{225}{30}$; Faktor: 15;
i) $\frac{1}{50}=\frac{14}{700}$; Faktor: 14; j) $\frac{7}{10}=\frac{91}{130}$; Faktor: 13;
k) $\frac{16}{3}=\frac{176}{33}$; Faktor: 11; l) $\frac{17}{4}=\frac{357}{84}$; Faktor: 21;
m) $\frac{7}{6}=\frac{392}{336}$; Faktor: 56; n) $\frac{5}{19}=\frac{30}{114}$; Faktor: 6;
o) $\frac{18}{15}=\frac{90}{75}$; Faktor: 5

ÜBUNG 14 **S. 117**

a) $\frac{10}{15}=\frac{2}{3}$; $\frac{21}{7}=\frac{3}{1}=3$; $\frac{12}{8}=\frac{3}{2}$
b) $\frac{16}{24}=\frac{2}{3}$; $\frac{22}{33}=\frac{2}{3}$; $\frac{25}{30}=\frac{5}{6}$
c) $\frac{28}{21}=\frac{4}{3}$; $\frac{150}{30}=\frac{5}{1}=5$; $\frac{80}{60}=\frac{4}{3}$
d) $\frac{45}{27}=\frac{5}{3}$; $\frac{48}{36}=\frac{4}{3}$; $\frac{64}{40}=\frac{8}{5}$

ÜBUNG 15 **S. 117**

(siehe unten)

ÜBUNG 16 **S. 117**

a) $\frac{30}{42}<\frac{30}{40}$; b) $\frac{27}{36}=\frac{27}{36}$; c) $\frac{45}{36}>\frac{44}{36}$; d) $\frac{6}{24}<\frac{15}{24}$;
e) $\frac{6}{35}<\frac{6}{34}$; f) $\frac{30}{48}>\frac{21}{48}$; g) $\frac{6}{32}>\frac{6}{33}$; h) $\frac{18}{8}=\frac{18}{8}$;
i) $\frac{9}{30}>\frac{4}{30}$

ÜBUNG 17 **S. 119**

a) $\frac{5}{6}+\frac{6}{8}=\frac{11}{8}$; b) $\frac{7}{16}-\frac{7}{16}=0$; c) $\frac{25}{9}-\frac{11}{9}=\frac{14}{9}$;
d) $\frac{13}{4}+\frac{11}{4}=\frac{24}{4}=\frac{6}{1}$; e) $\frac{36}{7}-\frac{29}{7}=\frac{7}{7}=1$;
f) $\frac{47}{54}+\frac{21}{54}=\frac{68}{54}=\frac{34}{27}$; g) $\frac{89}{104}+\frac{18}{104}=\frac{97}{104}$;
h) $\frac{234}{457}-\frac{161}{457}=\frac{73}{457}$

ÜBUNG 18 **S. 119**

a) $\frac{2}{5}+\frac{1}{4}=\frac{8}{20}+\frac{5}{20}=\frac{13}{20}$
b) $\frac{2}{3}-\frac{1}{2}=\frac{4}{6}-\frac{3}{6}=\frac{1}{6}$
c) $\frac{2}{6}+\frac{3}{8}=\frac{8}{24}+\frac{9}{24}=\frac{17}{24}$

ÜBUNG 19 **S. 119**

a) $\frac{10}{8}$; $\frac{6}{8}$; b) $\frac{6}{36}$; $\frac{7}{36}$; c) $\frac{45}{36}$; $\frac{40}{36}$; d) $\frac{6}{24}$; $\frac{15}{24}$;
e) $\frac{24}{60}$; $\frac{9}{60}$; f) $\frac{2}{48}$; $\frac{9}{48}$

ÜBUNG 15

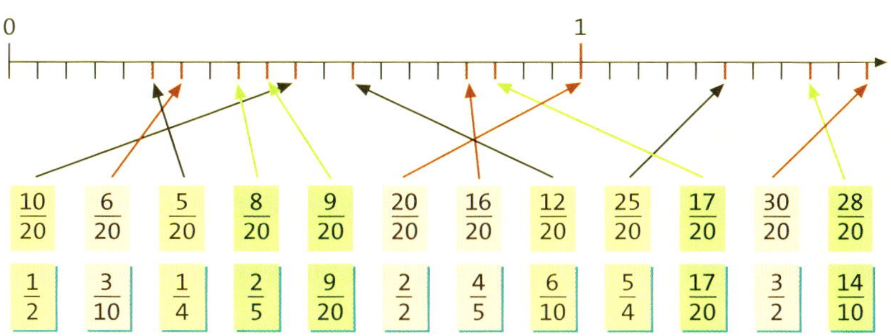

ÜBUNG 20 S. 120

a) $\frac{10}{8} + \frac{6}{8} = \frac{16}{8} = 2$; b) $\frac{6}{36} + \frac{7}{36} = \frac{13}{36}$;
c) $\frac{45}{36} + \frac{40}{36} = \frac{85}{36}$; d) $\frac{6}{24} + \frac{15}{24} = \frac{21}{24} = \frac{7}{8}$;
e) $\frac{24}{60} + \frac{9}{60} = \frac{33}{60} = \frac{11}{20}$; f) $\frac{2}{48} + \frac{9}{48} = \frac{11}{48}$

ÜBUNG 21 S. 120

a) $\frac{5}{16} + \frac{7}{8} = \frac{5}{16} + \frac{14}{16} = \frac{19}{16}$; b) $\frac{45}{20} - \frac{7}{20} = \frac{38}{20} = \frac{19}{10}$;
c) $\frac{25}{18} - \frac{11}{12} = \frac{50}{36} - \frac{33}{36} = \frac{17}{36}$;
d) $\frac{1}{24} + \frac{11}{16} = \frac{2}{48} + \frac{33}{48} = \frac{35}{48}$;
e) $\frac{9}{7} - \frac{7}{9} = \frac{81}{63} - \frac{49}{63} = \frac{32}{63}$;
f) $\frac{11}{27} + \frac{20}{18} = \frac{22}{54} + \frac{60}{54} = \frac{82}{54} = \frac{41}{27}$;
g) $\frac{9}{140} + \frac{13}{42} = \frac{27}{420} + \frac{130}{420} = \frac{157}{420}$;
h) $\frac{30}{45} - \frac{15}{55} = \frac{330}{495} - \frac{135}{495} = \frac{195}{495} = \frac{65}{165} = \frac{13}{33}$

ÜBUNG 22 S. 120

a) $1 - \frac{1}{4} - \frac{3}{8} - \frac{1}{6} = \frac{24}{24} - \frac{6}{24} - \frac{9}{24} - \frac{4}{24} = \frac{5}{24}$

Der Anteil der Schüler, die andere Grundschulen besuchten, beträgt $\frac{5}{24}$.

b) $\frac{1}{2} + \frac{3}{8} = \frac{4}{8} + \frac{3}{8} = \frac{7}{8}$

Die roten und die grünen Ballons machen zusammen $\frac{7}{8}$ aller Ballons aus. Also ist $\frac{1}{8}$ der Ballons gelb. Da Frau Neumann 4 gelbe Ballons gekauft hat, müssen insgesamt $4 \cdot 8 = 32$ Luftballons vorhanden sein.

c) $1 - \frac{2}{3} - \frac{1}{4} = \frac{12}{12} - \frac{8}{12} - \frac{3}{12} = \frac{1}{12}$

$\frac{1}{12}$ seines ursprünglichen Taschengeldes entsprechen 2 €, also muss er zuvor 24 € besessen haben.

ÜBUNG 23 S. 120

a)

1	$\frac{11}{6}$	$\frac{2}{3}$
$\frac{5}{6}$	$\frac{7}{6}$	$\frac{3}{2}$
$\frac{5}{3}$	$\frac{1}{2}$	$\frac{4}{3}$

Summe: $\frac{21}{6} = \frac{7}{2}$

b)

$\frac{5}{6}$	$\frac{12}{6}$	$\frac{7}{6}$
$\frac{10}{6}$	$\frac{4}{3}$	1
$\frac{3}{2}$	$\frac{2}{3}$	$\frac{11}{6}$

Summe: $\frac{24}{6} = 4$

c)

$\frac{4}{5}$	$\frac{1}{10}$	$\frac{3}{5}$
$\frac{3}{10}$	$\frac{1}{2}$	$\frac{7}{10}$
$\frac{4}{10}$	$\frac{9}{10}$	$\frac{2}{10}$

Summe: $\frac{15}{10} = \frac{3}{2}$

Klassenarbeiten

AUFGABE 1 S. 121

a) 6 Stück; b) 4 Stück; c) 9 Stück; d) 10 Stück; e) 7 Stück; f) 8 Stück

AUFGABE 2 S. 121

Gefärbte Anteile: von links nach rechts:
$\frac{1}{3}$; $\frac{1}{9}$; $\frac{1}{27}$; $\frac{1}{4}$; $\frac{1}{8}$; $\frac{1}{2}$

Ungefärbte Anteile: von links nach rechts:
$\frac{2}{3}$; $\frac{8}{9}$; $\frac{26}{27}$; $\frac{3}{4}$; $\frac{7}{8}$; $\frac{1}{2}$

AUFGABE 3 S. 121

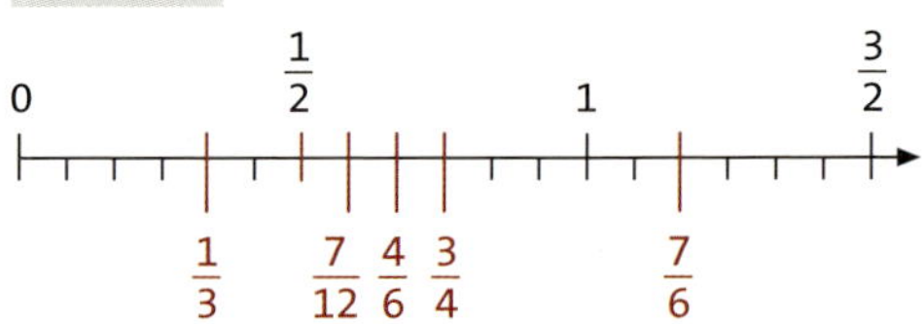

AUFGABE 4 S. 121

a) $\frac{3}{2}$; b) $\frac{8}{3}$; c) $\frac{7}{12}$

AUFGABE 5 S. 121

a) $\frac{4}{5} = \frac{12}{15}$; b) $\frac{7}{8} = \frac{56}{64}$; c) $\frac{10}{23} = \frac{80}{184}$

AUFGABE 6 S. 122

a) 6 kg sind $\frac{1}{5}$ von 30 kg.

b) 20 m sind $\frac{1}{4}$ von 80 m.

c) 20 min sind $\frac{1}{12}$ von 4 Stunden (240 min).

d) 6 cm sind $\frac{2}{3}$ von 9 cm.

e) 48 t sind $\frac{4}{5}$ von 60 t.

f) 18 Eier sind $\frac{3}{8}$ von 48 Eiern.

AUFGABE 7 **S. 122**

a) $\frac{9}{5} + \frac{7}{8} = \frac{72}{40} + \frac{35}{40} = \frac{107}{40}$

b) $\frac{15}{9} - \frac{11}{12} + \frac{7}{18} = \frac{60}{36} - \frac{33}{36} + \frac{14}{36} = \frac{41}{36}$

AUFGABE 8 **S. 122**

AUFGABE 9 **S. 122**

a) $\frac{6}{8} + \frac{9}{4} = \frac{3}{4} + \frac{9}{4} = \frac{12}{4}$

Jasmin erhält 3 Liter Milchshake.

b) Sie benutzt Milch und Erdbeersaft im Verhältnis 3 zu 1 (die dreifache Menge Milch gegenüber der einfachen Menge Erdbeersaft). Für 4 Liter braucht sie also 3 Liter Milch und 1 Liter Erdbeersaft.

AUFGABE 10 **S. 123**

a) $\frac{16}{24} = \frac{4}{6}$; **b)** $\frac{1}{4} = \frac{8}{32}$

AUFGABE 11 **S. 123**

a) $\frac{9}{4}$; **b)** $\frac{47}{14}$

AUFGABE 12 **S. 123**

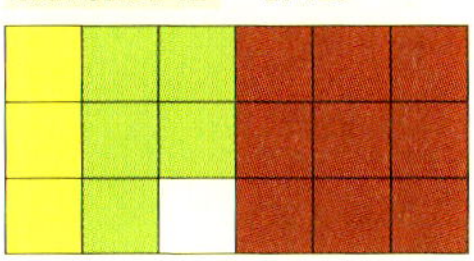

a) $\frac{1}{6} = \frac{3}{18} \Rightarrow$ 3 gelbe Kästchen

b) $\frac{5}{18} \Rightarrow$ 5 grüne Kästchen

c) $\frac{1}{2} = \frac{9}{18} \Rightarrow$ 9 rote Kästchen

d) Von der Rechteckfläche wurde $\frac{1}{18}$ nicht eingefärbt.

AUFGABE 13 **S. 123**

$\frac{1}{10}; \frac{7}{10}; \frac{14}{10}$

AUFGABE 14 **S. 123**

a) $\frac{15}{21} = \frac{5}{7}$; **b)** $\frac{126}{210} = \frac{3}{5}$

AUFGABE 15 **S. 124**

a) mit 5: $\frac{1}{2} = \frac{5}{10}$; **b)** mit 11: $\frac{7}{12} = \frac{77}{132}$

AUFGABE 16 **S. 124**

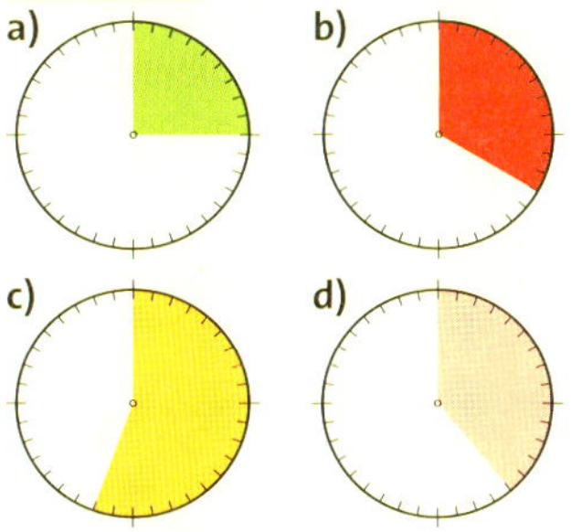

a) $\frac{1}{4} = \frac{9}{36} \Rightarrow$ 9 Kreissegmente grün

b) $\frac{12}{36} \Rightarrow$ 12 Kreissegmente rot

c) $\frac{5}{9} = \frac{20}{36} \Rightarrow$ 20 Kreissegmente gelb

d) $\frac{7}{18} = \frac{14}{36} \Rightarrow$ 14 Kreissegmente rosa

AUFGABE 17 **S. 124**

a) $\frac{3}{4} + \frac{5}{6} = \frac{18}{24} + \frac{20}{24} = \frac{38}{24} = \frac{19}{12}$

b) $\frac{1}{6} + \frac{2}{5} + \frac{3}{10} = \frac{5}{30} + \frac{12}{30} + \frac{9}{30} = \frac{26}{30} = \frac{13}{15}$

c) $\frac{5}{6} - \frac{3}{9} = \frac{15}{18} - \frac{6}{18} = \frac{11}{18}$

AUFGABE 18 **S. 124**

a) $\frac{1}{2}$ m = 50 cm; **b)** $\frac{1}{8}$ km = 125 m;

c) $\frac{1}{5}$ cm = 2 mm

AUFGABE 19 **S. 124**

a) $\frac{2}{7} < \frac{3}{7}$; **b)** $\frac{21}{2} > \frac{21}{7}$; **c)** $\frac{3}{4} < \frac{8}{9}$

AUFGABE 20 **S. 125**

a) $\frac{1}{4}$; **b)** $\frac{5}{8}$; **c)** $\frac{5}{24}$

AUFGABE 21 **S. 125**

a) 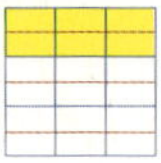

b) blaue Linien;
c) gelbe Flächen;
d) rote Linien;

e) $\frac{1}{2}$ von $\frac{3}{9}$

AUFGABE 22 **S. 125**

a) $\frac{5}{8} + \frac{2}{16} = \frac{12}{16}$; x = 12; **b)** $\frac{3}{4} - \frac{2}{3} = \frac{1}{12}$; x = 2

AUFGABE 23 **S. 125**

(siehe unten)

AUFGABE 24 **S. 126**

a) $\frac{7}{9} + \frac{2}{18} = \frac{14}{18} + \frac{2}{18} = \frac{16}{18} = \frac{8}{9}$

b) $\frac{17}{24} - \frac{2}{3} = \frac{17}{24} - \frac{16}{24} = \frac{1}{24}$

AUFGABE 25 **S. 126**

a) 2 kg + $\frac{1}{2}$ kg + 700 g + $\frac{5}{2}$ kg + $\frac{1}{4}$ kg + 320 g
= 2000 g + 500 g + 700 g + 2500 g + 250 g
+ 320 g = 6270 g = 6 kg 270 g

b) 120 l : 4 = 30 l; 30 l · 5 = 150 l
Eine fünfköpfige Familie verbraucht 150 Liter.

AUFGABE 26 **S. 126**

a) $\frac{2}{5} = \frac{2}{5}; \frac{3}{5} = \frac{3}{5} \Rightarrow \frac{2}{5} < \frac{3}{5}$

b) $\frac{3}{4} = \frac{15}{20}; \frac{3}{5} = \frac{12}{20} \Rightarrow \frac{3}{4} > \frac{3}{5}$

c) $\frac{11}{18} = \frac{55}{90}; \frac{55}{90} = \frac{55}{90} \Rightarrow \frac{11}{18} = \frac{55}{90}$

AUFGABE 27 **S. 126**

Gesamtfläche: 600 m^2 + 800 m^2 + 200 m^2 + 400 m^2 = 2000 m^2; Flächenanteile der Grundstücke an der Gesamtfläche:

Grundstück A: $\frac{600}{2000} = \frac{3}{10}$;

Grundstück B: $\frac{800}{2000} = \frac{2}{5} = \frac{4}{10}$;

Grundstück C: $\frac{200}{2000} = \frac{1}{10}$;

Grundstück D: $\frac{400}{2000} = \frac{2}{10}$.

$\frac{1}{10}$ von 1200 ist 120, also kostet $\frac{1}{10}$ der Fläche 120 € Pacht. Somit ergibt sich für

Grundstück A: $\frac{3}{10}$ von 1200 €, nämlich 360 €;

Grundstück B: $\frac{4}{10}$ von 1200 €, nämlich 480 €;

Grundstück C: $\frac{1}{10}$ von 1200 €, nämlich 120 €;

Grundstück D: $\frac{2}{10}$ von 1200 €, nämlich 240 €.

AUFGABE 23

	$\frac{5}{12} + \frac{7}{16}$	$\frac{3}{18} - \frac{5}{60}$
Primfaktorzerlegung	12 = 2 · 2 · 3 16 = 2 · 2 · 2 · 2	18 = 2 · 3 · 3 60 = 2 · 2 · 3 · 5
kgV	2 · 2 · 2 · 2 · 3 = 48	2 · 2 · 3 · 3 · 5 = 180
Hauptnenner	48	180
	$\frac{5}{12} + \frac{7}{16} = \frac{20}{48} + \frac{21}{48} = \frac{41}{48}$	$\frac{3}{18} - \frac{5}{60} = \frac{30}{180} - \frac{15}{180} = \frac{15}{180} = \frac{1}{12}$

ISBN 978-3-411-72172-6